创新型人才培养"十二五"规划教材

数据备份与恢复实训教程

杨 倩 主编

U0299802

电子工业出版社

Publishing House of Electronics Industry

北京·BEIJING

内 容 简 介

本书主要从底层的数据存储原理入手，详细地介绍了各种存储介质及存储方式，深入分析了磁盘分区结构、FAT32 文件系统和 NTFS 文件系统的存储机制，详细地介绍了各种类型文档的基本恢复方法，同时引入了当前主流的数据恢复软件，让普通的用户也能够快速、方便地进行简单的数据恢复。在整个介绍过程中，配以大量相应的实训任务，将整个理论知识结构贯穿到实训任务中，让读者可以在做中学、学中做，而不像之前的大部分教程一样划分成纯粹的理论与纯粹的实训。

本书所有的任务都是对计算机磁盘操作的底层研究与分析，重点在于让读者了解数据存储的原理。每一章的后面部分都是实战，那才是真正的、真实的案例分析。每个实战都是读者在日常生活中经常会碰到的，具备很强的典型性与实用性。

全书共 6 章，分别介绍了数据恢复的基本概念、主流的存储介质、磁盘的分区、FAT32 文件系统、NTFS 文件系统及各种数据恢复软件的使用方式。本书从宏观上说，每章分为三部分：理论部分、任务部分、实战部分。对于初学者而言，单纯的理论可能会显得有些晦涩，建议先从任务部分入手，在任务的分析中遇到不明白的知识时，再查阅前面的理论部分；所有的任务完成之后，建议从头到尾再将所有理论部分通读，加深理解；最后，当所有理论基本都融会贯通了，就可以尝试着进行实战练习了。

本书非常适合数据恢复的初学者阅读，是一本典型的数据恢复教材。

图书在版编目（CIP）数据

数据备份与恢复实训教程 / 杨倩主编 . —北京：电子工业出版社，2014.8

创新型人才培养"十二五"规划教材

ISBN 978-7-121-23988-5

Ⅰ．①数…　Ⅱ．①杨…　Ⅲ．①电子计算机—数据管理—高等学校—教材　Ⅳ．①TP309.3

中国版本图书馆 CIP 数据核字（2014）第 179446 号

策划编辑：王敬栋（wangjd@phei.com.cn）

责任编辑：周宏敏　　文字编辑：张　迪

印　　刷：北京虎彩文化传播有限公司

装　　订：北京虎彩文化传播有限公司

出版发行：电子工业出版社

　　　　　北京市海淀区万寿路 173 信箱　邮编　100036

开　　本：787×1092　1/16　印张：16　字数：409.6 千字

版　　次：2014 年 8 月第 1 版

印　　次：2024 年 7 月第 19 次印刷

定　　价：39.80 元

前　　言

数据恢复技术近年来得到了迅速的发展，特别是 1999 年 4 月 26 日 CIH 病毒爆发，成千上万块硬盘遭到损坏，一夜之间硬盘上的所有重要数据无法读出，使得人们认识到数据恢复的重要性。硬盘有价，数据无价！

编者曾经担任过几年高职数据恢复技术的教学工作，在教学过程中发现，当今市场上的大部分有关数据恢复的书，理论性较强，不太适合高职高专学生，从而想要写一本学生能用的"教材"，让更多没有基础的人能更轻松地了解数据的存储，了解数据恢复技术，了解数据恢复的应用。本书适合数据恢复技术初学者及想要对数据恢复进行深入研究的从业人员阅读。本书非常重视让读者深入理解在数据恢复过程中数据的底层操作，在每一个理论知识点的后面都配以大量的研究与分析任务，让读者对这些原理有很直观的认识。数据恢复的对象结构可能不同，但是其原理是一致的。掌握了这些"规律"，则大家都会是数据恢复高手！

1．本书特色

本书主要从底层的数据存储原理入手，详细地介绍了各种存储介质及存储方式；深入地分析了磁盘分区结构、FAT32 文件系统和 NTFS 文件系统的存储机制；详细地介绍了各种类型文档的基本恢复方法。同时，引入了当前主流的数据恢复软件，让普通的用户也能够快速、方便地进行简单的数据恢复。在整个介绍过程中，配以大量相应的实训任务，将整个理论知识结构贯穿到实训任务中，让读者可以在做中学、学中做，而不像之前大部分教程一样划分成纯粹的理论与纯粹的实训。

本书根据当前数据恢复行业的基本职业技能要求，从分析整理形成典型实训任务出发，再经过分类汇总形成典型工作情境，以典型工作情境为章节，详细地阐述了数据在各种存储介质中的存储原理。通过与之配套的典型任务，让读者对数据存储机制及当前主流的数据恢复技术有深入的理解。

本书所有的任务都是对计算机磁盘操作的底层研究与分析，重点在于让读者了解数据存储的原理。每一章的后面部分都是实战，那才是真正的、真实的案例分析。每个实战都是读者在日常生活中经常会碰到的，具备很强的典型性与实用性。

2．本书内容

本书内容共分为 6 章。

第 1 章介绍什么是数据恢复、数据恢复与硬盘维修的区别和数据恢复岗位的职责等。

第 2 章详细讲解了现在常用的存储介质，重点对电存储设备——U 盘、磁存储设备——硬盘、光存储设备——光盘进行详细的分析。

第 3 章详细讲解了磁盘的 MBR 分区，从 MBR 的结构出发，重点分析为什么磁盘必须经过分区操作、分区不正确会出现什么故障现象、出现了故障如何解决等。最后简单地介绍了

GPT 分区。本章还详细介绍了 WinHex 软件的使用。

第 4 章介绍了 FAT32 文件系统的结构，对 FAT32 分区中的每一种操作（包括新建文件、目录，删除文件等）都进行了详细的研究，最后对 FAT32 分区误删除及误格式化的数据提出了恢复方案。

第 5 章介绍了 NTFS 文件系统的结构。与第 4 章类似，本章重点分析了 NTFS 分区的各种操作的底层意义，最后对在此分区上误删除及误格式化的数据提出恢复方案。

第 6 章介绍了使用各种数据恢复软件对常见文档进行数据恢复的方法。

3. 学习建议

本书从宏观上说，每章分为三部分：理论部分、任务部分、实战部分。对于初学者而言，单纯的理论可能会显得有些晦涩，建议先从任务部分入手，在任务的分析中遇到不明白的知识时，再查阅前面的理论部分；所有的任务完成之后，建议从头到尾再将所有理论部分通读，加深理解；最后，当所有理论基本都融会贯通了，就可以尝试着进行实战练习了。

本书主要由杨倩完成第 2~5 章的编写，万川梅完成第 1、6 章的编写。参加本书编写的还有杨军、谢正兰、杨菁。编者在本书的编写过程中付出了很多心血。但由于编者的技术水平、写作能力有限，书中有不足之处在所难免，敬请读者批评指正。同时，还要感谢那些为实现共同目标做出努力、做出贡献的同人们！

编 者

2014 年 3 月

目　　录

第1章　数据恢复概述 ·· （1）

1.1　数据恢复的定义 ·· （1）

　　1.1.1　数据恢复的概念 ·· （1）

　　1.1.2　数据丢失的原因 ·· （1）

　　1.1.3　数据损坏或丢失的故障现象 ·· （2）

　　1.1.4　数据恢复方法 ··· （3）

1.2　数据恢复的原则 ·· （4）

1.3　数据恢复与硬盘维修的区别 ·· （4）

1.4　数据的保护方式 ·· （4）

　　1.4.1　用户的数据保护操作习惯 ··· （5）

　　1.4.2　系统本身的数据保护功能 ··· （5）

1.5　知识小结 ·· （6）

1.6　思考练习 ·· （7）

第2章　数据存储介质 ·· （8）

2.1　存储介质概述 ··· （8）

2.2　电存储设备——U盘 ·· （9）

　　2.2.1　U盘的工作原理及组成结构 ·· （10）

　　2.2.2　U盘质量判断的几个主要方面 ··· （11）

　　2.2.3　U盘使用的注意事项 ··· （12）

　　2.2.4　U盘的常见故障 ··· （12）

2.3　磁存储设备——硬盘 ·· （13）

　　2.3.1　硬盘存储原理 ·· （14）

　　2.3.2　硬盘外部结构 ·· （14）

　　2.3.3　硬盘内部结构 ·· （16）

　　2.3.4　硬盘逻辑结构 ·· （17）

　　2.3.5　硬盘数据寻址方式 ·· （19）

　　2.3.6　硬盘的技术指标及参数 ··· （22）

2.4　光存储设备——光盘 ·· （22）

　　2.4.1　光存储原理 ··· （22）

　　2.4.2　光存储设备的发展状况 ··· （23）

　　2.4.3　光盘的组成结构 ··· （24）

　　2.4.4　光盘刻录 ·· （25）

2.5　专用存储介质 ··· （25）

　　2.5.1　磁带机 ··· （26）

　　2.5.2　磁带库 ··· （28）

2.6　存储模式 ·· （28）

2.6.1　DAS 网络存储 ···（29）

2.6.2　NAS 网络存储 ···（29）

2.6.3　SAN 网络存储 ···（29）

2.7　磁盘阵列 ···（30）

2.7.1　磁盘阵列级别 ···（30）

2.7.2　磁盘阵列实现 ···（34）

2.8　WinHex 磁盘编辑器 ···（35）

2.8.1　WinHex 程序界面 ···（36）

2.8.2　数据存储格式 ···（41）

2.8.3　磁盘编辑操作 ···（41）

2.8.4　高级功能 ···（48）

2.9　知识小结 ···（50）

2.10　实战 ···（50）

2.10.1　实战 1：U 盘的量产 ···（50）

2.10.2　实战 2：使用 MHDD 扫描硬盘坏道 ······································（55）

2.10.3　实战 3：创建磁盘阵列 ··（59）

第 3 章　磁盘分区 ··（63）

3.1　磁盘数据组织过程 ··（63）

3.1.1　低级格式化 ···（63）

3.1.2　分区 ···（63）

3.1.3　高级格式化 ···（65）

3.2　计算机启动过程 ··（65）

3.3　MBR ···（66）

3.3.1　引导程序 ···（67）

3.3.2　主分区表 ···（68）

3.3.3　有效标记 55AA ···（69）

3.4　扩展分区 EBR ···（69）

3.5　GPT 磁盘分区表 ··（71）

3.5.1　GPT 磁盘分区的概念 ··（72）

3.5.2　GPT 磁盘分区的结构 ··（72）

3.6　知识小结 ···（75）

3.7　任务实施 ···（75）

3.7.1　任务 1：研究“分区”对磁盘的影响 ··（75）

3.7.2　任务 2：研究“高级格式化”对磁盘的影响 ································（85）

3.7.3　任务 3：研究 MBR 对计算机的影响 ··（87）

3.7.4　任务 4：MBR 中引导程序的修复 ···（92）

3.7.5　任务 5：分析 MBR 中的主分区表 ··（93）

3.7.6　任务 6：分析磁盘逻辑分区的 EBR ···（96）

3.8　实战 ···（102）

3.8.1　实战 1：MBR 损坏后的恢复 ···（102）

3.8.2 实战 2：将随机预装的 Windows 8 转换成 Windows 7 等早期版本系统 ······················ （108）

第 4 章 FAT32 文件系统 ··· （112）

4.1 文件系统 ··· （112）

    4.1.1 FAT 文件系统 ··· （113）

    4.1.2 数据单元——簇 ··· （114）

    4.1.3 FAT16 与 FAT32 的区别 ·· （116）

4.2 FAT32 文件系统的结构 ·· （116）

4.3 DBR ··· （119）

4.4 FAT 表 ·· （122）

4.5 目录区（DIR） ·· （124）

    4.5.1 短文件名目录 ··· （125）

    4.5.2 长文件名目录 ··· （127）

    4.5.3 卷标目录 ··· （128）

    4.5.4 “.”目录项和“..”目录项 ··· （129）

4.6 分配策略 ··· （130）

    4.6.1 簇的分配策略 ··· （130）

    4.6.2 目录项的分配策略 ·· （130）

4.7 知识小结 ··· （131）

4.8 任务实施 ··· （131）

    4.8.1 任务 1：研究“格式化”对 FAT32 文件系统的影响 ······································· （131）

    4.8.2 任务 2：研究 DBR 对 FAT32 文件系统分区的影响 ······································· （137）

    4.8.3 任务 3：研究“新建文件”对 FAT 及目录区的影响 ······································· （137）

    4.8.4 任务 4：研究“新建文件夹”对目录项的影响 ··· （140）

4.9 实战 ·· （143）

    4.9.1 实战 1：利用“.”或者“..”目录项完美隐藏文件夹 ····································· （143）

    4.9.2 实战 2：恢复误删除的文件 ·· （147）

    4.9.3 实战 3：恢复误格式化的 FAT32 分区 ·· （149）

第 5 章 NTFS 文件系统 ·· （153）

5.1 硬盘文件系统——NTFS ··· （153）

5.2 NTFS 文件系统结构分析 ··· （154）

    5.2.1 引导扇区 DBR ··· （156）

    5.2.2 $MFT 文件 ··· （159）

    5.2.3 元文件 ··· （160）

5.3 $MFT 中的文件记录 ·· （163）

    5.3.1 文件头 ··· （165）

    5.3.2 属性头 ··· （166）

    5.3.3 属性值 ··· （169）

5.4 常见属性类型的结构 ··· （171）

    5.4.1 10 属性——标准属性 ·· （171）

    5.4.2 30 属性——文件名属性 ·· （173）

　　　　5.4.3　80 属性——数据属性 ·· （175）

　　　　5.4.4　90 属性——索引根属性 ··· （177）

　　　　5.4.5　A0 属性——索引分配属性 ·· （179）

　　　　5.4.6　B0 属性——位图属性 ·· （180）

　　5.5　常用的系统元文件 ·· （181）

　　　　5.5.1　$MFT ··· （181）

　　　　5.5.2　$MFTMirr ·· （181）

　　　　5.5.3　$LogFile ··· （182）

　　　　5.5.4　$Root ·· （185）

　　　　5.5.5　$Bitmap ·· （185）

　　5.6　知识小结 ·· （188）

　　5.7　任务实施 ·· （188）

　　　　5.7.1　任务 1：修复 NTFS 文件系统的 DBR ····························· （188）

　　　　5.7.2　任务 2：研究“新建文件”对 NTFS 文件系统的影响 ··········· （191）

　　5.8　实战 ·· （196）

第 6 章　常见文件的恢复 ·· （205）

　　6.1　Windows 中的常见文件类型 ·· （205）

　　6.2　恢复常见办公文件 ··· （206）

　　　　6.2.1　恢复 Word 文件 ··· （207）

　　　　6.2.2　恢复 Excel 文件 ··· （210）

　　　　6.2.3　恢复 PowerPoint 和 Access 文件 ····································· （212）

　　6.3　修复影视文件 ·· （212）

　　　　6.3.1　恢复 AVI 文件 ··· （213）

　　　　6.3.2　恢复 RM 文件 ·· （214）

　　　　6.3.3　恢复 FLV 文件 ··· （214）

　　6.4　修复常见压缩文件 ··· （216）

　　　　6.4.1　ZIP 压缩文件的修复 ··· （217）

　　　　6.4.2　RAR 压缩文件的修复 ·· （218）

　　6.5　修复密码丢失和文件 ·· （219）

　　　　6.5.1　破解 Word 文档密码的修复 ·· （219）

　　　　6.5.2　Excel 文档密码的修复 ··· （222）

　　　　6.5.3　PDF 文件密码的修复 ·· （223）

　　　　6.5.4　RAR 文件密码的修复 ··· （225）

　　6.6　常用数据保护方案 ··· （227）

　　6.7　安全删除数据 ·· （245）

　　6.8　知识小结 ·· （247）

第1章 数据恢复概述

1.1 数据恢复的定义

现实生活中，很多人以为计算机中被删除或者被格式化后的数据就不存在了。事实上，不管是删除还是格式化操作，并不会影响数据的真实存储位置，数据仍然存在于硬盘中，懂得数据恢复原理知识的人只需几下便可将消失的数据找回来。

1.1.1 数据恢复的概念

数据恢复指的是"当存储介质出现损坏或由于人员误操作、操作系统本身故障所造成的数据看不见、无法读取、丢失，工程师通过特殊的手段读取出来的过程。"简单地说，数据恢复就是把遭受破坏、由硬件缺陷导致不可访问或不可获得、由于误操作等各种原因导致丢失的数据还原成正常的数据。

上面提到的"数据"，从广义上说，就是平时使用各种规定的符号（如文字和数字等）对现实世界中的事物及其活动所做的描述与记录，不仅包括文字、数字及各种特殊字符组成的文本形式的数据，还包括图形、图像、影像、声音等多媒体数据。例如，现实生活中的历史资料、实验记录、学习笔记、书稿、照片、设计方案、经验总结等，都属于"数据"的范畴。

这里所说的数据，只指计算机数据，包括了计算机文件系统和数据库系统中存储的各种数据，如正文、图形、声音，还包括存放或管理这些信息的硬件信息，如计算机硬件及其网络地址、网络结构、网络服务等。这些数据又可以分为系统数据和用户数据。

由于计算机系统中的用户数据是千差万别的，就其重要性而言又是非常重要的。因此，一般而言，数据的恢复主要是指对用户数据的恢复。相对而言，系统数据具有一定的通用性，对系统数据的恢复较为容易（如可以重新安装系统），其重要性不如用户数据。因此，在多数情况下，数据恢复就是指用户数据的恢复。当然，由于现在的系统越来越大，重新安装系统也会占用用户较多的时间，有时数据恢复也指系统数据的恢复。

1.1.2 数据丢失的原因

为什么要数据恢复呢？很明显，是因为很重要的数据丢失了。那计算机系统中的数据为什么会丢失呢？必须得先弄明白数据丢失的原因，才能更好地找回数据。

数据丢失的原因可以归纳成以下几种。

1. 用户的误操作

如误删除了文件，使文件不能正常使用；误删除了系统文件，使系统不能打开等。

2．操作系统或应用软件自身错误

操作系统或应用软件的自身错误或 BUG 对于用户而言是无法预防的，有时会造成系统死机等现象。系统的突然掉电虽然不会每次都对数据造成危害，但其危害性却的确存在。

3．硬件故障

存储数据的硬件本身故障，如磁盘失效等，必然会造成数据的丢失，并且这种硬件故障造成数据丢失的情况对数据的恢复有很大难度，有些甚至是无法恢复的。

4．恶意攻击

攻击破坏是指计算机受到来自局域网或互联网的攻击所造成的数据损坏或丢失，如病毒、木马等。众所周知，恶意软件会对系统数据和用户数据造成破坏，如删除数据、格式化硬盘等。但是，恶意软件造成的数据损坏并不一定是最难恢复的。因此，对于需要接入网络的计算机，用户需要知道一些基本的保护系统安全的措施和手段以保护计算机的安全。

1.1.3　数据损坏或丢失的故障现象

用户数据丢失的现象很明显，就是在驱动盘中找不到所需要的数据。而系统数据丢失，就会导致操作系统本身的运行受到很大的影响，这些可以从操作系统启动前的界面提示中看出。

1．Missing Operating System

这种错误一般都是由于无法找到操作系统，或者操作系统错误导致的。如图 1-1 所示，计算机前面的自检都正常，只是在应该进入系统的时候总是提示 "Missing operating system" 错误信息。有时候也会显示为如图 1-2 所示的界面。

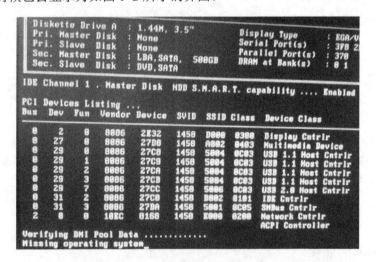

图 1-1　系统数据丢失现象 1

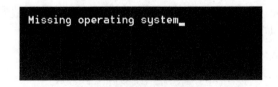

图 1-2　系统数据丢失现象 2

2．Non-System Disk or Disk Error

与图 1-1 类似，只是最后的提示的信息是"Non-System Disk or Disk Error"，如图 1-3 所示。这表示当前无法识别系统盘或硬盘。这很可能是因为硬盘前面的引导扇区出了问题，导致计算机无法识别当前磁盘的存在而引起的（更多的情况可能是引导扇区的结束标志出了问题）。

图 1-3　磁盘数据故障

3．Disk Boot Failure

提示信息表达的意思是：磁盘启动失败，如图 1-4 所示。这可能是因为硬盘系统引导程序被破坏或者计算机主板与硬盘上的数据线接口没插好而导致的。

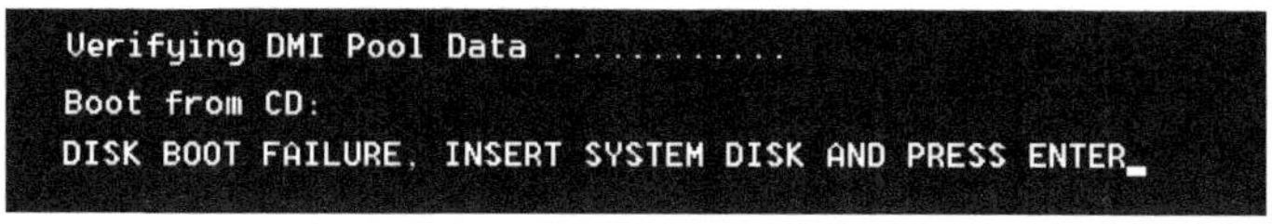

图 1-4　磁盘启动故障

4．Invalid Partition Table

如果开机时有提示：invalid partition table，说明硬盘分区表坏了。可用 U 盘或光盘启动系统，然后进行磁盘分区表的修复，或者把这块有问题的硬盘挂到其他正常的计算机里面做从盘，然后进行维护操作。

5．Not Found any active Partition in HDD

Not Found any active Partition in HDD 的意思是没有活动分区，意思是：在设置每一个分区样式时，可能没有设置活动分区。没有活动分区也就无法进行系统引导，像 U 盘或者移动硬盘类的存储介质，因为不需要进行系统引导，所以一般都没有活动分区。

6．打开或运行某个文件时，操作速度变慢，并且听到硬盘出现异响

多半原因是硬盘出现了坏道。这个时候就需要使用坏道修复软件进行修复了。

注：硬盘出现坏道，一般又可以分为逻辑坏道和物理坏道。逻辑坏道一般是指由于硬盘存取数据的频繁、数据碎片等原因所造成的，数据恢复较为容易；而物理坏道是指硬盘本身盘片的损坏，这种情况下的数据恢复较为困难。

1.1.4　数据恢复方法

将上面数据丢失的原因进行归纳，可以总结得出数据丢失主要有两大类问题：逻辑问题（如误删除）与硬件问题（如硬盘本身损坏）。那么，相应的数据恢复方式也分别称为软件恢复和硬件恢复。

软件恢复：指一切可以通过软件方式进行的恢复，不涉及硬件修理的数据恢复。如病毒感染、误格式化、误删除等。

硬件恢复：涉及硬件修理、由硬件损坏或者失效造成的数据恢复。如磁道损坏、磁组损

坏、磁盘划伤、电路板芯片等。

总之，就如大家知道的一样，计算机的硬件就如人体的躯干，而计算机的软件就如人们的思想。数据的重要性是显而易见的，一旦数据（特别是企业的重要数据）遭到破坏，对于企业而言其损失是巨大的，相比计算机硬盘的价值而言，"硬盘有价，数据无价"。

1.2　数据恢复的原则

数据遭到破坏，无法通过类似重新安装系统这样的措施来解决问题时，当然用户会想到数据恢复，但是，作为操作数据恢复的操作员而言，数据恢复最怕的就是二次破坏，在动手开始进行数据恢复工作之前，一定要做好重要的备份工作。

具体而言，包含以下一些工作准备。

- 备份当前尚能正常工作的驱动器上的所有数据。
- 将损坏的硬盘拿到正常的、相同的操作系统下，如果条件允许，取下该硬盘，安装一个新的硬盘，在重新挂上坏硬盘之前对硬盘分区格式化，并确信立即更改 CMOS 设置。
- 调查使用者，了解详细情况。
- 如果可能，备份所有扇区。
- 准备扇区编辑工具，如 WinHex 等。
- 尽可能得到使用者的关键文件信息。

1.3　数据恢复与硬盘维修的区别

硬盘数据恢复与硬盘修理在本质上有重要的区别。硬盘维修只是将故障硬盘恢复到正常状态，在维修过程中不会考虑数据是否可以保留下来，在维修完成之后也不会保证数据的完整性，而且通常情况下，硬盘维修是要对硬盘进行初始化的。而硬盘数据恢复是为了将硬盘中的数据完整地读取出来，它并不太关心硬盘是否能正常运转，即使硬盘完全报废不可修复也可将数据恢复出来。

硬盘硬件维修与数据恢复的区别如表 1-1 所示。

表 1-1　硬盘硬件维修与数据恢复的区别

	硬盘硬件维修	数据恢复
目的	硬件正常工作	得到数据
方式	维修	软硬结合
工具	测量仪器、烙铁等	系统软件、工具软件等
代价	不大于新硬件的成本	与硬件无关，取决于数据
成本	修理费用	智能劳动

1.4　数据的保护方式

既然数据是如此重要，那么该如何保护数据的安全呢？从大的方面来讲，主要包括两种方式，即预防（备份）和恢复。

备份工作是数据恢复最重要的方面，这就需要在计算机系统正常工作时做好数据的备份。当数据出现问题时，如果事先做好了数据的备份工作，那么恢复数据的工作将会顺利许多，相反则会麻烦许多。当然，备份工作一方面会增加用户的工作负担，另一方面也会有操作失误的可能。

数据恢复是当数据出现丢失、破坏等情况时必不可少的技术性操作，保护软件修复和硬件修复。

1.4.1　用户的数据保护操作习惯

从用户的角度来说，有些日常操作习惯的养成可以有效地保护数据。

1．不要将文件数据保存在操作系统所在的驱动盘上

大部分文字处理器或其他软件都会将创建的文件保存在"我的文档"中。然而，这恰恰是最不适合保存文件的地方。因为操作系统本身的运行会导致磁盘空间频繁地调用，一旦发生某种故障（不管是病毒攻击破坏还是本身软件运行故障），都会导致整个驱动盘不正常。通常唯一的解决方法就是重新格式化驱动盘或者重新安装操作系统，这样就会导致此驱动盘上的所有数据丢失。所保存的文件自然也丢失了。

那如何解决这个问题呢？第一种简单的办法就是将文件放置在其他的驱动盘上，例如，系统在 C 盘，那就将需要的文件保存在除 C 盘之外的盘中。另一个成本相对较低的方法就是在计算机上安装第二个硬盘，专门用来装用户文件。这样，当操作系统被破坏，甚至整个系统所在的磁盘都破坏的情况下，第二个硬盘驱动器不会受到影响。完全可以将硬盘拆下来再安装到新的计算机上。还有一个最常用的方式就是使用外接式硬盘（如移动硬盘），这样做的好处就是可以在任何时候任何电脑插入 USB 端口或 firewire 端口后直接使用文件。

2．定期备份文件

不管文件存储在什么地方，尽量将文件保存在不同的位置，并且定期做备份的更新。这样就可以最大限度地保障文件的安全。因为存储在硬盘上的文件可能会被误删除，存储文件的硬盘可能遭受破坏，光盘可能被损坏，U 盘可能出现电路故障，也就是说没有任何一种存储设备可以说它存储的数据是绝对安全的。为了确保在需要的时候能够随时取出文件，必须考虑进行备份。如果数据非常重要，甚至可以考虑在多种不同的存储介质或存储位置中做多个备份。

3．提防用户错误

现实生活中，数据丢失的绝大部分原因其实都是因为自己的误操作导致的，如在编辑文件的时候，不小心删除了某些部分内容，保存了更改后的文件，被删除的那部分内容就丢失了。这种情况下，可以尽量多地利用文字编辑器中的保障功能，如版本特征和跟踪变化等。如果觉得那些功能设置起来很麻烦，那么就请在开始编辑文件之前将文件复制一份，另存为不同名称的文件（如加上一个时间或者版本号），再修改文件本身。这个办法不像其他办法一样组织化，不过它确实是一个好办法，可以解决在文件处理过程中的数据丢失问题。

1.4.2　系统本身的数据保护功能

除了用户的一些操作习惯，计算机系统（包括计算机、操作系统和各种应用软件）也自

带有不少的数据保护功能。

1．操作系统自带的备份还原

操作系统自带的备份还原功能是普通用户使用较多的一种保护数据的方式，具有兼容性好、使用简便等优点。但是，该功能只针对系统数据而不针对用户数据。另外，对硬件故障造成的数据丢失无效。

2．品牌主机内置的保护功能

在某些品牌主机中，其 BIOS 中自带保护程序，如捷波的"恢复精灵"（Recovery Genius）、联想的"宙斯盾"（Recovery Easy）工具。

捷波的"恢复精灵"的原理在于首先在硬盘中创建一个隐藏分区，用于保存硬盘分区表等重要数据（空间需要极少），并通过内嵌在 BIOS 中的程序控制硬盘的数据操作以避免自身受到病毒困扰。因此，可以将误删除或格式化甚至重新分区的数据完全恢复，并且恢复速度极快（不超过 5s）。与操作系统自带还原功能相比，不仅可以恢复系统数据，也可以恢复用户数据。

由于捷波"恢复精灵"的安全性、恢复数据的快速性等特点，一般使用在软件频繁使用、修改的场所，如学校机房、网络服务器、实验室等，有利于管理员快速恢复系统，保证系统的正常运行。

联想的"宙斯盾"的原理与恢复精灵的原理相似，也是将程序内置在 BIOS 中，在硬盘中建立一个隐藏分区以保存备份资料。在操作系统下，该分区是不可见的。缺点是对硬盘的分区数量有限制。

3．备份还原的专用工具

除了系统自带的还原工具以外，还可以使用其他厂商所提供的专业工具软件，如 Norton Ghost 工具。Ghost 具有单独备份系统盘或逻辑盘的功能，也具有全盘备份的功能，可以说 Ghost 是备份软件的典型代表。不过，它的操作是在 DOS 界面下进行的，对于计算机使用生手来说稍显复杂。

4．硬盘保护卡

以上介绍的几种保护数据的方式，虽然能够对数据有一定的保护作用，但是需要占用硬盘空间、升级 BIOS 等缺点。因此，不少厂家又生产了一种"硬盘保护卡"，以硬件的形式来保护数据的安全。

硬盘保护卡以硬件的形式存在，类似于声卡、显卡等，多见于 PCI 接口。硬盘保护卡作为一块板卡安装在计算机的扩展槽中，安装使用方便、不占用硬盘空间、能在瞬间恢复数据。当然，恢复后的数据只能恢复在数据被保护之前的状态。

1.5 知识小结

本章在第一节主要介绍了数据恢复的基本概念。提出数据恢复就是把遭受破坏、由硬件缺陷导致不可访问或不可获得、由于误操作等各种原因导致丢失的数据还原成正常的数据的过程。而数据的丢失一般由逻辑问题（如误删除）和物理问题（如硬盘损坏）引起。针对这两种丢失原因，通常相应地采用"软"恢复和"硬"恢复。

第二节则简要介绍了数据恢复的一般原则，在后期的内容中会将此原则应用到每一个课程项目中。

第三节从根本上将数据恢复和硬盘维修区分开，让读者能够了解本书将要讲解的内容范围。

在读者了解了什么是数据恢复，为什么需要数据恢复之后，本章第四节再分别从用户操作习惯、系统工具等方面为读者介绍一些常规的数据保护方法。

1.6 思考练习

（1）什么是数据恢复？

（2）造成数据丢失或损坏的原因主要有哪些？

（3）数据保护的方法主要有哪些？

（4）数据恢复的方法主要有哪些？

第 2 章　数据存储介质

2.1　存储介质概述

存储介质是指所有能够记录信息，并可以长时间保存信息的物体，包括磁盘、纸质书籍、竹简，甚至原始时代用来记录信息的绳结（如图 2-1 所示）、石片和壁画。这些都是广义上的存储介质，这些介质都可以保持其中记录的信息不会轻易丢失。

因存储介质不同，进行信息交换和信息传递的方式也不同。壁画上的数据内容是不可变的，会随着时间的流逝而逐渐消磨，而且一般不可以用来传递（如图 2-2 所示）。石片、绳结、竹简、纸质书籍等都有一定的保存期限，其传递和交换也只能通过手工传递的方式。

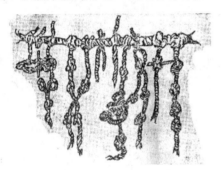

图 2-1　绳结记事　　　　　　　　　　　　　　图 2-2　壁画记事

目前，一般所说的存储介质是指磁盘、U 盘、光盘、磁带等用来存储数据的存储介质。这个范围只是侠义的，主要对象为计算机系统。对于计算机系统而言，凡是能表现并方便地识别、且又容易互相转换的两种稳定的物质状态，都可以用来储存二进制代码 "0" 和 "1"，这样的物质被称为存储介质或记录介质。存储介质不同，存储信息的机理也不同。日常生活中，经常用到的存储介质主要有 U 盘、硬盘、光盘等，这些都可以统称为常规存储介质，而对于一些数据中心而言，需要存储和调用大量的数据，这些常规的存储介质就可以无法满足需求，于是就有了专用的存储介质，如磁带机、磁带库等。

存储介质的分类方式有很多种，分别可以从计算机体系、存储技术、存取速度等方面进行分类。此处只介绍计算机体系和存储技术方面的分类。

1. 从计算机体系分类

从计算机体系分类，存储介质可以分为内存和外存。内存可以理解为通常所说的内存条，是与计算机的 CPU 直接建立通信联系的部件，其主要作用是担任 CPU 与外存之间的桥梁以提高系统的整体工作性能和效率。由于生产工艺等原因，内存的价格相对较高且存储容量相对较少。外存就是外部存储器，是计算机存储信息和数据的主要设备。随着存储技术的发展，现在的外存容量越来越大而价格越来越低，极大地促进了外存的发展。外存主要包含大家所熟知的软盘、硬盘、光盘等。

2．从存储设备的存储技术分类

从存储设备的存储技术分类，存储介质可以分为电存储设备、磁存储设备和光存储设备。电存储设备是利用半导体存储技术所做成的存储设备；磁存储设备是利用剩磁材料的磁性存储数据的设备；光存储设备是在有机玻璃的盘面上通过生产工艺涂上记录层的存储设备。

电存储设备又可分为只读存储器（ROM）和随机存储器（RAM）。其中，只读存储器具有永久保存数据，在系统断电后仍然会保存数据的特点，如保存 BIOS 信息的 CMOS 芯片；随机存储器则只能在系统接通电路的情况下才能存储数据和交换数据，如内存条芯片。近些年，U 盘产品得到了快速的发展，成为人们存储交换数据的重要的存储设备之一。

磁存储设备是计算机最早的存储设备之一，根据其外观的不同可分为磁带、磁卡、磁鼓、磁盘等。对于目前的使用者而言，磁盘是最为常见的存储设备。磁盘又分为软磁盘（软盘）和硬磁盘（硬盘）两种。由于软盘存储设备的空间有限，现在已经退出市场，不太常见，但是在十年前，软盘以其携带方便、价格便宜而大行其道。

目前，在磁存储设备中，硬盘属于独树一帜的种类。随着存储技术和生产工艺的快速发展，硬盘的容量越来越大（目前已达到以 T 为单位）、价格越来越低，是目前计算机必备的标准配置之一。另外，移动硬盘在近年也是异军突起，得到了快速的发展。

就目前而言，光存储设备就是大家熟知的光盘。同样，由于技术和工艺的提升，光盘的类型已从原来的 CD-ROM（只读）发展到 CD-R（可一次写）、CD-RW（可读写）、DVD-ROM、DVD-RW 等类型，其容量也越来越大。光驱也成为目前计算机必备的标准配置之一。

什么样的介质存储什么样的信息是需要首先考虑的，至于怎么恢复这些不同类型介质里面的信息就是我们以后重点介绍给大家的！

2.2　电存储设备——U 盘

电存储技术主要是指使用半导体技术来实现存储功能的存储设备。早期的电存储设备采用典型的晶体管存储器（如图 2-3 所示）。现代的电存储设备采用超大规模的集成电路制成存储芯片，每个芯片中包含相当数量的存储单元，再由若干芯片构成存储器（如图 2-4 所示）。U 盘（如图 2-5 所示）就是最典型的电存储设备。

U 盘，即 USB 盘的简称，日常生活中经常称其为优盘。U 盘是闪存的一种，因此也叫闪盘。最初设计 U 盘的目的就是为了在没有局域网连接的计算机之间进行快速的较大数据或文件的交换。只要设备有 USB 接口，就可以随时将 U 盘插入计算机主机而不用去管计算机此时处于什么样的状态。如果要取走 U 盘，也只需按照规范操作，在不关计算机的情况下，将它安全地从计算机上移走。这无疑给人们的学习和生活提供了极大的便利。哈尔滨朗科科技有限公司总裁吕正彬是发明专利持有者之一。U 盘的推出，是中国在计算机存储领域二十年来唯一属于中国人的原创性发明专利成果。

图 2-3　早期的晶体管存储器　　　　　　　图 2-4　集成电路存储器

图 2-5　常见的 U 盘

2.2.1　U 盘的工作原理及组成结构

U 盘主要由 USB 接口、I/O 控制芯片、闪存、PCB 和其他电子元器件组成，如图 2-6 所示。U 盘一般将数据存储在闪存中，利用 USB 接口与计算机进行数据交换。

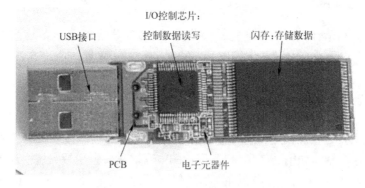

图 2-6　U 盘的结构

1．I/O 控制芯片

I/O 控制芯片是整个闪存设备的核心，主要对闪存中的数据进行存取。

2．闪存（Flash Memory）

闪存，目前人们经常称为 FLASH，是一种基于半导体介质存储器的存储单元。闪存具有掉电后仍可以保留信息、在线写入等优点。很多 U 盘标称可擦写 100 万次，数据至少保存 10 年。但是，这其实和闪存的材质有很大的关系，只有高品质的闪存才能保证达到应有的指标。如果闪存的材质不好，U 盘很可能出现使用一段时间后容量变小的情况，甚至造成数据的丢失。

3. PCB 和电子元器件

PCB 和电子元器件对闪盘的质量有着决定性的影响。USB 接口电路附近有用来过滤冗杂信息的电容和电阻，根据需要，这个地方不能太精简。否则，在数据传输上容易出错。很多小厂家就是利用精简 USB 接口电路附近的电容和电阻来获取利润，这一种 U 盘很容易出现数据丢失现象。所以，在选购 U 盘时要多加注意。图 2-7 所示为真假 U 盘的元器件对比，从图中可以很明显地看出，正品 U 盘的元器件整齐、正规，而假 U 盘的元器件排列凌乱，而且可以很明显地看到白色的部分，这大多数是由于假货的元器件是手工贴上去的，而正品是焊接上去的原因。

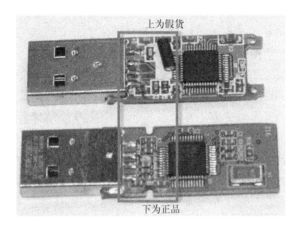

图 2-7　真假 U 盘内部结构对比

2.2.2　U 盘质量判断的几个主要方面

1. FLASH 芯片

芯片是 U 盘最主要的构成件，占总成本的 90%以上。

劣质 U 盘主要表现为 3 种状态。第一，采用次品芯片，业内俗称"黑片"；第二，对芯片"升级"，或者也可以叫"扩容"；第三，采用拆机芯片。

黑片中存有坏块，会导致 U 盘的容量不稳定，且故障率高。如果 4G 的 U 盘实际容量小于 3.89G、2G 的 U 盘实际容量小于 1.94G、1G 的 U 盘实际容量小于 995M，那一般可以认为该 U 盘由"黑片"制成。除此之外，可以在 U 盘内拷入略小于实测容量的图片和影音文件，使用黑片的 U 盘可能会出现部分图片花屏、影音文件中的一些文件不能播放等故障。

"升级"是指用较小容量的芯片，通过软件手段，使 U 盘只是表面上达到更大容量，有时候也称其为"扩容"。如采用 128M 的 FLASH 芯片制作成 256M 的 U 盘，更有甚者将它制作成 1G 的 U 盘使用。此类 U 盘在存储低于实际容量 50%的文件时不易发生问题，一旦超出实际容量，在读取 U 盘超出容量的这些文件时，就会发现图片不能显示、电影播放不完整和文件执行不正常等现象。只要在 U 盘内拷入所标注容量 50%以上的图片文件时，在复制中途提示出错，或者复制正常通过，但在打开文件后发现其中的一些图片不能显示，可以直接怀疑其为"升级"U 盘。

采用拆机芯片的意思是说将某些不能使用的 U 盘的芯片拆下来，再安装到新 U 盘中继续使用。由于 FLASH 是有读写寿命的，用旧芯片制成的 U 盘会减少使用年限，但不容易检测出来。

2．PCB

PCB 的质量必须拆开外壳通过观察才能判断。质量好的 U 盘的元器件排列整齐、元器件焊点均匀，如果元器件排列不齐，甚至有些元器件是白色的（因为贴反了，但不影响使用），那一定是手贴的，如果焊点大小相差较大，也可能是手贴的。

2.2.3　U 盘使用的注意事项

U 盘采用的是电存储方式，在存储信息的过程中没有机械运动，这使得它的运行非常的稳定，它是所有存储设备里面最不怕震动的设备。而且它的体积可以做得很小，现在的 MP3 播放器就是因为采用了这种存储技术也可以做得那么小巧的。但在使用 U 盘的过程中，我们必须得遵守如下的注意事项，这样才能延长 U 盘的使用寿命。

（1）绝对不要在闪盘的指示灯闪得飞快时拔出 U 盘。

绝对不要在闪盘的指示灯闪得飞快时拔出 U 盘，这时 U 盘正在读取或写入数据，中途拔出可能会造成硬件、数据的损坏。应该在 U 盘中的所有操作执行完毕后，过一些时间后再关闭相关程序，以防意外。同样的道理，在系统提示"无法停止"时也不要轻易拔出 U 盘，这样也会造成数据遗失。

（2）不要在 U 盘工作状态下进行"写保护"开关的切换。

一定在 U 盘插入计算机接口之前就要切换完毕。

（3）尽量采用压缩包的形式代替很多的小文件。

有些品牌型号的 U 盘为文件分配表预留的空间较小，在复制大量单个小文件时容易报错，这时可以停止复制，采取先把多个小文件压缩成一个大文件的方法解决。

（4）不要整理碎片。

U 盘的存储原理和硬盘的存储原理有很大的出入，不要整理碎片。否则，将影响使用寿命。

（5）使用前最好杀毒。

U 盘里可能会有 U 盘病毒，插入计算机时最好进行 U 盘杀毒。

（6）不使用 U 盘时，拔下 U 盘，关好 U 盘盖子。

注意，将 U 盘放置在干燥的环境中，不要让 U 盘接口长时间暴露在空气中。否则，容易造成表面金属氧化，降低接口敏感性。也不要将长时间不用的 U 盘一直插在 USB 接口上。否则，一方面容易引起接口老化，另一方面对 U 盘也是一种损耗。

（7）如果不考虑传输速度，尽量使用 USB 延长线。

为了保护主板及 U 盘的 USB 接口，预防变形以减少摩擦。如果对复制速度没有要求，可以使用 USB 延长线（一般都随 U 盘赠送。如果需要买，尽量选择知名品牌，线越粗越好。但不能超过 3m。否则，容易在复制数据时出错）。

注：U 盘都有工作状态指示灯。如果是一个指示灯，当插入主机接口时，灯亮表示接通电源，当灯闪烁时表示正在读写数据。如果是两个指示灯，一般为两种颜色，一个在接通电源时亮，一个在 U 盘进行读写数据时亮。

2.2.4　U 盘的常见故障

（1）可以认 U 盘，U 盘容量为 0，电脑提示格式化却不能格式化，或提示"请插入磁盘"。

此现象，可能是 FLASH 芯片损坏（多为虚焊），而绝大多数为软件问题。

解决方法：对于虚焊，当然是重新焊接一下。软件问题就只有找到对应主控方案的量产工具重新量产一下就可以了。随机光盘中一般都是有的。也可以在网上下一个，但必须与 U 盘的主控相对应。

（2）复制的文件经常无故损坏。

这种故障是因为 FLASH 有坏块或 U 盘本身为扩容的，解决方法同上，也只有重新量产。不过，量产后的容量会有所变小。

（3）U 盘插到机器上没有任何反应。

根据故障现象判断，U 盘整机没有工作，说明 U 盘的电路部分是有问题的。电路部分的问题大致可以分为 3 种类型。

第一，可能是供电出了问题。U 盘供电分为主控所需的供电和 FLASH 所需的供电，这两个是关键，而 U 盘电路非常的简单。若没有供电，一般都是保险电感损坏或 3.3V 稳压块损坏。稳压块有 3 个引脚，分别是电源输入（5V）、地、电源输出（3.3V）。工作原理就是当输入脚输入一个 5V 电压时，输出脚就会输出一个稳定的 3.3V。只要查到哪里是没有供电的根源，问题是很好解决的。

第二，可能是时钟问题。因主控要在一定频率下才能工作，跟 FLASH 通信也要时钟信号进行传输。所以，如果时钟信号没有，主控是一定不会工作的。而在检查这方面电路的时候，时钟产生电路很简单，只需要检查晶振及其外围电路即可。因晶振怕摔而 U 盘小巧，很容易掉在地上造成晶振损坏，只要更换相同的晶振即可。注意，晶振需要专用仪器测量，判断其好坏最好的方法就是换一个好的晶振来判断。U 盘最容易坏的就是晶体了。

第三，主控出了问题。如果上述两个条件都正常，那就是主控芯片损坏了。只要更换主控即可。

（4）U 盘插入计算机，提示"无法识别设备"。

对于此现象，说明 U 盘的电路基本正常，而只是跟计算机通信方面有故障，而对于通信方面有以下几点要检查。

第一，U 盘接口电路。此电路没有什么特别元器件，就是两根数据线 D+和 D-。所以，在检查此电路时，只要测量数据线到主控之间的线路是否正常即可。一般都在数据线与主控电路之间串接两个小阻值的电阻，以起到保护的作用。所以，要检查这两个电阻的阻值是否正常。

第二，时钟电路。因 U 盘与计算机进行通信要在一定的频率下进行，如果 U 盘的工作频率和计算机不能同步，那么系统就会认为这是一个"无法识别的设备"了。这时就要换晶振了。而实际维修中真的有很多晶振损坏的实例！

第三，主控。如果上述两点检查都正常，那就可以判断为是主控损坏了。

2.3　磁存储设备——硬盘

磁记录是指利用磁效应记录各种数据的技术。磁记录技术的起源可以追溯到 1857 年使用钢带的录音机雏形。1898 年，丹麦人 Valdemar Poulson 使用直径为 1mm 的碳钢丝制作了世界上第一台可供实用的磁录音机。1928 年，德国人 Fritz pfleumer 与 AEG（伊莱克斯）合作制作了第一台磁带录音机，被称为磁带录音机的鼻祖。

　　磁存储技术的工作原理是通过改变磁粒子的极性来在磁性介质上记录数据。在读取数据时，磁头将存储介质上的磁粒子极性转换成相应的电脉冲信号，并转换成计算机可以识别的数据形式。写操作的原理也是如此。

　　硬盘是最典型的磁存储介质，在磁盘存储技术中，磁化状态代表 1 的信号，退磁状态（未磁化）则代表 0 的信号，这样就实现了更小的空间实现大量信息存储的可能。

2.3.1　硬盘存储原理

　　硬盘中的数据存储在密封于洁净的硬盘驱动器内腔的若干个磁盘片上。这些盘片一般是以铝为主要成分的片基表面涂上磁性介质所形成的。在磁盘片的每一面上，以转动轴为轴心，以一定的磁密度为间隔的若干个同心圆就被划分成磁道，每个磁道底层上都是由一个个地磁粉组成的，如图 2-8 所示。每一个磁粉都有两种状态（磁化和未磁化），图 2-8 中黑色小点表示磁化了的磁粉，白色小点表示未磁化的磁粉。经过一定方式地排放，磁粉就能够表达需要的信息了（图 2-8 圈出来的部分数据可表示数据 0011）。在每一面上都有一个读写磁头，专门负责读取当前磁粉的状态，最后由计算机系统将 01 这样的底层数据进行相应文件的转换，就成了大家日常在计算机中看到的文件、图片或者视频了。

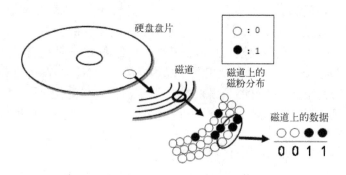

图 2-8　硬盘存储原理

　　硬盘的原理是利用磁头在旋转的碟片上进行读写，即重写或者读取碟片上磁粉的磁极方向。随着技术的进步，磁粉可以做的越来越细小，读写磁头也可以越做越精细，于是单位面积里能够划分出更多的储存单元。所以，新的硬盘看上去和老式的硬盘一样大，空间却能大好几倍。

　　现在的硬盘，不管是 IDE 还是 SCSI，采用的都是"温彻思特"技术，都有以下特点。

　　（1）磁头、盘片及运动机构密封。

　　（2）固定并调整旋转的镀磁盘片表面平整光滑。

　　（3）磁头沿盘片径向移动。

　　（4）磁头对盘片接触式启停。但是，工作时呈飞行状态，不与盘片直接接触。

　　硬盘的主要功能是存储和读取数据，它要求高精密性和高稳定性。要了解磁存储技术，首先必须了解计算机硬盘的内部结构。通常的硬盘其内部结构由 4 部分组成：盘片（介质）、磁头（包括写入磁头和读出磁头）、主轴电机和磁头驱动单元。对于磁存储技术，本书重点关心的是磁记录介质和磁头部分。

2.3.2　硬盘外部结构

　　先从硬盘的外观上来看，硬盘就是一个方方正正的盒子，盒子内部才是主要的物理组件。

1．正面

硬盘正面的面板称为固定面板，它与底板结合成一个密封的整体，如图 2-9 和图 2-10 所示。

由于硬盘内部完全密封，并不是人们所说的"真空"，只是内部无尘而已。所以，为了保证硬盘内部组件的稳定运行，固定面板上有一个带有过滤器的小小透气孔，它的目的是为了让硬盘内部气压与大气气压保持一致，这是让磁盘盘片和磁头在硬盘内部稳定工作的关键因素。

图 2-9　硬盘正面　　　　　　　　　　　　图 2-10　硬盘参数

2．背面

硬盘的背面主要有控制电路板、接口及其他附件，如图 2-11 和图 2-12 所示。

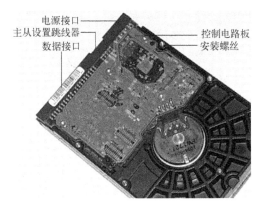

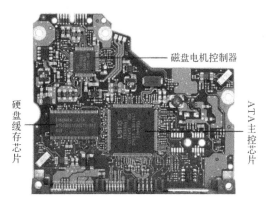

图 2-11　硬盘背面　　　　　　　　　　　　图 2-12　硬盘电路板

3．侧面

硬盘的侧面指的是硬盘的接口。硬盘的外部接口包括电源线接口和数据线接口两部分。常见的数据线接口有 ATA 接口（也可叫 IDE）、SCSI 接口和 SATA 接口三类。IDE 的英文全称为 Intergrated Drive Electronics，曾是最主流的硬盘接口，包括光存储类的主要接口。所有 IDE 硬盘接口都使用相同的 40 针连接器，图 2-13 即为 IDE 接口硬盘的侧面。

SCSI 硬盘的外观与普通硬盘的外观基本一致，但是其针脚有 50 针、68 针和 80 针的。常见的硬盘型号上标有 N（窄口，50 针）、W（宽口，68 针）和 SCA（单接头，80 针）。

　　SATA 是一种新的标准，是目前硬盘的主流接口，它具有更快的外部接口传输速度，数据校验措施也更为完善。SATA 硬盘的侧面如图 2-14 所示。

 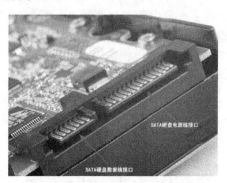

图 2-13　IDE 硬盘接口　　　　　　　　　图 2-14　SATA 硬盘的侧面

2.3.3　硬盘内部结构

　　一块硬盘一般都会用十多个特殊的六角形螺丝来固定，要花大力气才能将固定面板揭开。揭开后，可以看见硬盘内部主要有磁盘盘片和磁头组件这两部分。硬盘的外盖和内部结构分别如图 2-15 和图 2-16 所示。

图 2-15　硬盘的外盖

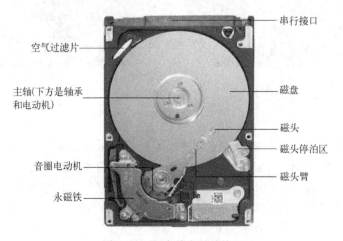

图 2-16　硬盘的内部结构

1．盘片

硬盘内部最吸引眼球的就是银晃晃的磁盘盘片，有人戏称其是世界上最昂贵的镜子。盘片是在铝合金或玻璃基底上涂敷很薄的磁性材料、保护材料和润滑材料等多种不同作用的材料层加工而成的。其中，磁性材料的物理性能和磁层结构直接影响着数据的存储密度和所存储数据的稳定性。

硬盘的盘片是硬盘的核心组件之一，它是硬盘存储数据的载体，不同的硬盘可能有不同的盘片数量。如图 2-17 所示的某硬盘盘片，挪动最上面的一张盘片就可以发现本硬盘采用的是双盘，在两个盘片中间，有一个垫圈，取下后可以拿出另外一张盘片，而两张盘片是安装在主轴电动机的转轴上的，在主轴电动机的带动下可以做高速旋转运动，数据就是以这样的方式进行顺序读取的，如图 2-18 所示。

图 2-17　某硬盘盘片

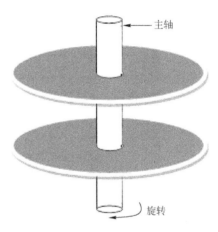

图 2-18　盘片运动示意图

硬盘每张盘片的容量称为单碟容量，而一块硬盘的总容量就是所有盘片容量的总和。早期的硬盘由于单碟容量低，所以盘片较多。现代的硬盘盘片一般只有少数几片。一块硬盘内的所有盘片都是完全一样的，否则控制部分就太复杂了。

2．磁头

磁头是硬盘中对盘片进行读写工作的工具，是硬盘中最精密的部位之一。硬盘在工作时，磁头通过感应旋转的盘片上磁场的变化来读取数据；通过改变盘片上的磁场来写入数据。磁头的好坏在很大程度上决定着硬盘盘片的存储密度。

磁头并不是贴在盘片上读取的，由于磁盘的高速旋转，使得磁头利用"温彻斯特/Winchester"技术悬浮在盘片上，这使得硬盘磁头在使用中几乎是不磨损的，使得数据存储非常稳定，硬盘寿命也大大增长。但磁头也是非常脆弱的，在硬盘工作状态下，即使是再小的振动，都有可能使磁头受到严重损坏。由于盘片是工作在无尘环境下的，所以在处理磁头故障，也就是更换磁头时，都必须在无尘室内完成。硬盘的磁头与盘面的结构如图 2-19 所示，对应关系示意图如图 2-20 所示。

2.3.4　硬盘逻辑结构

硬盘从物理上来看，其主要部件是盘片和磁头，而从逻辑上则分为磁道、柱面、扇区等，以下分别介绍它们。

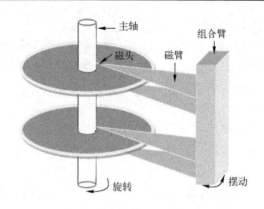

图 2-19　磁头与盘面的结构图　　　　　　图 2-20　磁头与盘面的关系示意图

1．磁头

硬盘的每一个盘片都有两个盘面（Side），一般每个盘面都利用上，即都装上磁头可以存储数据，成为有效盘片，也有极个别的硬盘其盘面数为单数。盘面按顺序从上而下从 0 开始编号。每个有效盘面都有一个磁头对应，所以盘面号又叫作磁头号。硬盘的盘片在 2～14 个不等；通常有 2～3 个盘片，故盘面号（磁头号）为 0～3 或 0～5。磁头的结构如图 2-21 所示。

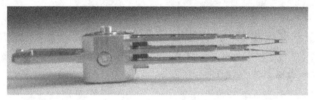

图 2-21　磁头的结构

注意：不是每个盘面都有磁头。例如，250GB 和 500GB 的硬盘就可以有单数个磁头。

2．磁道

磁道是盘片上以特殊形式磁化了的一些磁化区，磁盘在格式化时被划分成许多同心圆，这些同心圆轨迹被称为磁道（Track），磁道从外向内自 0 开始编号。硬盘的每一个盘面有 300～1024 个磁道，新式大容量硬盘每面的磁道数更多。磁道的示意图如图 2-22 示。

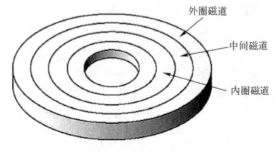

外圈磁道

中间磁道

内圈磁道

图 2-22　磁道的示意图

3．柱面

硬盘一般会有多个盘面（一个盘片有两个盘面），所有盘面上的同一磁道构成了一个圆柱，通常称为柱面（Cylinder），每一个圆柱上的磁头自上而下从 0 开始编号。数据的读写是按柱面进行的，即磁头在读写数据时，首先在同一柱面内的 0 磁头开始操作，依次向下在同一柱面的不同盘面（磁头）进行操作，只有在同一柱面上所有的磁头全部读写完成后，磁头才转向下一柱面（因为选哪个磁头读写数据只需要通过电子切换即可，而选择哪个柱面必须通过机械切换，如图 2-23 所示）。所有的数据读写是按柱面进行的，而不按盘面进行。一个磁道写满数据，就在同一柱面的下一个盘面来写，一个柱面写满后，才移向下一个柱面，从下一柱面的 1 扇区开始写数据，这样提高硬盘的读写效率。

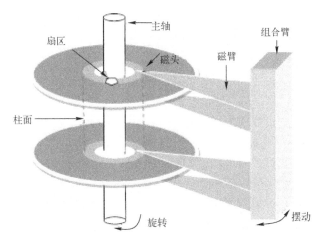

图 2-23 柱面工作示意图

4．扇区

操作系统是以扇区（Sector）的形式在硬盘上存储数据的，每一个扇区包括 512 字节的数据和一些其他信息，如图 2-23 所示。扇区是读取数据的最小单元，就读写磁盘而论，扇区是不可再分的，它的示意图如图 2-24 所示。

一个扇区主要有两个部分：存储数据的地点标识符和存储数据的数据段，如图 2-25 所示，黑色部分就是存储数据部分，白色部分则是扇区的基本信息。

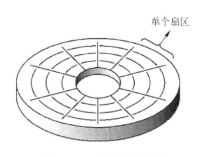

图 2-24 扇区的示意图

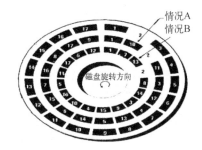

图 2-25 扇区数据示意图

2.3.5 硬盘数据寻址方式

访问硬盘上的数据总是以扇区为单位进行的，即每次读或写至少是一个扇区的数据。硬盘的寻址模式，通俗地说，就是主板 BIOS 通过什么方式查找硬盘低级格式化划分出来的扇区的位置。适应不同的硬盘容量，有不同的寻址方式。

目前常用的寻址方式有两种：物理寻址方式和逻辑寻址方式。

1．物理寻址方式

物理寻址方式又称 CHS（Cylinder 柱面/ Head 磁头/ Sector 扇区）方式，是用柱面号(即磁道号)、磁头号(即盘面号)和扇区号来表示一个特定的扇区。柱面和磁头从 0 开始编号，而扇区是从 1 开始编号的。

知道了磁头数、柱面数、扇区数，就可以很容易确定数据保存在硬盘的哪个位置，也很容易确定硬盘的容量，其计算公式为：

硬盘容量＝磁头数×柱面数×扇区数×512 字节

CHS 模式的地址是写到 3 个 8 位寄存器里的，分别如下。

（1）柱面低位寄存器（8 位）。

（2）柱面高位寄存器（高 2 位）+扇区寄存器（低 6 位）。

（3）磁头寄存器（8 位）。

因此，硬盘磁头最多有 256（2 的 8 次方）个，即 0～255；扇区最多有 63（2 的 6 次方－1）个，即 1～63；柱面最多有 1024（2 的 10 次方）个，即 0～1023。

这样，使用 CHS 方式寻址一块硬盘的最大容量为 256×1024×63×512B = 8064MB(1MB = 1048576B)，若按 1MB=1000000B 来算就是 8.4GB。

系统在写入数据时按照从柱面到柱面的方式,当上一个柱面写满数据后才移动磁头到下一个柱面,而且是从柱面的第一个磁头的第一个扇区开始写入,从而使磁盘性能最优。

例如，已知有一个 4 磁头（硬盘每柱面的磁道数为 4），每磁道有 17 个扇区的硬盘，读取 1 柱面 1 磁头 1 扇区之前会先读取的扇区数如下。

（1）1 柱面之前有一个柱面（0 柱面），一个柱面共有 4 个磁道，每个磁道有 17 个扇区，所以一个柱面一共有 4×17＝68 个扇区。

（2）在本柱面中（1 柱面），1 磁头之前有一磁头（0 磁头），即有一个磁道，共有 17 个扇区。

（3）在本磁道中（1 柱面 1 磁头），1 扇区属于第一个扇区，所以在它前面不会再读取其他扇区。

经过上面 3 步，可以确定 1 柱面 1 磁头 1 扇区之前应该读取 68+17＝85 个扇区。

思考练习：CHS 寻址方式，某一硬盘有 4 磁头，每磁道有 63 个扇区。若某一文件的起始地址是 2 柱面 2 磁头 2 扇区，其结束地址为 4 柱面 3 磁头 35 扇区，请计算此文件一共占用了多少扇区？此文件有多大（以 M 为单位）？

2．逻辑寻址方式

逻辑寻址方式又称 LBA（Logical Block Addressing）方式，是用逻辑编号来指定一个扇区的寻址方式。

在早期的硬盘中，由于每个磁道的扇区数相等，外磁道的记录密度远低于内磁道，因此造成很多磁盘空间的浪费。为了解决这一问题，人们改用等密度结构，即外圈磁道的扇区比内圈磁道的扇区多。此种结构的硬盘不再具有实际的 3D 参数，寻址方式也改为以扇区为单位的线性寻址，这种寻址模式便是 LBA（Logic Block Addressing,逻辑块地址），即将所有的扇区统一编号。

由于系统在写入数据时是按照从柱面到柱面的方式，当上一个柱面写满数据后才移动磁头到下一个柱面，而且是从柱面的第一个磁头的第一个扇区开始写入，从而使磁盘性能最优。在对物理扇区进行线性编址时，也是按照这种方式进行的。需要注意的是，物理扇区 C/H/S 中的扇区编号是从"1"至"63"，而逻辑扇区 LBA 方式下的扇区是从"0"开始编号，所有扇区编号按顺序进行。

对于任何一个硬盘，都可以认为其扇区是从 0 号开始的，但是每个硬盘到底有多少盘片、有几个磁头却是不一样的，也就是说数据到底存在哪个物理位置是不固定的。

3．CHS 与 LBA 之间的相互转换

从上面的分析中可得到一结论，CHS 寻址方式中，读取某一扇区之前要读取的扇区数即为此扇区的 LBA 参数，于是可得出 CHS 参数转换成其相对应的 LBA 参数值的公式为：

逻辑编号（即 LBA 地址）＝（柱面编号×磁头数+磁头编号）×扇区数+扇区编号-1

上式中，磁头数为硬盘磁头的总数，扇区数为每磁道的扇区数。

为验证此公式，下面举个例子。

实例：已知有一个 4 磁头（硬盘每柱面的磁道数为 4），每磁道有 17 个扇区的硬盘，其中有一个逻辑硬盘 D，它的第一个扇区在硬盘的柱面号为 120、磁头号为 1、扇区号为 1 的位置，则计算柱面号为 160、磁头号为 3、扇区号为 6 的逻辑扇区号 RS 是多少？

分析：根据前面的说明，已知条件有 $C_1=120$、$H_1=1$、$S_1=1$、NS=17、NH=4、$C=160$、$H=3$、$S=6$，则代入上面公式可得到逻辑扇区号 RS=4×17×(160-120)+17×(3-1)+(6-1)=2759，即硬盘柱面号为 160、磁头号为 3、扇区号为 6 的逻辑扇区号为 2759。

在对硬盘进行故障维护或者进行相关软件开发时，不仅需要将硬盘的物理地址转换成逻辑地址，有时还需要知道逻辑地址转换为物理地址的方法。

首先介绍两种运算：DIV 和 MOD（这里指对正整数的操作）。DIV 被称为整除运算，即被除数除以除数所得商的整数部分，例如，3 DIV 2=1，10 DIV 3=3；MOD 运算则是取商的余数，例如，5 MOD 2=1，10 MOD 3=1。DIV 和 MOD 是一对搭档，一个取整数部分，一个取余数部分。

各参数仍然按上述假设进行，则从 LBA 到 C/H/S 的转换公式为：

$$C=LBA \ DIV \ (PH * PS) + CS$$

$$H=(LBA \ DIV \ PS) \ MOD \ PH + HS$$

$$S=LBA \ MOD \ PS + SS$$

同样可以带入几个值进行验证。

（1）当 LBA=0 时，代入公式得 C/H/S=0/0/1。

（2）当 LBA=62 时，代入公式得 C/H/S=0/0/63。

（3）当 LBA=63 时，代入公式得 C/H/S=0/1/1。

实例：设硬盘的磁头数为 4，每磁道 17 个扇区，其中逻辑硬盘 D 的第一个扇区在硬盘的柱面 120、磁头 1、扇区 1 上，请计算逻辑 D 盘上逻辑扇区为 2757 编号对应的物理地址是多少？

分析：根据上面的已知条件，可知 $C_1=120$、$H_1=1$、$S_1=1$、NS=17、NH=4、LBA=2757，则将这些数据代入上面的公式可得：

$$C=((2757 \ DIV \ 17)DIV \ 4) + 120 = 160$$

$$H=((2757 \ DIV \ 17)MOD \ 4) + 1 = 3$$

$$S=(2757 \text{ MOD } 17)+1=4$$

即逻辑扇区号 LBA 为 2757 的硬盘对应的物理地址为柱面号是 160、磁头号是 3、扇区号是 4 的位置。

2.3.6　硬盘的技术指标及参数

1．容量

硬盘是通过磁阻磁头实际记录密度来记录数据的（即硬盘存储和读取数据主要是靠磁头来完成的）。提高磁头技术可以提高单碟片数据记录的密度，增加硬盘的容量。受工业标准化设计的限制，硬盘中能安装的盘片数目是有限的（普通硬盘最多 4 张）。除了总容量之外，硬盘的容量还有一个很重要的参数，就是单碟容量。目前硬盘的单碟容量已经由 80GB 升到 1TB。一般来说，单碟容量越大，硬盘的数据密度就越大。

2．平均寻道时间

平均寻道时间是指硬盘磁头移动到数据所在磁道时所用的时间，单位为 ms（目前选购硬盘时应该选择平均寻道时间低于 9ms 的产品）。

寻道时间还对硬盘的噪声产生影响。若寻道时间降下来，噪音可能会低些，但是硬盘的性能也会因此下降。

3．转速

转速是指驱动硬盘盘片旋转的主轴电机的旋转速度。目前 IDE 硬盘常见的转速为 5400r/min 和 7200r/min，SCSI 的转速一般为 7200～10000r/min。

转速越快，读取数据的速度越快，但其噪声和发热量也就越大。

4．数据缓存

数据缓存，英文名为 Cache，单位为 KB 或 MB。主流 IDE 硬盘数据缓存一般为 8MB，而 SCSI 硬盘最高缓存已经是 16MB 了。

缓存有 3 个作用，如下所示。

（1）预读取（缓存读取速度高于磁头读取速度），所以能明显改善性能。

（2）对写入动作进行缓存（忙时不写入，硬盘闲时才写入数据），有安全隐患。

（3）临时存储最近访问过的数据。

2.4　光存储设备——光盘

光存储设备与磁存储设备一样，也是在基质上通过生产工艺的方式涂敷一层用于记录的薄层。不同的是，光存储设备的基质是有机玻璃。百度百科上说"光存储是由光盘表面的介质影响的，光盘上有凹凸不平的小坑，光照射到上面有不同的反射，再转化为 0、1 的数字信号就成了光存储。"光存储设备最典型的产品就是光盘。

2.4.1　光存储原理

无论是 CD 光盘，还是 DVD 光盘等光存储介质，它们采用的存储方式都与软盘和硬盘相同，都是以二进制数据的形式来存储信息的。而要在这些光盘上面存储数据，需要借助激光把计算机转换后的二进制数据用数据模式刻在扁平、具有反射能力的盘片上。而为了识别数据，光盘上定义激光刻出的小坑就代表二进制的"1"，而空白处则代表二进制的"0"。DVD 盘的记录凹坑比 CD-ROM 的更小，且螺旋存储凹坑之间的距离也更小。DVD 存放数据信息的坑点非常小，而且非常紧密，最小凹坑长度仅为 0.4μm，每个坑点间的距离只是 CD-ROM 的 50%，并且轨距只有 0.74μm。

　　CD 光驱和 DVD 光驱等一系列光存储设备，其主要部分就是激光发生器和光监测器。光驱上的激光发生器实际上就是一个激光二极管，可以产生对应波长的激光光束，然后经过一系列的处理后射到光盘上，最后经由光监测器捕捉反射回来的信号从而识别实际的数据。如果光盘不反射激光，则代表那里有一个小坑，那么计算机就知道它代表一个"1"；如果激光被反射回来，计算机就知道这个点是一个"0"。然后计算机就可以将这些二进制代码转换成原来的程序。当光盘在光驱中做高速转动时，激光头在电机的控制下前后移动，数据就这样源源不断地被读取出来了。

2.4.2　光存储设备的发展状况

　　光驱虽然在 1991 年的时候就已经问世，但是发展非常缓慢。1993 年，第二代 MPC 规格问世，光驱的速度已变成了双倍速，传输率达到了 300KB/s，平均搜寻时间为 400ms。1995 年夏，Multimedia PC Working Group 公布第三代规格标准，光驱速度提高到 4 倍速，数据传输率为 600KB/s，数据的平均时间不大于 250ms。兼容光盘格式：CD-Audio、CD-Mode1/2、CD-ROM/XA、Photo-CD、CD-R、Video-CD、CD-I 等。

　　再以后，光驱提速也成为各家厂商技术发展的主要目标，速度从 4 倍速和 8 倍速一直提高到 48 倍速和 52 倍速不等。随着技术的发展和成熟，光驱的价格已经下降到了一个可以接受的水平。当时间进化到 1997 年的时候，光驱已经开始普及开了。

　　虽然光盘的容量达到了 640MB 的大小，但是人类的追求是永无止境的，人们渴望可以在碟片上面存储更多的数据。在这种情况下，DVD 及 DVD 光驱也就问世了。开发之初，DVD 的意义为 Digital Video Disc（数字视频光盘），只能存储视频和音频信息。而当 DVD 扩展其功能之后，DVD 不但可以存储 MPEG2 的视频和音频信息，而且还可以存储计算机程序和文件数字信息，满足人们对大存储容量和高性能的存储媒体的需求。这种集计算机技术、光学记录技术及影视技术为一体的媒介便成为 Digital Versatile Disk（数字通用光盘）。

　　谈到 DVD，当然要说 DVD 联盟这个官方组织，这一组织最初由 Hitachi、JVC、Matsushita、Mitsubishi、Philips、Pioneer、Sony、Thomson、Time Warner 和 Toshiba 十家公司于 1995 年 9 月发起形成，1997 年 5 月，基于这一联盟基础上的一个国际性的开放性组织——"DVD 论坛"宣告成立，到现在，这一组织已经吸引了超过 200 个的组织成员，这个组织的总目标是促进和发展 DVD 形式，协调 DVD 规格和对 DVD 技术领域的公司发放许可。有专门的工作组着手于 DVD 技术不同方面的工作，并对一些规格制定国际标准。它们对于推动 DVD 标准和技术的发展起了不可估量的重要作用。如今，不少的规格已经成为国际标准。

　　DVD 的原理与光驱的原理大同小异，在可以读取 DVD 光盘的时候也能读取 DVD 光盘。一张 DVD 光盘的最小储存能力达到了 4.7GB。而随着 DVD 技术的发展，单面双层和双目双层技术等不断开发出来，DVD 可以存储的数据容量也急速增大。DVD 吸引人们的不仅仅是数据存储方面，而在影像方面，DVD 影像可以提供比 CD 影像清晰好几倍的效果，并且支持 5.1 声道，相比 CD 的立体声，DVD 可以说是占有绝对优势的。DVD 在 1997 年开始进入市场，但是在很长一段时间内，由于高昂的价格和对 PC 处理能力的不低要求使得 DVD 光驱无法进入普通百姓的家里。而这几年 DVD 价格的大调整使得越来越多的用户选择 DVD 来代替光驱，DVD 代替光驱的潮流已经是无法抵挡了。

2.4.3 光盘的组成结构

光盘的工作原理类似将硬盘划分为扇区一样，光盘片也被划分为一个一个的同心圆，这些同心圆被称为光轨。在光盘上存储数据时，数据按照划分的光轨进行存储。当光盘驱动器（光驱）读取数据时，也是按照划分的光轨读取的。

常见的 CD 光盘非常薄，只有 1.2mm 厚，主要分为 5 层，其中包括基板、记录层、反射层、保护层、印刷层。

1．基板

基板是各功能性结构（如沟槽等）的载体，其使用的材料是聚碳酸酯，具有冲击韧性极好、使用温度范围大和尺寸稳定性好的特点。CD 光盘的基板厚度为 1.2mm，直径为 120mm，中间有孔，呈圆形，它是光盘的外形体现。光盘之所以能够随意取放，主要取决于基板的硬度。在基板方面，CD、CD-R、CD-RW 之间是没有区别的。

2．记录层

记录层是光盘刻录时刻录信号的地方，其主要工作原理是在基板上涂抹上一层专用的有机染料，然后利用激光将有机染料"烧"成一个接一个的"坑"，这样，有"坑"和没有"坑"的状态就形成了"0"和"1"的信号。读取信号时，则利用激光在有"坑"和没有"坑"的地方的不同反射作用来进行识别，从而表示特定的数据。

对于可重复擦写的 CD-RW 而言，所涂抹的不是有机染料，而是某种碳性物质。光盘在刻录时，不是将刻录层"烧"成一个接一个的"坑"，而是改变碳性物质的极性，通过改变碳性物质的极性，形成特定的"0"和"1"代码序列，这种碳性物质的极性是可以重复改变的，这也就表示此光盘可以重复擦写。

3．反射层

反射层是反射光驱激光光束的区域，借用反射的激光光束读取光盘片中的资料。

4．保护层

保护层是用来保护光盘中的反射层及染料层，防止信号被破坏。

5．印刷层

印刷层是印刷盘片的客户信息和容量等相关资讯的地方，是光盘的背面，它不仅可以标明信息，还可以起到保护光盘的作用。

目前，能够接触的光存储设备包括 CD-ROM（只读光盘，其数据用户只能读取，不能写入，多用于电子出版物）、CD-R（允许用户自己写入数据，但是只能写入一次，可以多次读取）、CD-RW（可以允许用户多次进行数据的读写），以及对应的 DVD（Digital Versatile Disc 数字通用光盘）产品，如 DVD-ROM、DVD-R、DVD-RW 等。

需要注意的是，用户进行数据写入操作时，不仅需要光盘是可写光盘，光盘驱动器也必须是对应的可写光驱。

　　CD 光盘的最大容量大约为 700MB。DVD 盘片的单面容量为 4.7GB，最多能刻录约 4.59GB 的数据；双面为 8.5GB，最多能刻 8.3GB 左右的数据。目前，蓝光 BD-ROM（Blu-ray Disc）光盘是最先进的大容量光碟格式，容量达到 25GB 或 50GB。蓝光光盘的得名是由于其采用波长 405 纳米（nm）的蓝色激光光束来进行读写操作的，而 DVD 是采用 650nm 波长的红光读写器的，CD 则是采用 780nm 波长的。

　　据最新资料介绍，日本东京大学的研究团队已经发现了一种材料，其可以用来制造更便宜、容量更大得多的超级光盘，可以存储的容量是目前一般 DVD 的 5000 倍，即 25000GB，也就是所谓的 25TB。

2.4.4　光盘刻录

　　光盘的刻录主要靠光盘刻录机完成，如图 2-26 所示。

　　刻录机可以分为两种。一种是 CD 刻录，另一种是 DVD 刻录。使用刻录机可以刻录音像光盘、数据光盘和启动盘等。

　　注意：在市场中经常见到的盘片会标有 4X、8X、16X 等字样，它们就是盘片的刻录速度。一般来说，盘片的速度越高，价格也就越贵。不过，进行速度过高的刻录往往会影响刻录的品质。实际上，在刻录的时候，为保证刻录的稳定

图 2-26　刻录机

性和内容的完整，都会降低速度来刻录。因为 DVD 的刻录速度比 CD 的刻录速度提高很多。目前市场中的 DVD 刻录机能达到的最高刻录速度为 16 倍速，对于 2～4 倍速的刻录速度，每秒钟的数据传输量为 2.76～5.52MB，刻录一张 4.7GB 的 DVD 盘片需要 15～27min 的时间；而采用 8 倍速刻录则只需要 7～8min，只比刻录一张 CD-R 的速度慢一点，但考虑到其刻录的数据量，速度更快的 DVD 刻录盘显然更有优势。

2.5　专用存储介质

　　信息存储技术在最近几年发展迅猛，各种各样的新产品和新技术层出不穷。但总体上看，它们呈现出一种类似金字塔的结构。其中，最顶尖的为 CPU，距离塔尖的 CPU 越近，其存储的速度就越快，但存储的成本越高，容量也就越小。反之，存储的速度越慢，其成本越低，容量也就越大。

　　从硬盘数据存储的体系结构可分为内存储器和外存储器。内存储器（内存）直接与计算机 CPU 相连，处于金字塔的最上层，它的存储速度要求与 CPU 匹配，它的材质通常由半导体存储器芯片组成，由于成本高，从而容量也就越小；而对于大量的数据，通常需要使用外存储器，但是外储存器又可以分为几个层次，与内存储器相连的是联机存储器（或称在线存储器），如硬磁盘机、磁盘阵列等；再下一层是后援存储器（或称近线存储器），它由存取速度比硬盘更慢的光碟机、光盘库、磁带库等设备组成；最底层是脱机存储器（或称离线存储器），由磁带机或磁带库、光盘等组成仓库，如图 2-27 和图 2-28 所示，它的存储速度相对 CPU 已经是非常缓慢的，是秒数量级的，但是由于存储介质可脱机保存，可以更换，因此容量是无限大的。

图 2-27　磁带机　　　　　　　　　　　　　　　图 2-28　磁带库

对于普通个人计算机用户来说，使用硬盘和光碟等存储介质进行数据存储已经够用了。但是，对于企业用户和网络系统来说，磁碟机、磁盘库和光碟库则是必不可少的数据存储与备份设备。

2.5.1　磁带机

磁带机（Tape Drive）一般指单驱动器产品，通常由磁带驱动器和磁带构成，是一种经济、可靠、容量大、速度快的备份设备，这种产品采用高纠错能力编码技术和即可即读通道技术，可以大大提高数据备份的可靠性。根据装带方式的不同，一般分为手动装带磁带机和自动装带磁带机，即自动加载磁带机。目前提供磁带机的厂商很多，IT 厂商中 HP（惠普）、IBM、Exabyte（安百特）等均有磁带机产品。另外，专业的存储厂商均以磁带机和磁带库等为主推产品，如 StorageTek、ADIC、Spectra Logic 等公司。

磁带是磁带存储系统所有存储媒体中单位存储信息成本最低、容量最大、标准化程度最高的常用存储介质之一，它互换性好，易于保存。近年来，由于采用了具有高纠错能力的编码技术和即写即读的通道技术，大大提高了磁带存储的可靠性和读写速度。

1. 磁带存储的工作原理

根据读写磁带的工作原理可分为螺旋扫描技术、线性记录(数据流)技术、DLT 技术及比较先进的 LTO 技术。

1）螺旋扫描技术

以螺旋扫描方式读写磁带数据的磁带读写技术与录像机基本相似，磁带缠绕磁鼓的大部分，并水平低速前进，而磁鼓在磁带读写过程中反向高速旋转，安装在磁鼓表面的磁头在旋转过程中完成数据的存、取、读、写工作。其磁头在读写过程中与磁带保持 15° 倾角，磁道在磁带上以 75° 倾角平行排列。采用这种读写技术在同样磁带面积上可以获得更多的数据通道，充分利用了磁带的有效存储空间，因而拥有较高的数据存取密度。

2）线性记录技术

以线性记录方式读写磁带数据的磁带读写技术与录音机基本相同，平行于磁头的高速运动磁带掠过静止的磁头，进行数据记录或读出操作，这种技术可使驱动系统设计简单，读写速度较低，但由于数据在磁带上的记录轨迹与磁带两边平行，所以数据存储利用率较低。为了有效提高磁带的利用率和读写速度，人们研制出了多磁头平行读写方式，提高了磁带的记录密度和传输速率，但驱动器的设计变得极为复杂，成本也随之增加。

3）数字线性磁带技术（DLT）

DLT 是一种先进的存储技术标准，包括 1/2in 磁带、线性记录方式、专利磁带导入装置和特殊磁带盒等关键技术。利用 DLT 技术的磁带机，在带长为 1828ft（1ft=0.3048m）、带宽为 1/2in 的磁带上具有 128 个磁道，使单磁带未压缩容量可高达 20GB，压缩后容量可增加 1 倍。

4）线性开放式磁带技术（LTO）

线性开放式磁带技术是由 IBM、HP、Seagate 三大存储设备制造公司共同支持的高新磁带处理技术，它可以极大地提高磁带备份数据量。LTO 磁带可将磁带的容量提高到 100GB，如果经过压缩则可达到 200GB。LTO 技术不仅可以增加磁带的信道密度，还能够在磁头和伺服结构方面进行全面改进，LTO 技术采用先进的磁道伺服跟踪系统来有效地监视和控制磁头的精确定位，防止相邻磁道的误写问题，达到提高磁道密度的目的。

2．磁带的种类

磁带根据读写磁带的工作原理可以分为 6 种规格。其中，两种采用螺旋扫描读写方式的是面向工作组级的 DAT（4mm）磁带机和面向部门级的 8mm 磁带机，另外 4 种则是选用数据流存储技术设计的设备，它们分别是采用单磁头读写方式、磁带宽度为 1/4in、面向低端应用的 Travan 和 DC 系列，以及采用多磁头读写方式、磁带宽度均为 1/2in、面向高端应用的 DLT 和 IBM 的 3480/3490/3590 系列等。

1）1/4in 带卷磁带

QIC（Quarter Inch Cartridge：1/4in 带卷）磁带是一种带宽为 1/4in、配有带盒的盒式磁带，也叫 1/4in 磁带，它有两种规格，即 DC6000 和 DC2000。其中，DC6000 磁带的驱动器是 5.25in，已淘汰，而 DC2000 磁带的驱动器只有 3.5in，驱动器价格低，标准化程度高，生产厂家多相互兼容。一盒 DC2000 磁带的存储容量一般为 400MB，是目前应用较多的磁带之一。

2）数字音频磁带

DAT（Digital Audio Tape：数字音频磁带）磁带，磁带带宽为 0.15in（4mm），又叫 4mm 磁带。由于该磁带存储系统采用了螺旋扫描技术，使得该磁带具有很高的存储容量。DAT 磁带系统一般都采用了即写即读技术和压缩技术，既提高了系统的可靠性和数据传输率，又提高了存储容量。目前一盒 DAT 磁带的存储容量可达到 12GB，同时 DAT 磁带和驱动器的生产厂商较多，是一种很有前途的数据备份产品。

3）8mm 磁带

8mm 磁带是一种仅由 Exabyte 公司开发、适合于大中型网络和多用户系统的大容量磁带。8mm 磁带及其驱动器也采用了螺旋扫描技术，而且磁带较宽，因而存储容量极高，一盒磁带的最高容量可达 14GB。但品牌单一，种类较少。

4）1/2in 磁带

1/2in 磁带又分为 DLT（数字线性磁带）磁带和 IBM3480/3490/3590 系列磁带两类。由于 DLT 磁带技术发展较快，其已成为网络备份磁带机和磁带库系统的重要标准，又因为容量大、速度高和独一无二的发展潜力，使其在中高备份系统中独占鳌头。DLT 磁带每盒的容量高达 35GB，单位容量成本较低。IBM3480/3490/3590 系列磁带是由 IBM 公司生产的，每盒磁带的存储容量可达 10GB，所对应的驱动系统实际上是一个磁带库，可以存放多盒磁带，其机械手可自动选择其中任意一盒磁带到驱动器上。

2.5.2　磁带库

广义的磁带库产品包括自动加载磁带机和磁带库，如图 2-29 所示。自动加载磁带机

和磁带库实际上是将磁带和磁带机有机结合组成的。自动加载磁带机是一个位于单机中的磁带驱动器和自动磁带更换装置，它可以从装有多盘磁带的磁带匣中拾取磁带并放入驱动器中，或执行相反的过程；它可以备份单盘磁带容量为 3～6TB（LTO-6 标准，LTO 技术大约 18 个月更新一代，容量随之提升 1 倍）的数据。自动加载磁带机能够支持例行备份过程，自动为每日的备份工作装载新的磁带。一个拥有工作组服务器的小公司或分理处可以使用自动加载磁带机来自动完成备份工作。

图 2-29　磁带库

1．磁带库的构成

磁带库是像自动加载磁带机一样的基于磁带的备份系统。磁带库由多个驱动器、多个槽和机械手臂组成，并可由机械手臂自动实现磁带的拆卸和装填，它能够提供同样的基本自动备份和数据恢复功能，但同时具有更先进的技术特点，它可以多个驱动器并行工作，也可以几个驱动器指向不同的服务器来做备份，存储容量达到 PB（1PB=100 万 GB）级，可实现连续备份和自动搜索磁带等功能，并可在管理软件的支持下实现智能恢复、实时监控和统计，是集中式网络数据备份的主要设备。

2．磁带库的用途

磁带库不仅数据存储量大，而且在备份效率和人工占用方面拥有无可比拟的优势。在网络系统中，磁带库通过 SAN（Storage Area Network-存储局域网络）系统可形成网络存储系统，为企业存储提供有力保障，很容易完成远程数据访问和数据存储备份，或通过磁带镜像技术实现多磁带库备份，无疑是数据仓库和 ERP 等大型网络应用的良好存储设备，且磁带介质保存时间久远、成本低廉，已广泛应用于银行、广播电视媒体、档案馆、国土资源和卫星资源等行业内。

2.6　存储模式

存储的实现有多种模式，主要有 DAS（直连存储）、NAS（网络存储）和 SAN（存储区域网）。DAS 就是普通计算机系统最常用的存储方式，即将存储介质（硬盘）直接挂接在 CPU 的直接访问总线上，优点是访问效率高，缺点是占用系统总线资源、挂接数量有限，一般适用于低端 PC 系统；NAS 则充分利用系统原有的网络接口，对存储的访问是通过通用网络接口，访问通过高层接口实现，同时设备可专注于存储的管理，优点是系统简单、兼容现有系统、扩容方便，缺点则是效率相对比较低；SAN 将存储和传统的计算机系统分开，系统对存储的访问通过专用的存储网络来访问，对存储的管理可交付于存储网络来管理，优点是高效的存储管理、存储升级容易，而缺点则是系统较大、成本过高，适用于高端设备。

2.6.1　DAS 网络存储

DAS（Direct Attach Storage）是直接连接于主机服务器的一种存储方式，如图 2-30 所示。每一台主机服务器有独立的存储设备，每台主机服务器的存储设备无法互通。需要跨主机存取资料时，必须经过相对复杂的设定，若主机服务器分属不同的操作系统，要存取彼此的资料，则更是复杂，有些系统甚至不能存取。DAS 网络存储通

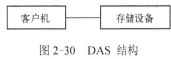

图 2-30　DAS 结构

常用在单一网络环境且数据交换量不大和性能要求不高的环境下，可以说是一种应用较为早的技术实现。

2.6.2　NAS 网络存储

NAS（Network Attached Storage）是一套网络存储设备,如图 2-31 所示，通常直接连接在网络上，并提供资料存取服务。一套 NAS 存储设备就如同一个提供数据文件服务的系统，特点是性价比高。例如，教育、政府、企业等数据存储应用。

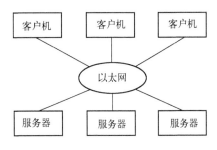

图 2-31　NAS 结构

2.6.3　SAN 网络存储

SAN（Storage Area Network）是一种用高速（光纤）网络连接专业主机服务器的一种存储方式，如图 2-32 所示，此系统位于主机群的后端，它使用高速 I/O 连接方式，如 SCSI、ESCON 及 Fibre-Channels。一般而言，SAN 应用在对网络速度要求高、对数据的可靠性和安全性要求高、对数据共享的性能要求高的应用环境中，特点是代价高，性能好。例如，电信、银行大数据量的关键应用。

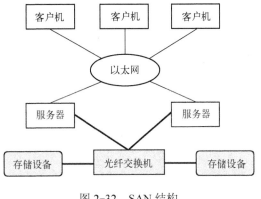

图 2-32　SAN 结构

2.7 磁盘阵列

RAID（Redundant Arrays of Independent Disks）中文为廉价冗余磁盘阵列，在 1987 年由美国柏克莱大学提出，它作为高性能的存储系统，得到了越来越广泛的应用，并成为一种工业标准。RAID 的级别从 RAID 概念的提出到现在，发展了多个级别，有明确的标准级别，分别是 JBOD、0、1、2、3、4、5 等，其他还有 6、7、10、30、50 等。RAID 为使用者降低了成本，增加了执行效率，并提供了系统运行的稳定性。各厂商对 RAID 级别的定义也不尽相同，目前对 RAID 级别的定义可以获得业界广泛认同的只有 5 种，包括 JBOD、RAID 0、RAID 1、RAID 0＋1 和 RAID 5。

RAID 技术主要用于提高存储容量和冗余性能。因此，RAID 级别的分类也主要是依据这些性能分类的，但是就数据恢复而言，更关注的是数据如何存储在 RAID 阵列中，以便需要对 RAID 阵列数据进行恢复时才能有的放矢。

2.7.1 磁盘阵列级别

RAID 技术经过不断发展，目前已经有了多种级别，限于篇幅等考虑，本书仅介绍几种最基本和最常见的级别，它们的一些基本参数和性能表现如表 2-1 所示。

表 2-1   基本和常见 RAID 基本性能表

RAID 级别 / 性能参数	RAID 0	RAID 1	RAID 3	RAID 5	RAID 10
名称	条带	镜像	专用奇偶位条带	分布奇偶位条带	镜像阵列条带
冗余性	无	复制	奇偶位	奇偶位	复制
容错性	无	有	有	有	有
需要的磁盘数	≥2	2	≥3	≥3	≥4
可用容量	磁盘总容量	磁盘总容量的 50%	磁盘总容量的 $(N-1)/N$	磁盘总容量的 $(N-1)/N$	磁盘总容量的 50%

1. RAID 0

RAID 0（条带），将两块以上的硬盘合并成"一块"，数据同时分散在每块硬盘中。由于采用 RAID 0 技术所组成的硬盘在读/写数据时同时对几块硬盘进行操作，因此读/写速度加倍，理论速度是单块硬盘的 N 倍。但是由于数据不是保存在一块硬盘上，而是分成数据块保存在不同的硬盘上，所以安全性也下降 N 倍，只要任何一块硬盘损坏，就会丢失所有数据，其构成原理图如图 2-33 所示。

在图 2-33 中，逻辑磁盘是在系统中所表现的磁盘，但实际上由两块磁盘所构成。系统在读取数据时将数据分为不同的数据块（A、B、C、D、…、N），同时将数据块进行写入/读取操作，故而在增加存储容量的同时也提高了读/写速度。

RAID 0 是最简单的一种 RAID 形式，其目的只是把多块硬盘连接在一起形成一个容量更大的存储设备，因此它不具备冗余和校验功能，只适用于单纯增大存储容量的场所，而不能用于对数据安全有所要求的场所。

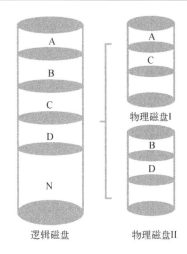

图 2-33　RAID 0 构成原理图

2．RAID 1

RAID 1（镜像），至少需要两块硬盘共同构建。RAID 1 技术以一块硬盘作为工作硬盘，同时以另外一块硬盘作为备份硬盘，数据写入工作硬盘的同时也写入备份硬盘，也就是将一块硬盘的内容完全复制到另一块硬盘。为了保证两块硬盘数据的一致性，RAID 控制器必须能够同时对两块硬盘进行读/写操作，而速度以慢的硬盘速度为准。同时，由于两块硬盘上的数据一致，因此对数据的存储量而言，硬盘空间的有效存储量只有一块硬盘的存储量，其构成原理图如图 2-34 所示。

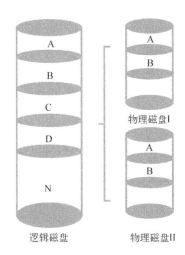

图 2-34　RAID 1 构成原理图

在图 2-34 中，与 RAID 0 技术相同，逻辑磁盘实际上也是由两块磁盘构成的，数据也分为多个数据块（A、B、C、D、…、N）进行写入/读取操作。但与 RAID 0 技术不同的是，系统在写入数据块时是将数据块同时写入两块硬盘中的，在读取数据时只需要读取一块硬盘中的数据即可。

RAID 1 是磁盘阵列中单位成本最高的一种形式，但其提供了很高的数据安全性和可用性。当一个硬盘失效时，系统可以自动切换到镜像硬盘上读/写，而不需要重组失效的数据，它主要适用于对数据安全性要求较高而对成本没有特别要求的场所。

3．RAID 3

RAID 3（专用奇偶位条带），在条带技术的基础上为了提高数据的安全性而使用一块硬盘专门用于存储校验数据，因此至少需要三块硬盘，其名称中所谓的"奇偶位"，就是指奇偶位校验方式。奇偶校验值的计算是以各个硬盘相对应的位做异或逻辑运算的，然后将结果写入奇偶校验硬盘，其构成原理图如图 2-35 所示。

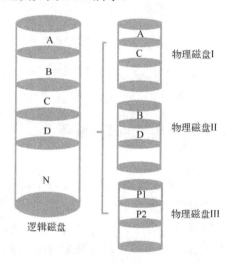

图 2-35　RAID 3 构成原理图

在图 2-35 中，逻辑磁盘至少由三块物理磁盘所构成。RAID 3 将数据以字节为单位进行拆分，然后按照与 RAID 0 相同的方式将数据同时在两块硬盘上进行写入/读取操作。同时，为了克服 RAID 0 技术没有数据冗余的缺陷，RAID 3 技术对数据进行了一个奇偶校验，并将校验值单独用一个硬盘进行存储。因此，当某个数据盘出现故障时，数据可以从其他硬盘和校验盘中通过一定的技术手段进行恢复，在一定程度上提高了数据的安全性。

RAID 3 技术使用了与 RAID 0 相同的技术，在系统写入/读取数据时从几个硬盘中同时操作，操作速度较快；同时，由于校验盘再使用，也提高了数据的安全性，与 RAID 1 技术相比又节省了硬盘的空间。但是，由于 RAID 3 把数据的写入操作分散到多个磁盘上进行，而且不管是向哪一个数据盘写入数据，都需要同时重写校验盘中的相关信息。因此，对于经常需要执行大量写入操作的应用来说，校验盘的负载会很大，无法满足程序的运行速度，从而导致整个系统性能的下降。因此，RAID 3 技术适合应用于写入操作较少、读取操作较多的应用，如 WEB 服务等。

4．RAID 5

RAID 5（分布奇偶位条带）与 RAID 3 技术相类似，也使用奇偶校验来提高数据的安全性，不同的是其奇偶校验数据不是存放在一个专门的硬盘中，而是分别存储在所有的数据盘中，其构成原理图如图 2-36 所示。

在图 2-36 中，逻辑磁盘至少由三块物理磁盘所构成，数据以块为单位存储在各个硬盘中。其中，P1 代表 A、B 数据块的校验值，P2 代表 C、D 数据块的校验值，P3 代表 E、F 数据块的校验值等。由于奇偶校验值存储在不同的硬盘上，因此任何一个硬盘上的数据损坏都可以使用其他硬盘上的奇偶校验值来恢复损坏的数据，提高了数据的安全性。

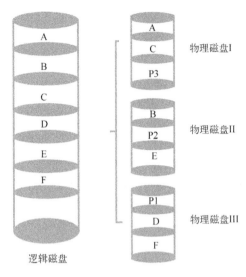

图 2-36　RAID 5 构成原理图

与 RAID 3 技术相比，RAID 5 的数据安全性更高，任何一块硬盘损坏都可以利用奇偶校验值来进行数据的恢复，而 RAID 5 技术的奇偶校验值存储在独立的硬盘上，故奇偶校验硬盘不能损坏，否则将不能恢复数据。因此，RAID 5 技术是目前较理想的阵列技术级别，普遍适用于既需要扩展磁盘空间容量，又对数据安全性有一定要求的场所。RAID 5 技术的缺点在于在写入数据时需要先进行读取旧数据和奇偶校验值的操作，然后再进行写入新的数据和新的奇偶校验值的操作。

5．RAID 10

RAID 10 技术其实质就是 RAID 1 技术和 RAID 0 技术的结合，既具有 RAID 0 技术的读/写快速和容量扩展，也具有 RAID 1 技术的数据安全性。但是，构建一个 RAID 10 技术的阵列所需要的硬盘至少为四块，其构成原理图如图 2-37 所示。

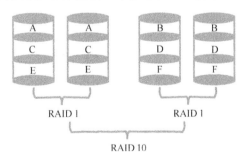

图 2-37　RAID 10 构成原理图

从图 2-37 可以看出，RAID 10 技术是先将数据块按照 RAID 0 技术分别存储在不同的硬盘中，同时对每个硬盘分别采用 RAID 1 技术进行数据的镜像，其性能既具有 RAID 0 技术的读/写迅速，又具有 RAID 1 技术的数据安全性。但是，很明显的缺点就是硬盘的空间利用率不高。主要适用于对容量要求不太高，但是对数据存取速度和安全性有要求的场所。

2.7.2　磁盘阵列实现

实现 RAID 技术可以用两种方法，即硬件实现（使用 RAID 阵列卡）和软件实现，下面分别介绍这两种方法实现的过程。

1．硬件实现

硬件实现 RAID 技术就是采用一块 RAID 卡来实现。以前的 RAID 卡主要是与服务器 SCSI 硬盘相适应的 SCSI 卡，随着技术的发展和成本的降低，后来又有了适应普通计算机硬盘 IDE 接口的 RAID 卡。采用硬件 RAID 卡来实现 RAID 技术的方式由于功能由板卡实现，因此与操作系统无关，不会影响操作系统，不会占用计算机 CPU 的资源，相比软件实现而言性能更高。但是，对 RAID 卡的管理和配置不能通过操作系统实现，只能通过 RAID 卡的管理软件来实现。一般 RAID 卡的管理和配置都是在开机自检时进入它的配置程序来配置 RAID 卡的性能，图 2-38 和图 2-39 就是一些 RAID 卡的外观图。

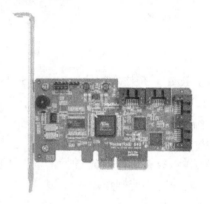

图 2-38　适用 IDE 硬盘的 RAID 卡　　　　图 2-39　适用 SATA 硬盘的 RAID 卡

通过以上 RAID 卡的转接，一台计算机上可以连接多个硬盘，从而构建 RAID。

需要注意的是，当硬盘连接到阵列卡（RAID）上时，操作系统将不能直接看到物理的硬盘，因此需要创建成一个被设置为 RAID 0、RAID 1 或 RAID 5 等的逻辑磁盘（也叫容器），这样系统才能够正确识别它。

创建逻辑磁盘的方法有如下两种。

（1）使用阵列卡本身的配置工具，即阵列卡的 BIOS 程序来配置 RAID 的性能，这种方法一般用于重装系统或没有安装操作系统的情况。

（2）使用第三方提供的配置工具软件去实现对阵列卡的管理，此时工具软件必须依赖于系统，因此只适用于服务器上已经安装有操作系统的情况。

2．软件实现

软件实现 RAID 功能就是用软件的方法实现 RAID 阵列而不使用 RAID 卡。一些操作系统就自带 RAID 功能，如 Windows 2003 系统。下面就讲解在 Windows 2003 系统中创建 RAID 5 的过程。

大家知道，在管理磁盘时一般都需要对磁盘进行分区，以方便对不同类型文件的管理，在这种方式下所管理的磁盘称为"基本磁盘"，对基本磁盘的管理不能跨越分区，而 RAID 的实现要求不仅能跨越分区，还要求跨越硬盘。因此，基本磁盘不能实现对 RAID 的管理，与之相对应的磁盘称为"动态磁盘"，在创建和管理硬盘时就需要将硬盘由基本磁盘类型改变为动态磁盘。

基本磁盘和动态磁盘的主要区别如下。

（1）基本磁盘管理硬盘的方式是分区；动态磁盘管理硬盘的方式是卷。

（2）基本磁盘不能随便更改磁盘大小，否则会造成数据的丢失；动态磁盘则可以更改磁盘大小。

（3）基本磁盘不能在不同硬盘中实现；动态磁盘则可以跨越硬盘实现。

（4）基本磁盘可以在不同的系统中使用；动态磁盘在不同的系统中不能识别。

2.8　WinHex 磁盘编辑器

WinHex 是一款以通用的 16 进制编辑器为核心的磁盘编辑工具，它以 16 进制的形式显示了磁盘的底层数据，可以用来检查和恢复各种文件，也可以让用户看到其他程序隐藏起来的文件和数据，能够编辑任何一种文件类型的二进制内容，对于任意一个磁盘而言，每一个扇区对它都是透明的。总体来说，WinHex 拥有强大的系统效用，是手工恢复数据的首选工具软件。

WinHex 软件本身分为试用版和正式版，读者可直接到 www.WinHex.com 网站进行下载。WinHex 软件的安装非常简单，双击 "setup.exe" 安装程序包后就进入到如图 2-40 所示的路径选择界面，如果用户需要修改 WinHex 的安装路径，只需要左键单击最上方的 … 按钮，然后进行路径选择。路径确定后单击图中的 OK 按钮即可依次进入到如图 2-41 所示的安装选项中。选项确定后，软件就会非常快速地安装了。

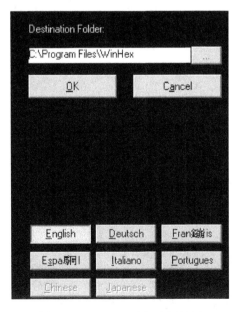

图 2-40　WinHex 路径选择界面

目前，网络上也有各种 WinHex 的绿色版，甚至 WinHex 官方也提供了最新的 WinHex17.4 的绿色版，读者可以自己选择。

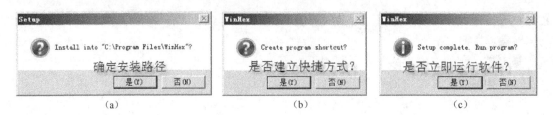

图 2-41　WinHex 安装选项

2.8.1　WinHex 程序界面

安装完成后，若在如图 2-41（c）所示的界面中单击"是（Y）"按钮，则会自动立即运行软件，软件的初始界面如图 2-42 所示。

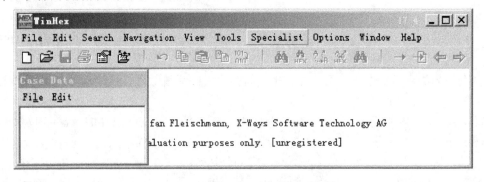

图 2-42　WinHex 软件的初始界面

程序本身是英文版的，但是鉴于有很多用户不熟悉英文，所以 WinHex 软件也提供了快速的中英文转换功能，只需要单击菜单"Help"，然后选择"Setup→Chinese, please！"（如图 2-43 所示）。但是需要注意的是，WinHex 只为注册版提供了汉化功能。

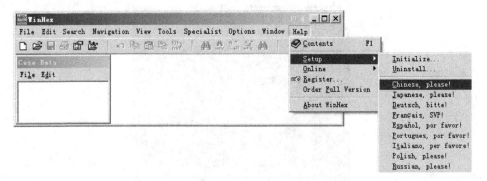

图 2-43　WinHex 软件汉化功能

WinHex 默认的初始界面为一个空的程序界面，若想对某对象进行编辑，必须先"打开"此对象。对象一般分为两种，一是磁盘，如硬盘、U 盘或某个分区；二是文件，即是以二进制的形式打开某个固定格式的文件（如 WORD 文档等）。

打开文件，使用菜单"File→Open File"或者单击工具栏中的 按钮；打开磁盘使用菜单"Tools→Open Disk…"命令，也可单击工具栏中的 按钮或者按快捷键 F9（如图 2-44 所示）。

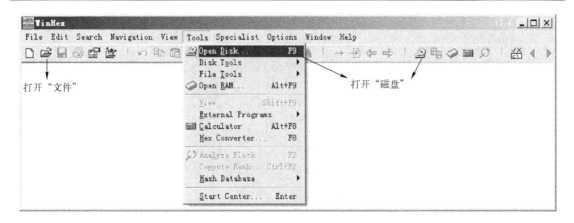

图 2-44　WinHex 的"打开"方式

　　现在以打开磁盘为例，按快捷键 F9 后，弹出"编辑磁盘"对话框，如图 2-45 所示，上面的一组显示为"Logical Volumes/Partitions"，表示逻辑磁盘。所谓的逻辑磁盘，可以理解为人为划分出来的磁盘，指的就是在"我的电脑"界面中看到的各个分区，它们看上去是独立的，但是其实它们共存于真实的硬盘中，所以称整个硬盘为"物理磁盘"，即图 2-45 中的"Physical Media"。

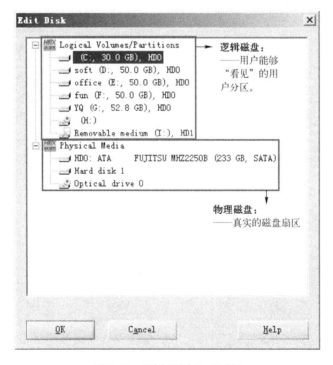

图 2-45　"编辑磁盘"对话框

　　通过右键单击桌面"我的电脑"图标，然后选择"管理→磁盘管理"，可以看到如图 2-46 所示的界面，整个硬盘表示物理磁盘，每一个分区表示逻辑分区。

　　打开图 2-45 所示中的物理磁盘"HD0: ATA　　　FUJITSU MHZ2250B (233 GB, SATA)"，可看到 WinHex 的完整界面，如图 2-47 所示。

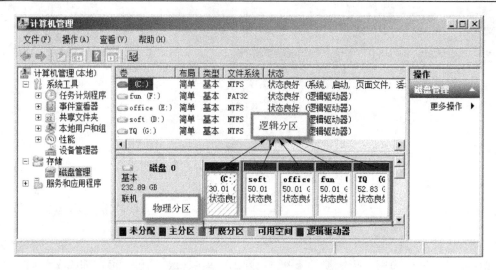

图 2-46 "磁盘管理"界面

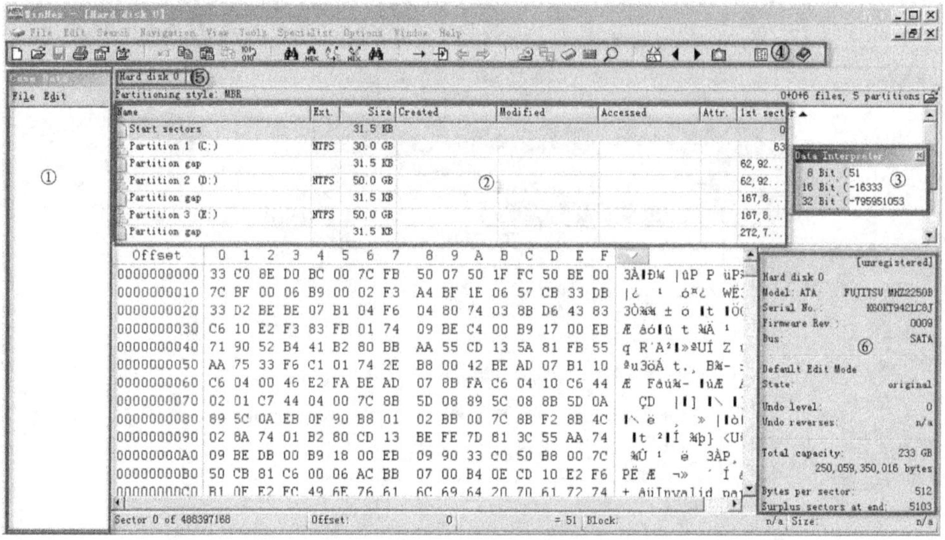

图 2-47 WinHex 的完整界面

WinHex 软件和普通的软件界面类似，在最上方为菜单栏，它集合了本软件能够提供的所有功能的入口，其常用的组件有 6 种，分别如下所示。

1. 案例数据（Case Data）

案例数据的主要功能是取证，关于将一个磁盘装入到案例数据框中进行数据查看、取证记录等。在数据恢复的过程中，此功能用得较少，一般情况可以不显示此组件。

2. 目录浏览器（Directory Browser）

目录浏览器显示当前打开的磁盘根目录下的文件目录，可以通过双击里面的内容进行文件目录的跳转。

3. 数据解释器（Data Interpreter）

数据解释器是一个浮动窗口，可以托动到屏幕上的任何位置，它可以很方便地将光标所

在处的字节及向后若干个字节的 16 进制数值快速解释成 10 进制、8 进制或者同步显示它的
16 进制数值。

可以通过在数据解释器组件的左半部分右键单击然后选择不同
的选项进行设置（如图 2-48 所示）。

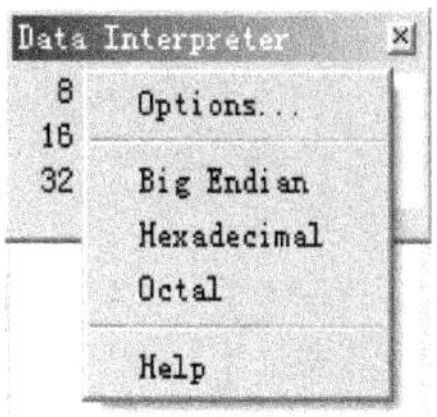

- Options…（设置）：可通过多选的形式设置在数据解释器中显
  示的内容、性质及类型等。图 2-49 表示当前要解释的是有符
  号的 8 位、16 位、32 位数值。
- Big Endian：若此选项被勾选，则使用 Big Endian 顺序解释多
  字节数值。在数据解释器的选项中也有此选项（如图 2-49 所示的左下角的选项），放
  在这个地方只是为了让用户的操作更方便。

图 2-48　数据解释器设置

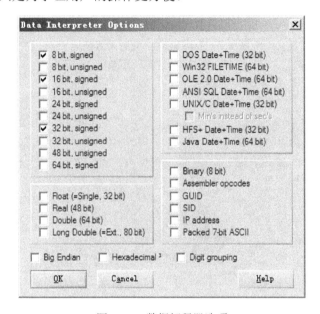

图 2-49　数据解释器选项

- Hexadecimal（16 进制数值显示）：勾选此选项后，会将光标对应的数值转换为 16 进
  制（默认一般是 10 进制）显示。
- Octal（8 进制数值显示）：勾选此选项后，会将光标对应的数值转换为 8 进制显示。

4. 工具栏（Toolbar）

集成一些常用的功能的快捷方式。

5. 表单控制项（Tab Control）

表单控制项主要用于标示当前打开的对象。若打开的是磁盘，则显示为 Disk；打开的是
分区，则显示为 Drive。

6. 详细信息栏（Info Pane）

详细信息栏显示当前窗口对象的详细信息，如磁盘，则显示磁盘的型号、序列号、固件
版本等。

每一个组件都可以通过菜单"View→Show→"，然后在相应的组件名字上面进行勾选来
显示，相应的组件若取消勾选，则自动隐藏此组件（如图 2-50 所示）。

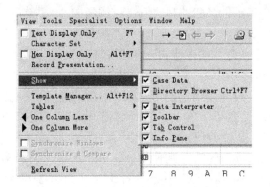

图 2-50　Show 命令显示与隐藏组件

　　若将所有组件全部隐藏，就可以看到 WinHex 的主要工作区了（如图 2-51 所示）。在主工作区中，最显眼的就是 16 进制数值区和文本字符区。16 进制数值区以 16 进制的形式显示磁盘或文件的存储内容，这是最重要的工作区域。而文本字符区则按某种特定的字符集，以文本字符形式显示磁盘上数值对应的符号。

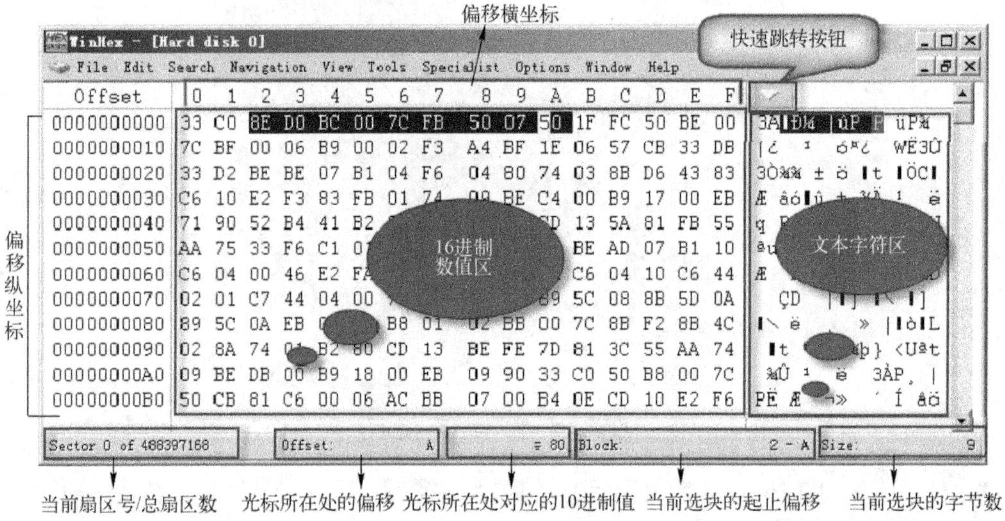

图 2-51　WinHex 工作区

　　16 进制数值区的上方有一行从 0～F 的数值，这是偏移横坐标，它与左侧的偏移纵坐标配合使用，唯一地标示数值区中每个字节的偏移地址（所谓的偏移地址，读者可以理解为将打开的磁盘或文件的所有字节从 0 开始的编号，每一个字节的对应号码），左键单击横坐标或纵坐标区域，可以快速地将坐标值切换为 10 进制。

　　在 16 进制数值区的下边有一串数值标记，最前方的 `Sector 0 of 488397168` 表示光标所在的扇区位于本磁盘的 0 号扇区（第一个扇区），本磁盘共有 488397168 个扇区；`Offset:` A 则表示光标所在字节处的偏移地址是 A（对应 10 进制的 10），意思是当前字节为本磁盘的 10 号字节（第一个字节的编号为 0）；`= 80` 的意思是光标所在处（50）对应的 10 进制值为 80；`Block:` 2 - A 表示当前选中的选块（图 2-51 16 进制数值区中框选的部分）头部的偏移地址为 2，尾部的偏移地址为 A；`Size:` 9 意味着当前选块共 9 个字节大小。

在文本字符区的上方有一个 按钮，它被称为"快速跳转"按钮，打开不同的磁盘对象就会有不同的内容，如图 2-52 所示为物理磁盘的"快速跳转"内容，而图 2-53 所示为某 NTFS 文件系统格式分区的"快速跳转"内容。

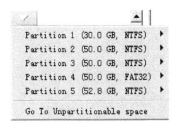

图 2-52　物理磁盘的"快速跳转"内容

图 2-53　某 NTFS 文件系统格式分区
（逻辑磁盘）的"快速跳转"内容

2.8.2　数据存储格式

数据的存储格式，即数值的存储顺序。在我们日常生活中，一般是按高位在前、低位在后的方式存储数值的，如 23，表示 10 进制的 23，高位为 2，低位为 3。在计算机中的存储主要以字节为单位，一个字节（Byte）为 8 位（Bit），最大只能表示到 255（16 进制的 FF，或 2 进制的 11111111）。按我们日常生活中的高位在前、低位在后的存储顺序来解释 WinHex 中的数值"FF EE"，它的高位就是 FF，低位就是 EE，将其转换为 10 进制后的值应为 65518，这种存储顺序被称为 Big-endian，也被译为"大头位序"。

但是在计算机中，还存在另外一种存储顺序，即 Little-endian，它被称为"小头位序"，它的解释方式与"Big-endian"相反，低位在前、高位在后，"FF EE"如果按这种方式来解释，则意味着高位为 EE，低位为 FF，在将其转换为 10 进制的过程中，必须写成"EEFF"，然后再在计算器中进行数值转换，最终结果值为 61183。

不同的文件系统，其数据存储格式也会有所不同，所以在分析一个文件系统的数值时，一定要先确定其使用的数值存储格式，然后再进行相应的解释，否则可能无法得到正常的数值大小。

2.8.3　磁盘编辑操作

1. 定义选块

在 WinHex 中，经常会对某一选块的数据进行复制、粘贴、清 0 等操作。所以，在操作之前，正确定义选块显得尤为重要。

对于较小的选块，可以在选块的起始位置直接按住鼠标左键，拖曳到选块的结束位置即可。对于整个磁盘或文件，可以按快捷键 CTRL+A 进行全选，但是对于较大的选块，就必须分情况进行选块的选取了。

1）明确选块的头尾偏移地址

若想选定如图 2-54 所示的选块，除了直接拖选外，还可以在选块的头部（F3 的位置）右键单击，然后选择"Beginning of block"或者按快捷键 ALT+1（如图 2-55 所示），在选块的结束位置处（C6 的位置）右键单击选择"End of block"或按快捷键 ALT+2（如图 2-56 所示）。

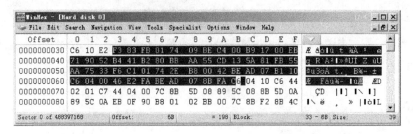

图 2-54　选块的选取

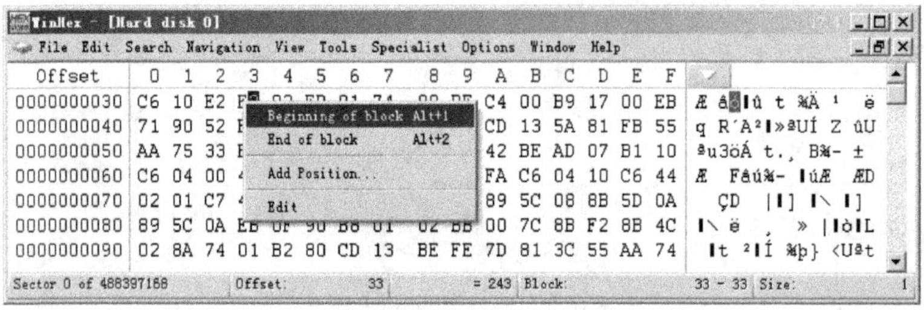

图 2-55　定义选块开始位置

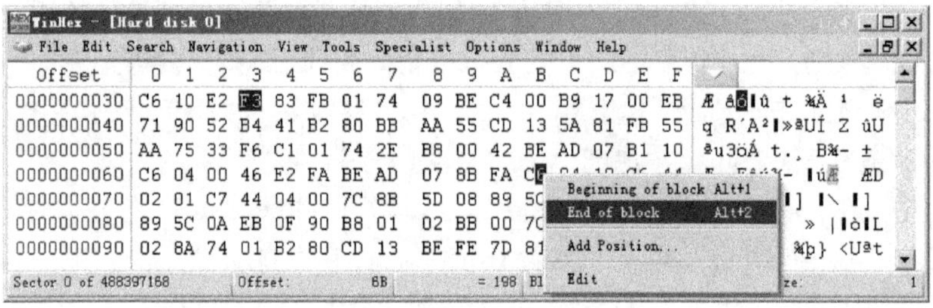

图 2-56　定义选块结束位置

2）明确选块的头部偏移地址及总字节数

若某文件的头部偏移地址为 A3，文件大小为 234 字节（Byte），则可以首先通过菜单
"Navigation→Go To Offset…"（如图 2-57 所示），在"跳转偏移地址"对话框中填入 A3（如
图 2-58 所示），在"relative to…"选项中选择"beginning"（意思是从整个磁盘的起始位置向
后跳转 A3 偏移地址），准确跳到头部字节处，然后在此处右键单击选择"Beginning of
block"。

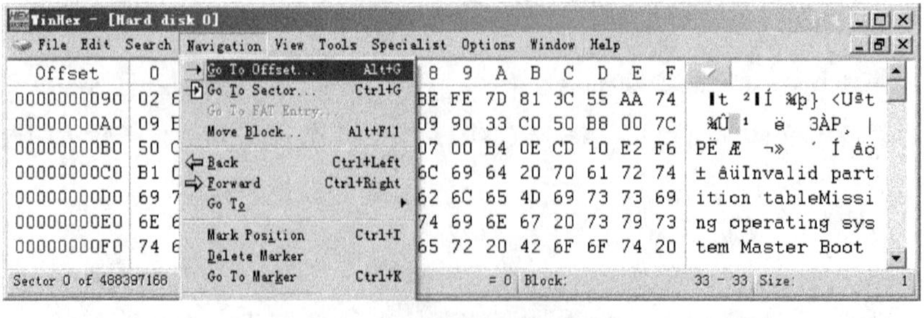

图 2-57　跳转到领偏移地址选项

紧接着，保持光标位于选块头部不动，再次通过菜单"Navigation→Go To
Offset…"，进入到"跳转偏移地址"对话框，然后设置其偏移地址为 EA（10 进制的 234

对应的 16 进制数值，如图 2-59 所示），在"relative to…"选项中选择"current position"
（意为从当前位置开始往后跳转 EA 偏移地址），跳转成功后，在当前位置上右键单击选择
"End of block"。至此，选块选取成功。

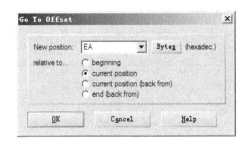

　　　图 2-58　"跳转偏移地址"对话框（1）　　　　图 2-59　"跳转偏移地址"对话框（2）

2．调整选块

在选块范围不变的情况下，可以将选块进行前后移动，如刚才选块的头部偏移地址是
A3，大小为 234 字节，结果发现，文件的头部应该是 C3，而大小和原来是一样的，那么此
时就可以先选择菜单"Navigation→Move Block…"（如图 2-60 所示），然后进入到"选块移
动"对话框（如图 2-61 所示）进行相关设置来进行移动。

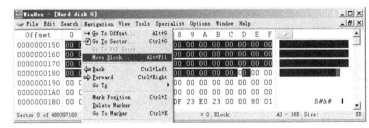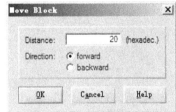

　　　　　图 2-60　选块移动菜单　　　　　　　　图 2-61　"选块移动"对话框

"选块移动"对话框中的选项"Direction"指的是移动的方向。
- forward：向下移动（或者叫前进）。
- backward：向上移动（或者叫后退）。

3．复制选块

选块选定后，可以在选块上右键单击，然后选择"Edit→Copy Block"里面特定的选项将
选块中的数据以某种格式复制出来，如图 2-62 所示。

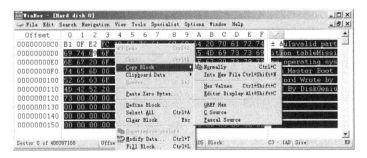

图 2-62　复制选块

● Normally（常规复制）：使用最广泛的方式，适合在 16 进制数值区进行复制操作。若将复制出来的值在 WinHex 软件的 16 进制数值区中进行粘贴，写入的将是 16 进制值（如图 2-63 所示）；若在文档中进行粘贴，则写入的是 16 进制数值对应的字符（如图 2-64 所示）。

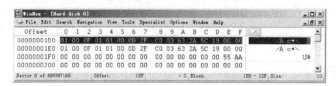

图 2-63　Normally 复制后在 WinHex 中粘贴　　　　图 2-64　Normally 复制后在文档中粘贴

● Into New File（到新文件）：将选块中的数据复制出来，然后写入新文件，这是数据恢复工作经常用到的一个功能。若选择此选项，则会弹出一个"保存文件"对话框（如图 2-65 所示），默认保存的文件名为"noname"，读者可以根据自己的需要修改文件名。

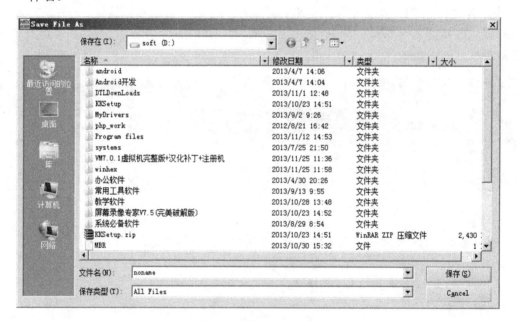

图 2-65　"保存文件"对话框

● Hex Values（16 进制值）：将 16 进制数值区中的数据复制到文档中的时候，就必须使用此功能。图 2-67 所示的第一行是用 Normally 方式复制图 2-66 所示中框选部分数据后粘贴的效果，而第二行则是使用 Hex Values 方式复制后粘贴的效果。

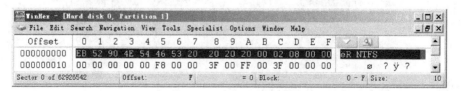

图 2-66　待复制数值

图 2-67　Normally 与 Hex Values 复制后的粘贴对比

- Editor Display（编辑样式显示）：按 WinHex 软件中显示的偏移地址、16 进制及文本字符形式复制，其粘贴后的效果会和 WinHex 软件中的效果一致，图 2-66 框选部分的数据以 Editor Display 方式复制后在文档中粘贴的效果如图 2-68 所示。

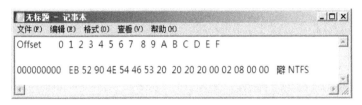

图 2-68　数据以 Editor Display 方式复制后在文档中粘贴的效果

- GREP Hex（GREP 语法结构）：将复制出来的 16 进制数值直接复制，然后转换成相应的 16 进制书写形式。图 2-66 框选部分的数据以 GREP Hex 方式复制后在文档中粘贴的效果如图 2-69 所示。

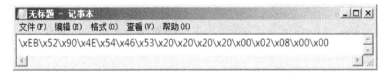

图 2-69　数据以 GREP Hex 方式复制后在文档中粘贴的效果

- C Source（C 语言源码格式）：将复制出来的 16 进制数值转换成 C 语言源码形式。图 2-66 框选部分的数据以 C Source 方式复制后在文档中粘贴的效果如图 2-70 所示。

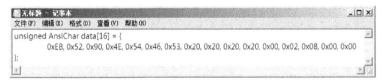

图 2-70　数据以 C Source 方式复制后在文档中粘贴的效果

- Pascal Source（Pascal 语言源码格式）：将复制出来的 16 进制数值转换成 Pascal 语言源码形式。图 2-66 框选部分的数据以 Pascal Source 方式复制后在文档中粘贴的效果如图 2-71 所示。

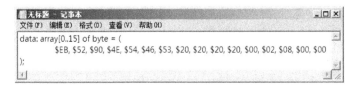

图 2-71　数据以 Pascal Source 方式复制后在文档中粘贴的效果

4．粘贴选块

按某种特定的选项复制出选块的数值后，其数值暂时被保存在剪贴板中。此时，选择菜单命令"Edit → Clipboard Data"可以将其中的数据进行再次处理，此命令共有 4 个选项，分别是 Paste…、Write…、Paste Into New File、Empty Clipboard…（如图 2-72 所示）。

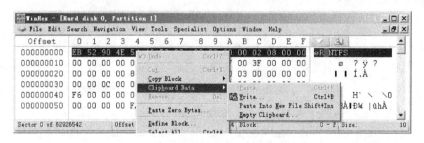

图 2-72　剪贴板数据处理

● Paste…（粘贴）：类似于 word 文档中的粘贴操作，在当前位置将剪贴板的数据写入文件中，同时将原来的数据移动到写入数据的尾部。此操作会增加目标文件的大小，所以对于固定大小的磁盘是无效的。
● Write…（写入）：从当前位置开始，用剪贴板中的数据一一进行"覆盖"。若当前位置之后的字节数多于剪贴板中的字节数，文件的大小不会改变，只是某一部分数据被"覆盖"。若当前位置之后的字节数少于剪贴板中的字节数，因为后面可"覆盖"的字节不够，所以会增加文件的大小。
● Paste Into New File（写入新文件）：将剪贴板中的数据写入新建的文件中，其功能与 Copy Block 功能中的"Into New File"选项相同。
● Empty Clipboard…（清空剪贴板）：将剪贴板中的数据清空，以释放内存资源。

5．填充选块

由于各种原因，通常需要对磁盘上的一些数据进行清除或者标记，如彻底删除某些关键数据。此时可用命令"Edit → Fill Block…"，如图 2-73 所示。在弹出的"填充选块"对话框中进行适当设置，如图 2-74 所示。

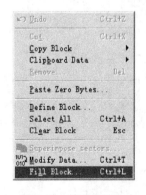

图 2-73　填充选块命令

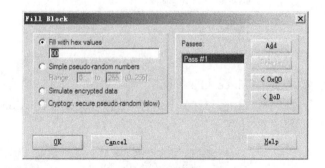

图 2-74　"填充选块"对话框

6．搜索

在 WinHex 中，经常需要搜索某些特定的值，有时候可能是某些 16 进制数值（如搜索

55AA），有时候会搜索一些字符（如搜索文件名为"方案"的文档），所有的搜索都可以通过"Search"菜单（如图 2-75 所示）里的选项来实现。

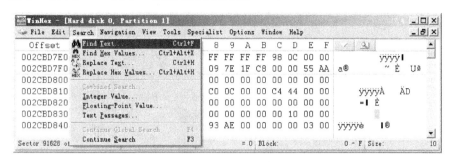

图 2-75 "Search"菜单

● Find Text...（查找文本）：用来查询特定的文本字符，但是它对汉字的搜索运行不是很好，所以搜索汉字时，建议先手工将汉字转换为相应编码（ASCII 或者 UNICODE），然后利用 16 进制值进行搜索。若想搜索文件名为"test"的文件，可利用此选项，然后在弹出的"搜索文本"对话框中进行如图 2-76 所示的设置。

图 2-76 "搜索文本"对话框

其中，通配符"？"表示任何一个字符。若要搜索所有以 s 结尾 3 个字符长度的单词时，可先勾选"Use this as a wildcard"选项，然后在搜索框中输入"??s"。

若勾选"Cond:offset mod"选项，而且使用其默认的设置 512 - 510 ，则表示每次搜索 512 字节，而且将搜索条件与这 512 字节中的 510 号字节数值进行比较。

最后一个选项"List search hits .up to"表示是否在搜索完成后显示出所有搜索到的记录。若勾选此选项，则搜索会一直进行，直到搜索完成，且在最后会显示所有符合搜索条件的记录。

若想在 J 盘中搜索"test"文本，且勾选最后一个选项后，则会得到如图 2-77 所示的结果。菜单栏正文多了一块名为"Position Manager"（又叫"位置管理器"）的组件，组件中的第一列表示搜索到的结果的偏移地址，可以通过单击此值快速跳转到这个地址。

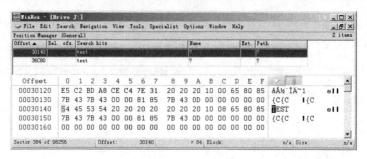

图 2-77　搜索结果

　　记录在位置管理器中的内容，哪怕是关闭了 WinHex 程序，它也不会消失。但是，再次打开软件时，位置管理器并不会自动打开，需要通过选择菜单命令"Navigation → Position Manager…"（如图 2-78 所示）来显示。

● Find Hex Values…（查找 16 进制数值）：用于查找指定的 16 进制数值。"查找 16 进制"数值对话框的设置方式与"查找文本"对话框的设置方式基本相同（如图 2-79 所示）。

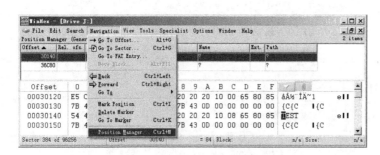

图 2-78　显示"位置管理器"

图 2-79　"查找 16 进制数值"对话框

2.8.4　高级功能

1. 克隆磁盘

　　在做数据恢复操作之前，为了避免一些误操作导致的二次破坏，一般需要先克隆磁盘，即将数据先进行备份。WinHex 软件提供了克隆磁盘和制作磁盘镜像功能。克隆磁盘的意思是完全按照 1:1 的比例将磁盘进行备份，而磁盘镜像则提供了一定的压缩比。

　　克隆磁盘执行菜单命令"Tools→Disk Tools→Clone Disk…"（如图 2-80 所示），在弹出的"克隆磁盘"对话框中进行相应的克隆设置（如图 2-81 所示）。

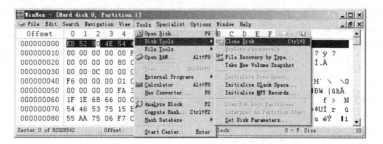

图 2-80　克隆磁盘

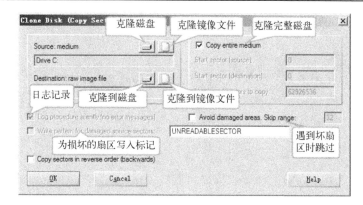

图 2-81　"克隆磁盘"对话框

2．创建磁盘镜像

镜像文件是可以压缩的，在打开一个磁盘后，可以通过命令"File→Create Disk Images…"（如图 2-82 所示），在弹出"创建镜像"对话框中进行如图 2-83 所示的设置来创建磁盘镜像。

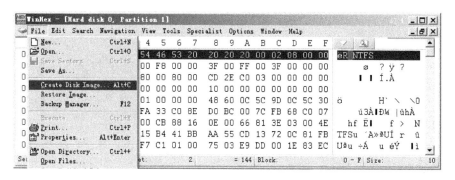

图 2-82　"创建镜像"命令

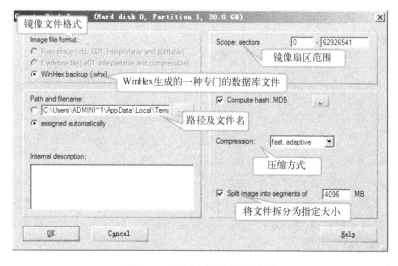

图 2-83　"创建镜像"对话框

2.9　知识小结

本章第一节主要介绍了存储介质的基本概念，指出存储介质按计算机体系分为内存和外存，按存储模式可分为电存储设备、磁存储设备和光存储设备。其中，电存储设备最典型的是内存条和 U 盘，磁存储设备最典型的是硬盘和移动硬盘，而光存储设备最典型的则是光盘。

第二节则以 U 盘为例，详细地介绍了电存储设备的工作原理及基本结构，其中重点指出了 U 盘的使用注意事项。2.10.1 小节是本章的实战 1——U 盘的量产，这个任务是当前 U 盘使用过程中普通用户能做的最具典型性的修复操作。

第三节以硬盘为例，详细地介绍了磁存储设备的工作原理及基本结构。硬盘从物理上来看，主要的组成部分是盘片和磁头，其中盘片的主要功能是存储信息，而磁头的主要功能则是读取数据。硬盘从逻辑结构上由柱面、磁头和扇区组成，它就是 CHS 寻址方式的由来。而现在的硬盘为了避免由于 CHS 寻址方式产生的刻成区浪费现象而提出了新的寻址方式——LBA。目前的硬盘几乎都是使用 LBA 寻址方式了。硬盘的检测主要用 MHDD 软件，在 2.10.2 小节的实战 2 中对此软件的使用做了详尽的描述。

第四节以光盘为例，详细地介绍了光存储设备的工作原理及基本结构。光盘通过在盘片上形成凹凸不平的"坑"，然后通过光的反射来读取数据。光盘可分为可擦除和不可擦除型，不可擦除的光盘基本上属于一次成型存储设备，所以价格会比较便宜。现在一般的刻录光盘都属于不可擦除型的。

第五节简要地介绍了一些专用存储设备，如磁带机和磁带库，这些设备在专业的数据中心会使用到。

第六节简要介绍了一下 DAS、NAS 和 SAN 三种存储模式。其中，DAS 常用于单机系统；NAS 用于一般的网络环境；而 SAN 则用于有数据中心的网络环境。

第七节详细介绍了磁盘阵列，重点描述了磁盘阵列的级别及软磁盘阵列的创建方式。

第八节则介绍了 WinHex 软件的常规使用方法。

2.10　实战

2.10.1　实战 1：U 盘的量产

前面提到，U 盘是由 USB 接口、PCB、FLASH 等组成的。当 PCB 焊接上空白 FLASH 后插入计算机，因为 FLASH 中没有相应的数据，计算机只能识别到 PCB 而无法识别到 FLASH，所以这时候，计算机上会显示出 U 盘盘符，但是双击盘符却显示没有插入 U 盘。要让计算机识别出空白 FLASH 这张"卡"，就要向 FLASH 内写入对应的数据，这些数据包括 U 盘的容量大小、采用的芯片（芯片不同，数据保留的方式也不同）、坏块地址（和硬盘一样，FLASH 也有坏块，必须屏蔽）等，有了这些数据，计算机就能正确识别并使用 U 盘了，写入数据的过程就叫"量产"

量产一来可以解决部分 U 盘不能识别的问题，二来也可以将某些 U 盘中的坏块地址屏蔽掉，让 U 盘在使用过程中跳过这些坏块，恢复正常使用。

1．实现步骤

步骤 1：获得量产工具

在量产之前首先要确定的就是自己 U 盘的主控芯片，确定之后才能找到合适的量产工具。主控芯片的分类有群联、慧荣、联阳、擎泰、鑫创、安国、芯邦、我想、迈科微、朗科、闪迪、银灿等，这些都是可以通过 ChipGenius 软件检测出的。

ChipGenius v4.00 软件的主界面如图 2-84 所示，若计算机中没有插入 U 盘，则显示为如图 2-84 所示的样子。此时插入 U 盘，软件会自动刷新，且下面的详细信息窗口自动定位到最新插入的 U 盘信息中，如图 2-85 所示。此信息中包含了最重要的信息，即芯片的型号，量产工具的型号必须与 U 盘的型号一致，这样才能正常量产。

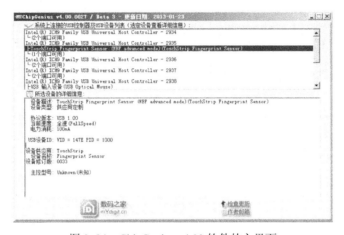

图 2-84　ChipGenius v4.00 软件的主界面

获得芯片型号后，在网上搜索与之对应的量产工具（也可以直接单击图 2-85 下面的"在线资料"里面的 链接进入到 U 盘官方网址搜索）。若 U 盘芯片为安国 SC708，闪存为 Micron（美光）　MT29F64G08CBAAA，现在在网上搜索到与之相对应的量产工具为 FC MpTool.exe。

图 2-85　U 盘芯片信息

步骤 2：利用量产工具量产 U 盘

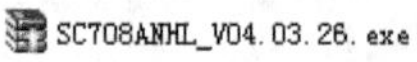

确定 U 盘的芯片型号后，就可以到网上搜索相应的量产工具了。本书使用的是安国的量产工具（如图 2-86 所示），这是一个自解压的文件，双击它就会自动解压到文件的当前目录下了。双击目录下的"FC MpTool.exe"文件就可以进入到软件主界面了。若进

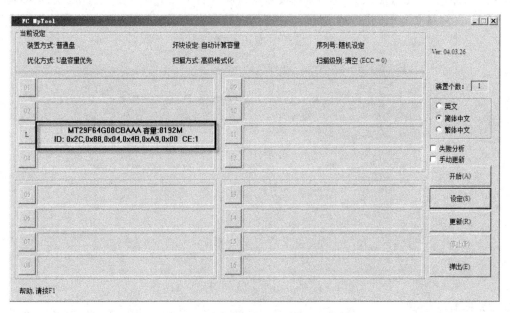

图 2-86　安国的量产工具包

入软件之前已经插入待量产的 U 盘，软件本身会自动检测并显示出当前的 U 盘信息（如图 2-87 所示）。

图 2-87　安国量产工具主界面

若没有任何显示，可能是因为 U 盘的设置不正确或量产工具的版本与 U 盘芯片的版本不匹配。所有量产工具的设置基本上大同小异，单击主界面中的"设定"按钮，然后在弹出的"密码"对话框中直接单击"确定"按钮（一般量产工具的密码都是空的），如图 2-88 所示。

图 2-88　"密码"对话框

进入"设定"对话框后，在"存储器设定"选项中选择与 U 盘完全相同的 FLASH 类型，然后设置格式化方式。"高级格式化"只是将 U 盘中的数据清空，不会影响到具体的数据存储单元。而低级格式化的过程可能会修复或跳过某些坏块地址。所以，在量产的时候，最好先设置其为高级格式化，如果不能解决问题，则再设置为低级格式化（如图 2-89 所示）。

接下来要设置 U 盘的详细信息了（如图 2-90 所示）。其中，最重要的数据就是 VID 和 PID。VID（vendor ID）指的是厂家 ID，它代表芯片厂商信息；PID（product ID）指的是设备 ID，是厂家自己定义的一串编码。一般来说，PID/VID 可以唯一地标示一个 U 盘。所以，在此尽量让这两个数据与 ChipGenius 软件查询出来的数据完全一致。后面的客户信息及产品信息也可以在 ChipGenius 软件中找到。

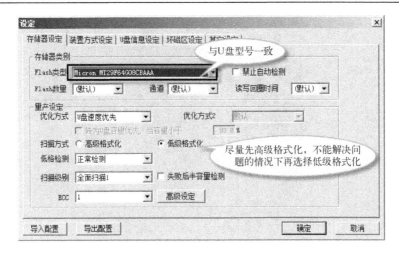

图 2-89　"设定"存储器界面

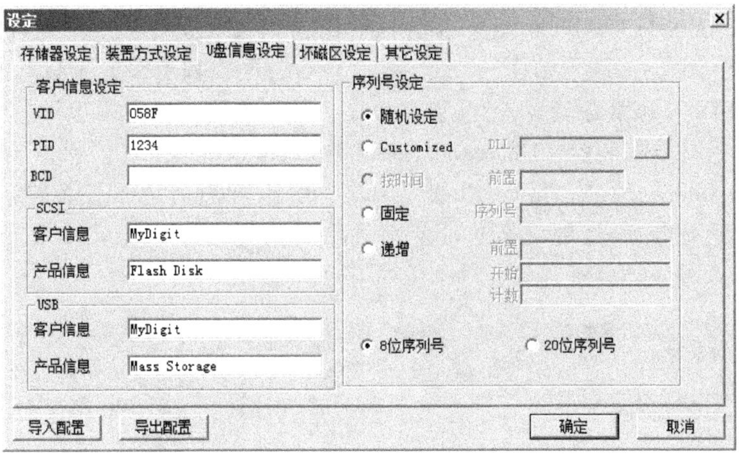

图 2-90　设定 U 盘信息界面

　　设置好了基本信息，就可以单击"确定"按钮回到主界面了，此时单击主界面中的"开始"按钮，量产的过程就会自动开始了。若选择高级格式化的方式量产，U 盘所在位置会出现如图 2-91 所示的信息，这个过程结束后，量产就完成了。但是，若选择的是低级格式化，在经过清空操作后，还会如图 2-92 所示进行坏块的扫描，这就要花比较多的时间了，但是它的修复也是最彻底的。

图 2-91　高级格式化清空过程　　　　　　　　图 2-92　低级格式化坏块扫描过程

　　注意：有些量产工具的使用可能会导致计算机的某些驱动程序出问题，表现出来的现象就是在"设备管理器"中有部分黄色的感叹号（如 🔧 USB 大容量存储设备），而且会导致某些设备无法正常运行。如果用驱动人生或驱动精灵之类的软件检测，要么显示所有驱动都正常，要么显示安装失败。右键单击"设备管理器"黄色感叹号的设备，然后左键单击"属性"，就可看到如图 2-93 所示的故障现象。

图 2-93　USB 驱动故障现象

　　此时，只需要进到注册表（在开始→运行中输入"regedit"），依次展开 HKEY_
LOCAL_MACHINE/SYSTEM/ CurrentControlSet /Control /Class /，在这下面有很多用"{}"括
起来的项，一个一个点击选项前面的"+"号，查看右面窗口有没有未成功的设备的名字。
如本例中是"USB 大容量存储设备"，它在"设备管理器"的"通用串行总结控制器"下就
可以找"通用串行总线控制器（Universal Serial Bus controllers）"（如图 2-94 所示）。在右面
窗口找到"upperfilter"项或"lowerfilter"项，并删除，然后进入设备管理器中，把通用
串行总线控制器下面的所有带叹号的设备都删除（如图 2-95 所示），重新扫描硬件安装
（如图 2-96 所示）即可恢复。

图 2-94　修改注册表

图 2-95　删除驱动错误的设备

图 2-96　扫描新硬件

2. 任务总结

U 盘的量产，最重要的就是找准与自己 U 盘 FLASH 型号匹配的量产工具。在量产的过程中，一定要设置好量产的选项，如 U 盘信息和量产方式等。

2.10.2　实战 2：使用 MHDD 扫描硬盘坏道

在进行数据恢复前，应该对硬盘的健康进行检测。例如，是否能够正常识别、是否存在坏扇区等，这有助于在了解硬盘健康状况的基础上判断数据丢失的可能原因、数据恢复成功概率及正确制订数据恢复方案。

MHDD 是俄罗斯 Maysoft 公司出品的专业硬盘工具软件，具有很多其他硬盘工具软件所无法比拟的强大功能，它分为免费版和收费的完整版，本书介绍的是免费版的详细用法。这是一个 G 表级的软件，它将扫描到的坏道屏蔽到磁盘的 G 表中。由于它扫描硬盘的速度非常快，已成为许多人检测硬盘的首选软件。

注意：每一个刚出厂的新硬盘都或多或少的存在坏道，只不过它们被厂家隐藏在 P 表和 G 表中，用一般的软件访问不到它。G 表，又称为用户级列表，大约能存放几百到一千个坏道；P 表，又称工厂级列表，能存放 4000 左右的坏道或更多。对磁盘的健康有了全面的了解后才能够根据不同的情况初步判断磁盘可能存在的故障及数据恢复的可能，并根据不同的情况制订妥善的恢复方案，以求最大程序地挽救数据。

注意事项如下。

● MHDD 最好在纯 DOS 环境下运行，但要注意尽量不要使用原装 Intel 品牌主板。

● 不要在要检测的硬盘中运行 MHDD。

● MHDD 在运行时需要记录数据，因此不能在被写保护了的存储设备中运行（如写保护的软盘、光盘等）。

● MHDD 检测本机硬盘时，最好先在 BIOS 中设置硬盘为 IDE 模式。

1. 实现步骤

步骤 1：制作 U 盘/光盘启动盘

本次以老毛桃为例，先将 U 盘里的数据转移（制作 U 盘启动盘之前会自动格式化 U 盘），然后运行老毛桃 U 盘启动盘制作工具，确定软件此时选择的 U 盘是需制作成启动盘的 U 盘后，单击"一键制作成 USB 启动盘"即可。

步骤 2：启动盘制作好后，在 U 盘中放入 MHDD 软件包

如图 2-97 所示，将 MHDD 软件包解压后放入 U 盘中即可。

图 2-97　MHDD 软件放入 U 盘

步骤 3：重启计算机，设置 BIOS 属性

计算机刚启动时，会出现自检界面（如图 2-98 所示），进入自检界面后，长按键盘上的功能键 F2 或者 DELETE 键可进入 BIOS 界面。不同品牌的计算机进入 BIOS 的方式各有不同，读者可以到网上查询。

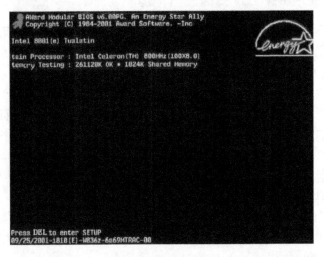

图 2-98　自检界面

BIOS 的界面如图 2-99 所示，不同品牌的计算机 BIOS 界面也会有一些差别，但是其基本功能是一样的。需要修改的有两项，第一，设置其 BOOT 属性为 USB 先启动；第二，将其硬盘的模式改为 IDE 模式。

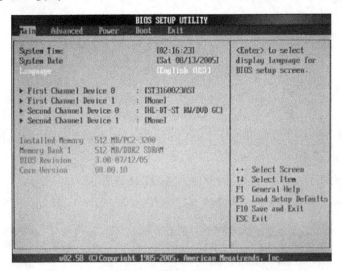

图 2-99　BIOS 界面

步骤 4：用 USB 启动盘引导系统进入 DOS 界面

在上一文件夹中有一文件名为"MHDD.EXE"，这就是软件的主程序，此时只要确保">"符号前的地址正确，就可以直接输入主程序名（不用加后缀，其默认为 exe），如图 2-100 所示。

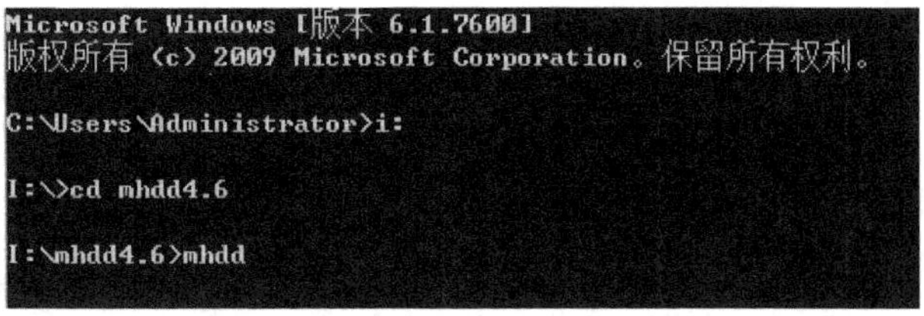

```
Microsoft Windows [版本 6.1.7600]
版权所有 (c) 2009 Microsoft Corporation。保留所有权利。

C:\Users\Administrator>i:

I:\>cd mhdd4.6

I:\mhdd4.6>mhdd
```

图 2-100　执行 MHDD 程序

步骤 5：进入 MHDD 软件

通过上面的操作，可以进入到 MHDD 软件的主界面，如图 2-101 所示。

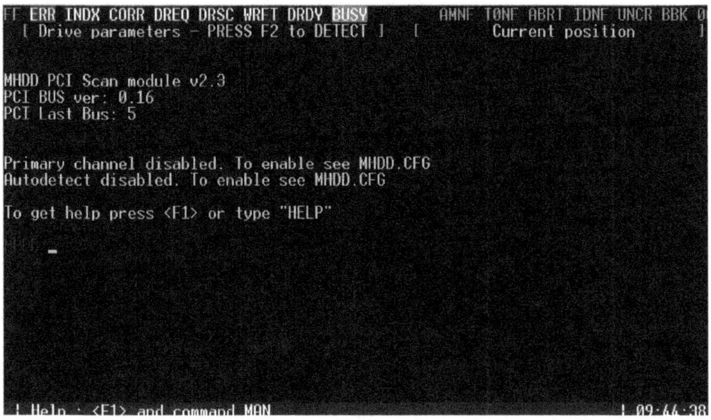

图 2-101　MHDD 软件的主界面

在此软件中必须先扫描当前有哪些硬盘，可以使用 port 命令，如图 2-102 所示，经过扫描后可发现一块硬盘，对应的编号为 3。

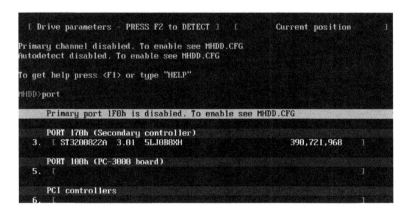

图 2-102　MHDD 软件识别的硬盘

注意：port 命令可列出本机的 IDE、SATA 和 SCSI 硬盘，MHDD 屏蔽了对 SLAVE 的检测，所以待检测的 IDE 盘只能设成 master 或 cable select，并接到 IDE 排线的 master 上。

输入硬盘相对应的数字编号（本例中为 3）即可进入到此硬盘中，然后再输入命令 ID（或按快捷键 F2），就可以显示当前硬盘的信息了。若要对本硬盘进行扫描，可输入 SCAN 命令（或按快捷键 F4），图 2-103 所示为输入 SCAN 命令后的扫描选项，其含义如下所示。

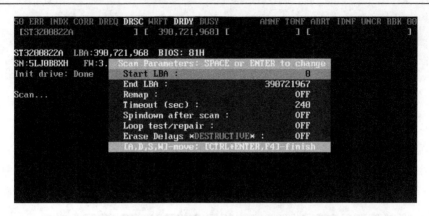

图 2-103　SCAN 扫描硬盘

（1）Start LBA：设定开始的 LBA 值，默认开始的 LBA 值为 0。

（2）End LBA：设定结束的 LBA 值，默认结束的 LBA 值为当前磁盘的最后一个扇区 LBA 地址。

（3）Remap：是否地址重映射。ON 表示打开，意味着如果遇到了坏道，直接将坏道地址记录下来，然后在读取数据的时候跳过这些坏道即可，不用去破坏坏道中的数据。默认情况下设置其为 OFF，主要是为了方便检测硬盘有多少坏道。

（4）Timeout（sec）：设定超时值（秒）。此数值主要用来设定 MHDD 软件确定坏道的读取时间值（248 表示 2480ms），即读取某扇区块时如果读取时间达到或超过该数值，就认为该块为坏道，其数值可设置范围为 10～10000，但一般情况下更改此数值不要太大也不要太小，否则会影响坏道的界定和修复效果。

（5）Spindown after scan：扫描完后是否关闭电机。ON 表示扫描结束后自动关闭硬盘马达，这样可使 SCAN 扫描结束后电机能够自动切断供电，但主板还是加电的，它非常适合没有人在旁边看管状态下的扫描磁盘，一般情况下不会使用。

（6）Loop test/repair：是否循环测试、修复。如果此项为 ON，当第一次扫描结束后，就会再次从开始的 LBA 到结束的 LBA 重新扫描、修复，如此循环。

（7）Erase Delays：是否删除等待。主要用于修复坏道，而且修复效果要比 REMAP 更为理想，尤其对 IBM 硬盘的坏道最为奏效。但要注意，被修复地方的数据是要被破坏的。此项默认情况下为 OFF，表示暂时不修复坏道，只是检测，它与第 3 项不能同时打开。

以上 7 个参数如果要修改，都是先按空格键，然后在弹出的对话框中进行修改。若所有参数都使用默认值，则可以直接按 F4（或者按 CTRL+ENTER 键）键开始扫描。在扫描界面的右上方有一行表示状态的参数（如图 2-104 所示）。其中，AMNF 表示地址标记出错；T0NF 表示 0 磁道没找到；ABRT 表示指令被中止；IDNF 表示扇区标志出错；UNC 表示校验错误，又称 ECC 错误；BBK 表示坏块标记错误。

界面右侧（如图 2-104 所示的"扫描结果"框）的方块从上到下依次表示从正常到异常，读写速度由快到慢。正常情况下，应该只出现第一个和第二个灰色方块，如果出现浅灰色方块（第三个方块），则代表该处读取耗时较多；如果出现绿色和褐色方块（第三个和第四个方块），则代表此处读取异常，但还未产生坏道；如果出现红色方块（第六个，即最后一个方块），则代表此处读取吃力，马上就要产生坏道；如果出现问号"？"以下的任何之一，则表示此处读取错误，有严重物理坏道。

在扫描的过程中可以按上、下、左、右键来回扫或跳过，也可以随时按 ESC 键终止。

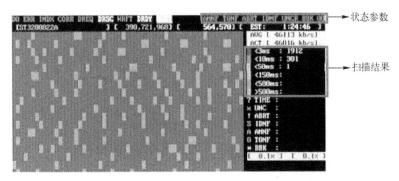

图 2-104 扫描硬盘

若在扫描一次后，发现磁盘有很多的坏道，可以用 ESC 键暂停此次扫描，重新设置扫描选项进行坏道修复。

2. 任务总结

MHDD 基本上可以对一个磁盘做最彻底的扫描，所以当需要恢复某一块硬盘的数据时，最好先用 MHDD 检测一下硬盘，确定数据丢失到底是由于物理原因（坏道）还是逻辑故障（误删除等）导致的。

2.10.3 实战 3：创建磁盘阵列

"硬磁盘阵列"的实现必须借助 RAID 卡，然后在 DOS 界面中进行相应的设置，而"软磁盘阵列"则只需要在系统中进行相关的设置即可实现。但是，从功能上来说，还是硬磁盘阵列更安全，更有效一些。在 Windows 2003 系统中，磁盘形式默认是基本磁盘类型，而 RAID 阵列需要跨越不同的硬盘实现，因此首先需要将硬盘的类型由基本磁盘类型变更为动态磁盘类型。

1. 将磁盘转换成动态磁盘

在"我的电脑"上右键单击，然后选择"管理"，进入到"计算机管理"界面后，选择"磁盘管理"，然后在需要转换的磁盘上右击选择"转换到动态磁盘"，出现如图 2-105 所示的画面。

图 2-105 转换动态磁盘画面

2．在动态磁盘上创建"卷"

软磁盘阵列的形成完全是在卷的基础上的。所以，在多个动态磁盘上创建卷，就是在创建磁盘阵列了，其具体操作如下。

（1）在动态磁盘上右击选择"新建卷"，出现新建卷向导，如图 2-106 所示。

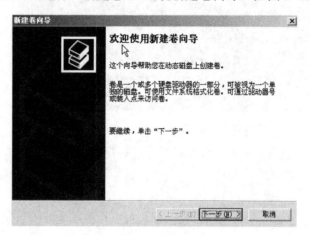

图 2-106　新建卷向导

（2）单击"下一步"后，出现选择卷类型的画面，如图 2-107 所示。

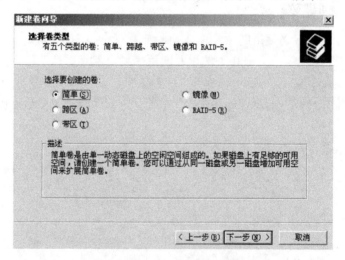

图 2-107　选择卷类型的画面

① 简单（**S**）：构成单个物理磁盘空间的卷，它可以由磁盘上的单个区域或同一磁盘连接在一起的多个区域组成，可以在同一磁盘内扩展简单卷。

② 镜像（**M**）：在两个物理磁盘上复制数据的容错卷，如 RAID 1。

③ 跨区（**A**）：由多个物理磁盘的空间组成的卷。

④ RAID-5（**R**）：如前所述的 RAID 5 阵列。

⑤ 带区（**I**）：以带区形式在两个或多个物理磁盘上存储数据的卷。

（3）在图 2-107 中选择"RAID-5（**R**）"并单击"下一步"按钮，出现选择磁盘的界面，如图 2-108 所示。

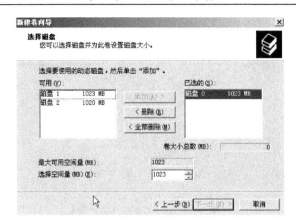

图 2-108　选择构成 RAID 5 的磁盘

（4）选择构成 RAID 5 的磁盘（至少 3 块硬盘）后单击"下一步"按钮，要求为卷指定一个驱动器号，如图 2-109 所示。

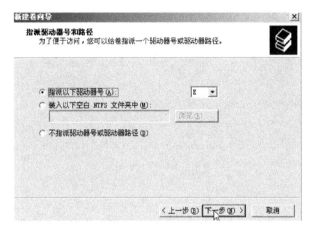

图 2-109　指定 RAID 5 磁盘的驱动器号

（5）选择卷的格式化方式，如图 2-110 所示。

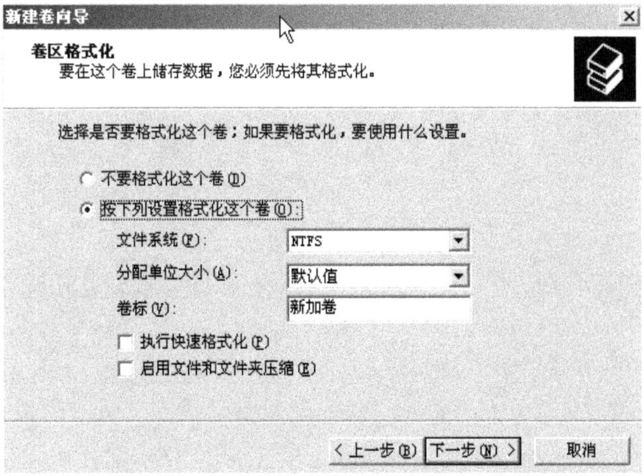

图 2-110　选择卷的格式化方式

（6）选项选择完毕，系统对磁盘进行格式化，建立新磁盘，其结果如图 2-111 所示。

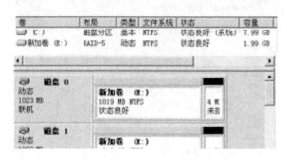

图 2-111　卷的建立完成界面

卷创建完成后，从"磁盘管理"界面就可以看到磁盘 0 和磁盘 1 都是动态磁盘，它们共用同一个盘符 E，而在分区描述界面显示 E 盘，其布局为"RAID-5"。

第 3 章　磁 盘 分 区

3.1　磁盘数据组织过程

在前面的章节中提到了硬盘的工作原理，对于硬盘来说，其核心部件就是磁头和盘片。磁头的功能是从盘片上读取数据，并将读取的数据通过硬盘的接口电路反馈给主机。而盘片主要是记录存储在上面的数据。为了更好地存取数据，盘片上被划分成了磁道和扇区，磁头就以柱面为单位进行数据的读写。一块硬盘从出厂到能够存储数据一共经历了 3 个主要过程：低级格式化、分区、高级格式化，只有实现了这 3 过程，所有的数据才能有效存储和有序管理，现在以 DOS 分区体系下的 MBR 磁盘分区结构为例，详细分析每一个过程的具体操作。

3.1.1　低级格式化

对于硬盘来说，低级格式化是一个非常重要的过程。硬盘出厂的时候，整个盘片其实就是一个完整的光滑盘体，没有任何的数据记录，可称为"盲盘"，要想用它来存储数据，就必须先对其划分磁道和扇区，方便数据的写入，这就是低级格式化的过程（如图 3-1 所示）。

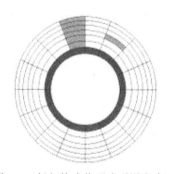

图 3-1　低级格式化形成磁道和扇区

低级格式化就如在一片空地上盖房子（一个一个的扇区），为了管理这些房子，先给它们编上号，记录它们的地址（C/H/S），盖好房子，编好号以后就能够对这些房子进行户口管理了。经过低级格式化后，一块硬盘中的"房子"就建造好了，就可以住"人（数据）"了。怎么住人？住什么样的人？那就是高级格式化了，属于应用层次的使用。

注意：不到万不得已，不要轻易对硬盘做低级格式化，因为这样会导致硬盘物理层上的损坏。

3.1.2　分区

经过低级格式化后，硬盘从原理上来说就可以存储数据了。但是，一个硬盘可以容纳的数据量太大，如果不指定一个入口，将会导致无法定位硬盘中的某个数据。而且如果将所有的文件都存放在计算机中，计算机就必须为其分配一定的存储地址。每一次的文件操作，即是对这个存储地址中的值进行读/写的操作（通常被称为 I/O 操作）。当文件的数量激增时，计算机就会频繁地在这些地址中进行数据的读/写，这样会花掉计算机大部分的性能，那如何提升计算机的性能呢？

日常生活中，当某个人的衣服数量较多时，此时人们就会考虑使用衣柜。衣柜，从外形上来看也就是一个大容器。如果将所有的衣服全部放在衣柜这个大容器中，那每次找衣服都得翻遍整个衣柜，很费神的。为了让找衣服这个动作更快速、有效，则就会将衣柜划分为各种小的区域，如有些地方专门放上衣，有些地方放袜子……要找东西的时候，只要知道这类东西在哪个区域，就可以减少查找的时间，快速找到所要的东西了。

计算机也是一样的，为了使每次读/写文件的操作更快捷，就将所有的文件分区域放置，这个区域就被称为分区。每一个分区都有一个确定的起止位置，在起止位置之间的那些连续扇区都归该分区所有，且不同分区的起止位置互不交错，这样，每个分区都设置成单独管理，最后再指定某个位置做统筹规划，这样就大大提高了管理效率，如图 3-2 所示的房间建设管理也是同样的道理。

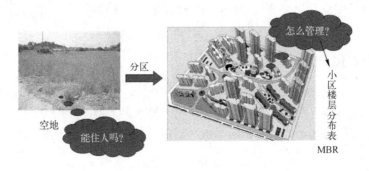

图 3-2　分区的意义

目前，所有的硬盘都默认 0 柱面、0 磁头、1 扇区为引导扇区，这个扇区叫硬盘主引导记录，也叫硬盘主引导扇区，它主要有两个功能，第一，完成系统主板 BIOS 向硬盘操作系统交接的操作；第二，记录每个分区的详细信息。硬盘主引导扇区不属于任何操作系统，它只是负责管理整个硬盘的结构。图 3-3 是作者硬盘的分区情况，从图中可以很明显地看出此硬盘共有 5 个分区，每一个分区都有一个盘符（如图中显示的 C、D 等），每一个分区也有自己的卷标（如 system、soft、office 等），每个分区都有自己的大小，且它们的起止位置互不交叉。通常情况下，一般称某个分区为某某盘，如盘符为 C 的分区称其为 C 盘，盘符为 D 的分区称其为 D 盘。

从图 3-3 看来，磁盘 0 的第一个可用位置应该就是 C 盘的起始位置了，但是其实不然，真实的情况是在 C 盘前面还有一些扇区，这些扇区用来管理整个硬盘结构，而这所有扇区的第一个扇区里面，就记录了图中 5 个分区的起始位置和大小等信息。

图 3-3　硬盘分区情况

注意：一块硬盘，即使所有容量都划分给一个分区，也要进行分区这个操作，只有这样才能完成主引导记录的写入，才能让系统主板 BIOS 进入操作系统。

对于 U 盘来说，一般计算机只识别其中的一个分区，但是 U 盘其实也是可以进行多个分区的，如制作 U 盘启动盘，其实就是将 U 盘划分为两个分区，第一个分区为隐藏的分区，里面记录的是启动盘的软件及代码，第二个分区才留给用户做文件的存储管理。所以，U 盘的第一个扇区一般也是 MBR，它记录了 U 盘的所有分区信息。

3.1.3　高级格式化

硬盘分区完成后，就建立起一个个相互"独立"的逻辑驱动器（如通常所说的 C 盘、D 盘），对于每一个逻辑驱动器而言，分区操作只是告诉了引导代码所在的地址，使计算机能够正常地将系统引导进入本驱动器中，其本身还是一座座空城，要使用它，就必须在上面搭建文件系统，如 3.7.1 小节中的任务 1，在分区的过程中，就会要求选择一种文件系统，单击"确定"按钮后，硬盘就会按这种文件系统形成相应的管理机制，这就是高级格式化的过程。高级格式化是针对某一个分区而言的，不是整个物理磁盘，图 3-4 就是高级格式化的过程。

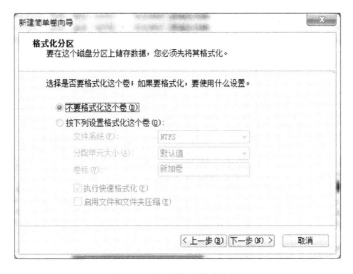

图 3-4　高级格式化的过程

高级格式化的主要作用如下所示。

- 从各个逻辑盘指定的柱面开始，对扇区进行逻辑编号（分区内的编号，也可叫偏移量）。
- 在基本分区上建立 DOS 引导记录（DBR）。
- 设置各种文件系统相对应的系统数据。

3.2　计算机启动过程

计算机在按下 Power 键以后不是直接就进入到操作系统的，而是先执行主板 BIOS 程序，进行一系列的检测和配置以后，跳到硬盘的第一个扇区（MBR），最后由 MBR 来引导整个系统。

MBR 在引导系统时，首先加载此扇区中的一小段引导程序（本扇区的前 446 字节的数据），然后再根据它记录的本硬盘的分区情况（引导程序紧跟着的 64 字节数据），识别操作系统所在的分区，最后再进入到相应的分区启动操作系统（如图 3-5 所示）。

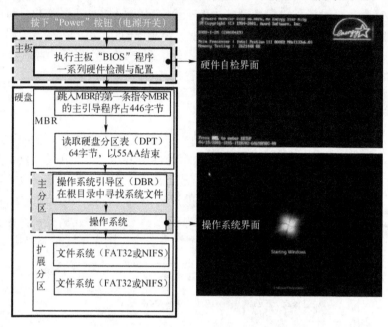

图 3-5　计算机启动过程及界面显示

为什么不让计算机直接进入操作系统，而要设定如此"麻烦"的步骤呢？主要理由是操作系统大而复杂，如果开机就加载，就必须得将整个系统写入到固件中，很容易影响系统效率。而在 MBR 引导的方式下，计算机加载的第一段代码很小（几百字节），这样简单几句代码就可以描述清楚了，避免了固件不必要的复杂化。

图 3-5 描述了一个完整的计算机启动过程，在做 BIOS 硬件检测时，一般计算机都会显示出一个自检的界面（如图 3-5 右上角的界面），这个界面会显示当前计算机的主板、CPU等硬件信息，如果用户想更清楚地了解这些信息，也可以在此时进入到 BOIS 界面查看。BIOS 界面进入的方式随着计算机品牌的不同而不同，但是一般方式是在计算机自检时长按F2 键。计算机硬件检测通过后，就会跳入硬盘的第一个扇区（MBR）读取引导程序和分区表信息。由硬盘分区表信息，计算机确定了操作系统所在分区的起始位置，就直接跳入到分区的头部。在上一小节曾经提到过，每一个分区要能正常存取数据，必须高级格式化，高级格式化的过程就是形成分区内部系统数据的过程。所以，计算机跳入分区头部后，分区头部又记录了本分区中数据的存放方式及地址。此时通过此系统文件，找到了操作系统文件的真实地址，然后开始启动操作系统（就可以看到如图 3-5 右下角的操作系统界面了）。

如果此硬盘还有扩展分区，则进行另外的跳转，这在本章后面部分将详细讲解。

3.3　MBR

MBR 扇区位于整个硬盘的最前面，它一共有 512 字节大小，由 4 部分组成，包括引导程序、Windows 磁盘签名、主分区表、分区有效标记，MBR 的结构如表 3-1 所示。

表 3-1 MBR 的结构

偏 移 量	大 小	名 称	意 义
00~1B7	440 字节	引导程序	引导计算机从主板 BIOS 向硬盘跳转
1B8~1BD	4 字节	磁盘签名	是 Windows 系统对硬盘初始化时写入的一个磁盘标签
1BC~1BD	2 字节	00 00	暂时未使用
1BE~1CD	16 字节	主分区表（DPT）	分区表项 1
1CE~1DD	16 字节		分区表项 2
1DE~1ED	16 字节		分区表项 3
1EE~1FD	16 字节		分区表项 4
1FE~1FF	2 字节	分区有效标记	引导记录结束的标记

用 WinHex 软件查看某一块硬盘的 MBR 的结构如图 3-6 所示。

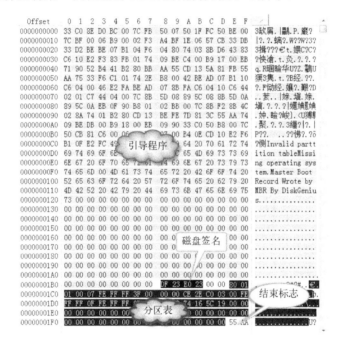

图 3-6 MBR 的结构

3.3.1 引导程序

引导程序非常重要，计算机开机经过自检后，第一时间将这段代码装入内存，然后执行，后期的所有系统控制权全部都在它的手上。所以，很多引导型病毒就把自己嵌入到磁盘的引导代码中，从而达到最先运行的目的，这段代码会因操作系统的不同而不同。

很多用户需要在同一台计算机上安装多个操作系统，然后在计算机启动时根据不同的需要进入不同的系统中，这其实就可以通过改变 MBR 的引导代码来实现。将不同的系统安装到不同的分区，然后利用引导代码，向用户呈现出一个操作系统的选择列表，由用户选择从哪个分区进行引导。

注意：如果用户安装的这多个系统中有 Windows 操作系统，那么它也可以不用修改

MBR 引导程序，而是在 Windows 系统的引导分区中设置一段选择代码，以供用户选择相应的操作系统。MBR 中的主引导程序固定为加载 Windows 引导代码，然后由 Windows 引导代码给用户提供操作系统选择界面。

如果引导代码出了问题，可以通过重写 MBR 的方式来进行恢复。

3.3.2　主分区表

主分区表用来描述磁盘有效区域的划分方式，它记录了磁盘上每一个有效分区的起始位置及文件系统类型等信息，由主分区表描述的分区称为主分区。主分区表的大小为 64 字节，其中每 16 字节可以表示一个分区（可以称为一个分区表项）。通过简单的计算就可以得知，MBR 分区体系只支持最多 4 个主分区（如图 3-7 所示）。

注意：分区表项并没有顺序要求，也就是说，并不严格要求第一个分区表项对应物理位置的第一个分区、第二个表项对应第二个分区。

在图 3-7 中，第一个分区项指向主分区 1，第二个指向主分区 2，即是说每一个分区表项代表一个具体的分区。若磁盘的某些部分未分配，则不会记录在主分区表中。若某磁盘只有 3 个主分区，那么它的主分区表中就只有 3 个分区表项有值，剩下的一个分区表项的值全是 0（如图 3-8 所示）。此种情况下，因为计算机启动过程中最先读取的是硬盘的第一个扇区，再通过第一个扇区中的主分区表数据去识别其他的分区，所以没有记录在主分区表中的地址则不会被计算机识别，即是说 985 扇区之后到 1200 扇区不能正常读写数据。

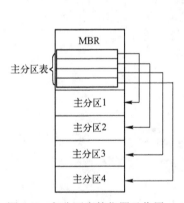

图 3-7　主分区表的位置及作用

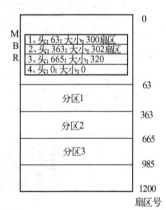

图 3-8　只有 3 个主分区的主分区表

每一个分区表项的结构是完全相同的，它的具体含义如表 3-2 所示。

表 3-2　分区表项中各字节的意义

偏移量 （16 进制）	字 节 数	含 义
00	1	可引导标志。00 表示不可引导，80 表示可引导
01～03	3	分区起始 CHS 地址
04	1	分区类型
05～07	3	分区结束 CHS 地址
08～0B	4	分区起始 LBA 地址
0C～0F	4	分区总扇区数

注：表中的偏移量指的是相对于本分区表项而言的偏移量，即是说它指的是本分区表项的第一个字节距离本字节的扇区数。

其中位于偏移量 04 部分的分区类型值及其含义如表 3-3 所示。

表 3-3　分区类型值及其意义

类型值 （16 进制）	含　　义	类型值 （16 进制）	含　　义
00	空	5C	Priam Edisk
01	FAT12	61	Speed Stor
02	XENIX root	63	GNU HURD or Sys
03	XENIX usr	64	Novell Netware
06	FAT16 分区小于 32M 时用 04	65	Novell Netware
07	HPFS/NTFS	70	Disk Secure, Mult
08	AIX	75	PC/IX
09	AIX bootable	83	Linux
0A	OS/2 Boot Manage	11	隐藏的 FAT12
0B	Win95 FAT32	14	隐藏的 FAT16<32M
0C	Win95 FAT32	16	隐藏的 FAT16
0E	Win95 FAT16	17	隐藏的 HPFS/NTFS
0F	Win95 扩展分区	1B	隐藏的 FAT32

3.3.3　有效标记 55AA

“55AA”标志对于磁盘来讲是非常重要的，如果没有该标志，系统将会认为磁盘没有被初始化。在数据恢复过程中，有时不得不在进入系统前将该标志进行清除。通常在下列情况下可以考虑清除“55AA”标志。

（1）需要恢复数据的硬盘存在病毒，为了防止病毒在各个分区中相互传染，可清除 55AA。

（2）重要位置处于坏扇区。如某分区的引导记录扇区刚好在坏扇区位置，将会使恢复用机很难顺利进入操作系统，即使进入操作系统后，也会因长时间无法读取出坏扇区的数据而不能进入就绪状态，甚至导致死机，使数据恢复工作无法进行。

3.4　扩展分区 EBR

一个硬盘的主分区表只有 64 字节，而 16 字节表示一个分区。可以通过一个很简单的计算就可知道一个硬盘只能有 4 个分区，但是很明显，由于现在的硬盘越来越大，4 个分区远远不能满足用户的要求。于是，在主分区中就可设置某一分区为扩展分区，将其视为一个新的磁盘，再在其内部划分为小的分区（逻辑分区），如图 3-9 所示。

通过上面的设置就可以使当前计算机有 5 个真实分区，其中 3 个主分区，2 个逻辑分区（2 个逻辑分区是扩展分区的内部划分）。扩展分区只是一个抽象的概念，只有在扩展分区内部再划分逻辑分区，这样，分区空间才能被正常使用。一个磁盘最多只能有一个扩展分区，所以在创建扩展分区时一般都会将磁盘主分区（如果有的话）以外的剩余空间全部划分为扩展分区。否则，另外的剩余空间将只能划分为主分区，如果主分区表的 4 个分区表项被全部占用，此时即使磁盘还有剩余空间，也将无法使用。

当然一个硬盘也并不是说一定得先分 3 个主分区，然后再设置逻辑分区，也可以是如图 3-10 所示的结构。原则上来说，主分区最多 4 个，而逻辑分区可以为无数个（实际上，逻辑分区的个数并不是无限的）。

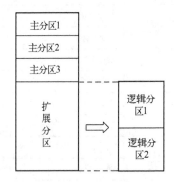

图 3-9　主分区与逻辑分区（1）

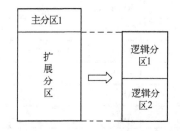

图 3-10　主分区与逻辑分区（2）

在图 3-10 中的主分区表中的前两项有数据，后两项全为 0，意思就是本磁盘没有分区 3 和分区 4 存在。

每一个分区都有自己的开始扇区和总扇区数，所有主分区的详细信息都是记录在 MBR 的主分区表中的，而 MBR 位于硬盘的第一个扇区，所以在主分区表中的某一分区的起始位置指的是当前分区距离 0 扇区的扇区数。由于扩展分区被视同如主分区，所以扩展分区的起始位置和大小被记录在 MBR 中，而所有的逻辑分区都是位于扩展分区内部的，所以其值没有记录在 MBR 中。

每一个逻辑分区前都有一部分保留扇区，而这些保留扇区的第一个扇区即是 EBR（Extended Boot Record 扩展引导记录），EBR 记录的就是逻辑分区的起始位置和大小。因为此时逻辑分区是相对于扩展分区而言的，所以其起始位置是指逻辑分区距离扩展分区的第一个扇区（第一个逻辑分区前的 EBR）的扇区数，如图 3-11 所示。

EBR 是硬盘扩展分区所特有的，它的作用是使操作系统通过 EBR 就能够管理所有的逻辑分区，换句话说，就是它把扩展分区中的所有逻辑分区连接起来，其担当枢纽的作用（每一个逻辑分区前面的 EBR 都指向了下一逻辑分区的起始地址）。

EBR 在扩展分区的起始扇区中及两个逻辑分区之间的隐藏扇区中，如图 3-11 所示。EBR 里面的内容结构和 MBR 有点相似，它也是占一个扇区，共有 512 个字节，最后也是以"55AA"结束，只是它的引导程序代码全为零，在其分区表中，第一、第二分区表项分别指向它自身（本分区）的引导程序和下一个逻辑分区的 EBR，第三、第四分区表项永远不用，用零填充，而最后一个逻辑分区的 EBR，只有第一分区表项，第二、第三、第四分区表项用零填充。

注意：MBR 和 EBR 的区别如下。

在 MBR 的主分区表中，分区表项分别指向第一、第二、第三、第四主分区的引导程序；在 EBR 的分区表中，分区表项只有两个，假设逻辑 D 分区前的那个 EBR，一个分区表项指向 D 分区引导程序，另外一个指向下一个 EBR，即 E 分区前的那个 EBR；E 分区前的那个 EBR，一个分区表项指向 E 分区引导程序，另外一个指向下一个 EBR，即 F 分区前的那个 EBR，如此往复,把所有的逻辑分区联系起来,换句话说,通过 EBR 可以建立若干分区。

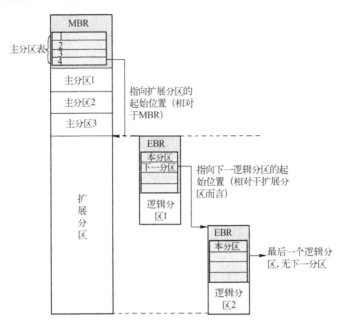

图 3-11 MBR 与 EBR 的关系

3.5 GPT 磁盘分区表

对于采用 MBR 结构分区的硬盘来说,因为 MBR 中的主分区表只有 64 字节,所以计算机最多只能识别 4 个主分区。虽然说利用扩展分区可以将某主分区再进一步细化,从理论上来说是可以划分为无数个逻辑分区的,但是不管是主分区的 MBR,还是扩展分区的 EBR,它们的分区表项都用 4 个字节来表示本分区的起始扇区号和 4 个字节表示本分区的总扇区数。所以在 MBR 分区表中,一个分区最大的容量为 2TB,且每个分区的起始柱面也必须在这个硬盘的前 2TB 内。如果有一个 3TB 的硬盘,根据要求,至少要把它划分为 2 个分区,且最后一个分区的起始扇区要位于硬盘的前 2TB 空间内。如果硬盘太大,则必须改用 GPT 分区格式。

众所周知,BIOS 是写入到主板硬件中的固定代码,它主要起到的作用是初始化硬件、检测硬件功能,以及引导操作系统。但是,因为计算机的不断升级,对 BIOS 的功能需求越来越大,所以厂商不断地向 BIOS 中添加新的元素,如 PnP BIOS、ACPI、传统 USB 设备支持等,这就是 BIOS 的升级。但是不管怎么说,BIOS 的固化都限制了计算机效率的发挥。

EFI(Extensible Firmware Interface,可扩展固件接口)是在 BIOS 的基础上发展起来的,它最主要的特征就是用模块化、动态链接的形式构建系统。系统固件和操作系统之间的接口都可以完全重新定义,这比 BIOS 更灵活。有人说 EFI 有点像一个低阶的操作系统,它具备操控所有硬件资源的能力,而且它还能够执行任何的 EFI 应用程序,这些程序可以实现硬件检测及除错软件、设置软件、操作系统引导软件等功能。

3.5.1　GPT 磁盘分区的概念

GPT（GUID Partition Table，全局唯一标识分区表），还有另外一个名字叫作 GUID 分区表格式，它是一个实体硬盘的分区结构，是 EFI 的一部分，用来替代 MBR 中的主引导记录分区表。因为 MBR 分区表不支持容量大于 2.2TB 的分区，所以有的 BIOS 系统为了支持大容量硬盘，用 GPT 分区表取代 MBR 分区表。但是需要注意的是，如果主板是传统 BIOS，不支持 EFI，那么只能在不大于 2TB 的磁盘上使用 MBR 模式安装 64 位或者 32 位的系统（如果使用了 GPT 模式，那就不能安装任何的操作系统了）。如果使用了 2TB 以上的磁盘，大于 2TB 的那部分是不能被识别的，只能浪费，但用哪种模式的分区对系统的运行是没有影响的。

分区格式是在初始化磁盘的时候确定的，如图 3-12 所示的未初始化磁盘，在进行初始化的过程中，就出现分区格式的选择界面，如图 3-13 所示，此时就可以选择需要用到的分区格式了。

图 3-12　未初始化磁盘

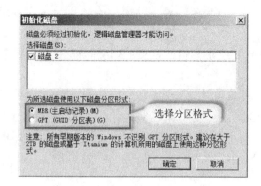

图 3-13　选择分区格式

3.5.2　GPT 磁盘分区的结构

在 MBR 分区格式的硬盘中，硬盘的主引导记录及分区信息直接存储在主引导记录中。但在 GPT 硬盘中，分区信息存储在 GPT 头中。出于兼容性的考虑，硬盘的第一个扇区仍然用作 MBR，之后才是 GPT 头，其结构如图 3-14 所示。

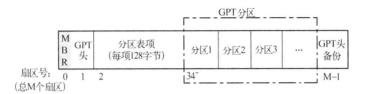

图 3-14 GPT 分区结构

图 3-15 为虚拟 GPT 分区磁盘，GPT 分区的 MBR 如图 3-16 所示。

图 3-15 虚拟 GPT 分区磁盘

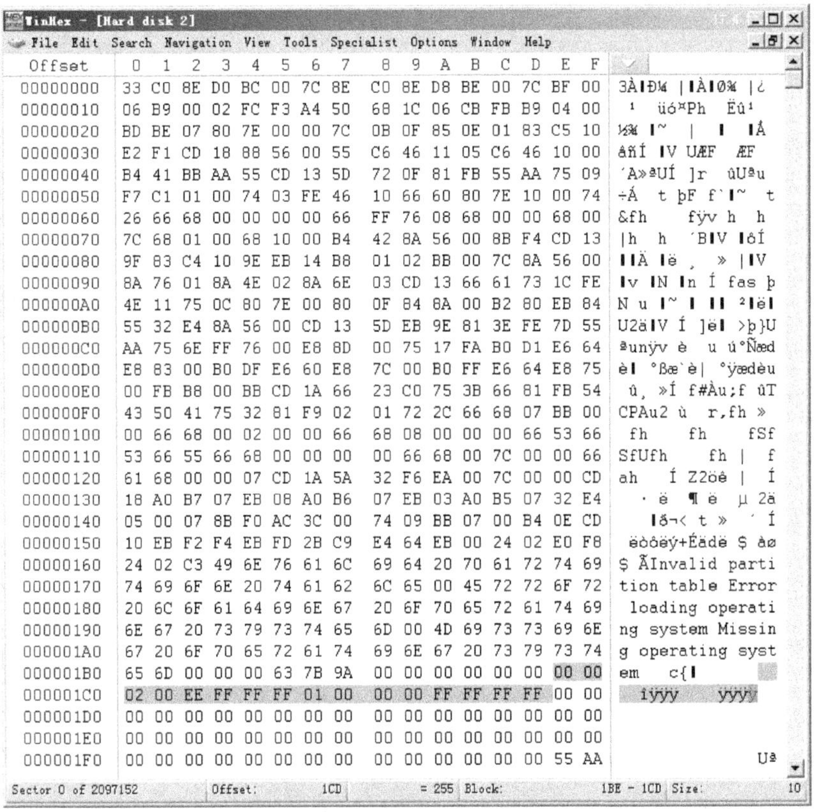

```
WinHex - [Hard disk 2]
File  Edit  Search  Navigation  View  Tools  Specialist  Options  Window  Help

Offset     0  1  2  3   4  5  6  7   8  9  A  B   C  D  E  F
00000000  33 C0 8E D0  BC 00 7C 8E  C0 8E D8 BE  00 7C BF 00   3À|Ð¼ |À|Ø¾ |¿
00000010  06 B9 00 02  FC F3 A4 50  68 1C 06 CB  FB B9 04 00    ¹ üó¤Ph  Ëû¹
00000020  BD BE 07 80  7E 00 00 7C  0B 0F 85 0E  01 83 C5 10   ½¾ € ~   |    Å
00000030  E2 F1 CD 18  88 56 00 55  C6 46 11 05  C6 46 10 00   âñÍ ^V U ÆF  ÆF
00000040  B4 41 BB AA  55 CD 13 5D  72 0F 81 FB  55 AA 75 09   ´A»ªUÍ ]r  ûUªu
00000050  F7 C1 01 00  74 03 FE 46  10 66 60 80  7E 10 00 74   ÷Á  t þF f`€~  t
00000060  26 66 68 00  00 00 00 66  FF 76 08 68  00 00 68 00   &fh    fÿv h  h
00000070  7C 68 01 00  68 10 00 B4  42 8A 56 00  8B F4 CD 13   |h  h  ´B V ô Í
00000080  9F 83 C4 10  9E EB 14 B8  01 02 BB 00  7C 8A 56 00   Ÿ Ä  ë ¸  » |V
00000090  8A 76 01 8A  4E 02 8A 6E  03 CD 13 66  61 73 1C FE    v  N  n Í fas þ
000000A0  4E 11 75 0C  80 7E 00 80  0F 84 8A 00  B2 80 EB 84   N u €~ €   ² €ë
000000B0  55 32 E4 8A  56 00 CD 13  5D EB 9E 81  3E FE 7D 55   U2ä V Í ]ë  >þ}U
000000C0  AA 75 6E FF  76 00 E8 8D  00 75 17 FA  B0 D1 E6 64   ªunÿv è  u ú°Ñæd
000000D0  E8 83 00 B0  DF E6 60 E8  7C 00 B0 FF  E6 64 E8 75   è ° ßæ`è| °ÿædèu
000000E0  00 FB B8 00  BB CD 1A 66  23 C0 75 3B  66 81 FB 54    û¸ »Í f#Àu; ûT
000000F0  43 50 41 75  32 81 F9 02  01 72 2C 66  68 07 BB 00   CPAu2 ù  r,fh »
00000100  00 66 68 00  02 00 00 66  68 08 00 00  00 66 53 66    fh   fh  fSf
00000110  55 66 68 00  00 00 00 66  68 00 7C 00  00 66 61 68   SfUfh  fh | fah
00000120  61 68 00 00  07 CD 1A 5A  32 F6 EA 00  7C 00 00 CD   ah  Í Z2öê |  Í
00000130  18 A0 B7 07  EB 08 A0 B6  07 EB 03 A0  B5 07 32 E4     · ë  ¶ ë  µ 2ä
00000140  05 00 07 8B  F0 AC 3C 00  74 09 BB 07  00 B4 0E CD      ð¬< t » ´ Í
00000150  10 EB F2 F4  EB FD 2B C9  E4 64 EB 00  24 02 E0 F8    ëòôëý+Éädë $ àø
00000160  24 02 C3 49  6E 76 61 6C  69 64 20 70  61 72 74 69   $ ÃInvalid parti
00000170  74 69 6F 6E  20 74 61 62  6C 65 00 45  72 72 6F 72   tion table Error
00000180  20 6C 6F 61  64 69 6E 67  20 6F 70 65  72 61 74 69    loading operati
00000190  6E 67 20 73  79 73 74 65  6D 00 4D 69  73 73 69 6E   ng system Missin
000001A0  67 20 6F 70  65 72 61 74  69 6E 67 20  73 79 73 74   g operating syst
000001B0  65 6D 00 00  00 63 7B 9A  00 00 00 00  00 00 00 00   em   c{
000001C0  02 00 EE FF  FF FF 01 00  00 00 FF FF  FF FF 00 00    îÿÿÿ   ÿÿÿÿ
000001D0  00 00 00 00  00 00 00 00  00 00 00 00  00 00 00 00
000001E0  00 00 00 00  00 00 00 00  00 00 00 00  00 00 00 00
000001F0  00 00 00 00  00 00 00 00  00 00 00 00  00 00 55 AA                 Uª

Sector 0 of 2097152      Offset:      1CD     = 255  Block:      1BE - 1CD  Size:        10
```

图 3-16 GPT 分区的 MBR

MBR 的主分区表中只有一个表项数值（如图 3-16 所示），若用主分区表项的结构对其进行解释，可得结论为：本分区类型为 EE，起始位置为 1 扇区，总扇区数为最大大小（整个硬盘大小）。这个 MBR 的作用就是避免某些计算机不能识别 GPT 分区从而对硬盘再次进行格式化操作。

MBR 之后（1 扇区）一般是 GPT 头，GPT 头包括 EFI 的信息和本磁盘各部分具体的扇区号（如分区的头部、分区表项的头部等）。GPT 头一般以“EFI PART”开始（如图 3-17 所示）。

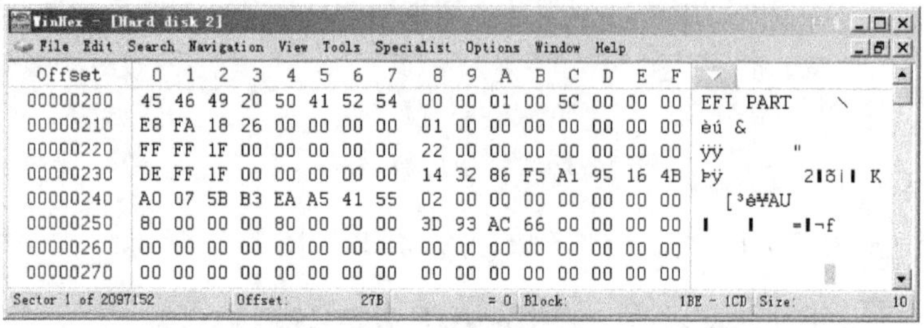

图 3-17 GPT 头

GPT 头是为了说明分区表的位置和大小，其各部分的意义如图 3-18 所示。

offset	0	1	2	3	4	5	6	7	8	9	A	B	C	D	E	F
xxx00	签名（EFI PART）								版本				EFI信息字节数			
xxx10	EFI CRC校验和				保留				当前EFI的LBA地址							
xxx20	备份EFI的LBA地址								GPT分区起始LBA地址							
xxx30	GPT分区结束LBA地址								全局唯一标识符（1）							
xxx40	全局唯一标识符（2）								GPT分区表起始LBA地址							
xxx50	分区表项数（128）				每分区表项字节数（128）				分区表CRC检验和							

图 3-18 GPT 头各部分的意义

图 3-17 所示的 GPT 头按照图 3-18 所示的方法解释结果为：本磁盘对应的 EFI 信息为 92 字节（5C 00 00 00），当前 EFI 位于 1 扇区（01 00 00 00 00 00 00 00），备份 EFI 位于 2097151 扇区（FF FF 1F 00 00 00 00 00），GPT 分区从 34 扇区开始（22 00 00 00 00 00 00 00），GPT 分区的最后一个扇区在 2097118 扇区，本磁盘的 GUID（全局唯一标识符）为 14 32 86 F5 A1 95 16 4B A0 07 5B B3 EA A5 41 55，GPT 分区表从 2 扇区开始（02 00 00 00 00 00 00 00），本磁盘共有 128 个分区表项（80 00 00 00），每分区表项共有 128 字节（80 00 00 00）。

GPT 分区表一般都是从 2 扇区开始的，每分区表项 128 字节。一扇区一般 512 字节，也就是说 1 扇区一般可以装 4 个分区表项（如图 3-19 所示），每个分区表项偏移为 20～27 的数值表示当前分区的起始 LBA 地址，偏移为 28～2F 的数值表示当前分区的结束 LBA 地址。图 3-19 所示的 3 个分区的起始 LBA 地址和结束 LBA 地址分别如下。

1）分区 1

起始位置：22 00 00 00 00 00 00 00　　结束位置：21 00 01 00 00 00 00 00

34 扇区　　65569 扇区

2）分区 2

起始位置：80 00 01 00 00 00 00 00　　结束位置：7E 40 07 00 00 00 00 00

65664 扇区　　475263 扇区

3）分区 3

起始位置：80 40 07 00 00 00 00 00　　结束位置：7F 80 0D 00 00 00 00 00

475264 扇区　　884863 扇区

若磁盘还有其他分区，则继续向后添加分区表项。

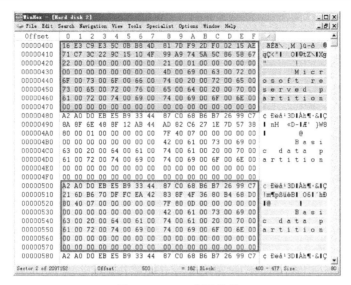

图 3-19　GPT 分区表项

3.6　知识小结

本章详细地介绍了磁盘的分区结构，每一个磁盘必须经过分区这个操作才能识别哪些是有效的数据存储区域，而在分区的过程中，必须先确定需要的分区格式：MBR 还是 GPT。MBR 主要用于 Windows 7 及以下系列的操作系统，它支持 2TB 以下的磁盘容量；GPT 多用于 Windows 8 或 MAC 操作系统，因为它具备可变的分区表项，所以支持大于 2TB 的磁盘容量。

第一节主要对磁盘能够正常使用之前的一个数据组织过程进行详细描述。其中，低级格式化目前基本已由厂商在设备出厂前完成了，拿到一块新的磁盘需要做的就是先分区，然后高级格式化每一个有效分区，最后进行数据的正常读取。现在有很多软件都已经将分区和格式化的操作结合在了一起，这大大方便了我们的操作。

第二节介绍了在计算机启动过程中 MBR 所起的作用，重点提出磁盘要能被计算机识别，必须保证 MBR 中的引导程序、分区表及结束标志全部正确，缺一不可。

第三节介绍了 MBR 的结构，主要从引导程序、主分区表和结束标志的结构出发，让读者能对 MBR 有一个清晰的认识。

第四节介绍了扩展分区的 EBR，EBR 与 MBR 结构基本一致，只是由于 EBR 不需要引导系统，所以其引导程序部分的数据并不做强制性要求。

第五节简要介绍了 GPT 分区格式，提出 MBR 分区格式的缺陷，即不支持 2TB 以上的分区，而目前的磁盘容量随着工艺的升级，容量越来越大，这个时候就可以选择 GPT 分区格式了。

3.7　任务实施

3.7.1　任务 1：研究"分区"对磁盘的影响

为了更加直观地查看分区过程对磁盘产生的写入操作，了解分区过程中硬盘中的数据到底有如何的变化；以更深入地理解硬盘结构，掌握数据恢复方案制定的原则；试着将整个硬盘先填充一个固定的值，然后再对其进行分区，最后查看分区这个操作到底修改了硬盘的哪部分数据。

步骤 1：创建虚拟硬盘

安装软件 InsDisk.V.2.8（直接单击"下一步"按钮，然后单击"安装"按钮即可），安装好后如图 3-20 所示。

图 3-20　InsDisk V2.8 程序界面

双击"Launch DiskCreator.exe"创建虚拟硬盘，如图 3-21 所示，创建一个虚拟硬盘文件 data03.hdd，其大小为 300MB。单击"Create"按钮，若创建成功，则会显示如图 3-22 所示的界面。

图 3-21　使用 InsDisk.V.2.8 创建虚拟硬盘

图 3-22　"成功创建虚拟硬盘"提示

单击"确定"按钮之后直接单击创建硬盘界面中的"Exit"，即成功创建虚拟硬盘。

步骤 2：加载虚拟硬盘

要能使用虚拟硬盘，必须将其加载到当前的计算机中。

双击"Launch DiskLoader.exe"，选择"Browse"，选择当前计算机中的虚拟硬盘文件，再单击"Load InsDisk"即可加载虚拟硬盘，如图 3-23 所示。

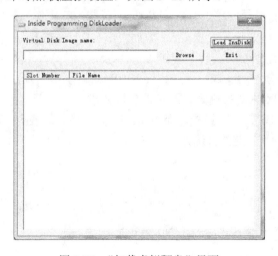

图 3-23　"加载虚拟硬盘"界面

注意：Windows 7 操作系统中本身自带虚拟硬盘功能，所以可以不用安装 InsDisk.V.2.8 软件，直接右键单击"我的电脑"选择"管理"，进入"计算机管理"对话框后，在左侧选择列表中选择"磁盘管理"即可，如图 3-24 所示。

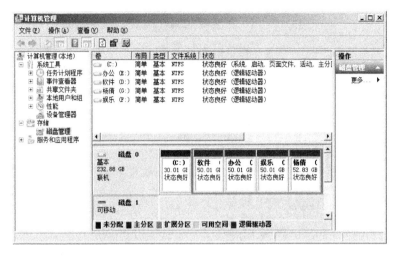

图 3-24　"计算机管理"界面

在工具栏中选择"操作→创建 VHD"，如图 3-25 所示。

图 3-25　"操作"工具栏

接下来会出现"创建和附加虚拟硬盘"对话框，在此对话框中选择合适的位置和大小即可，如图 3-26 所示。

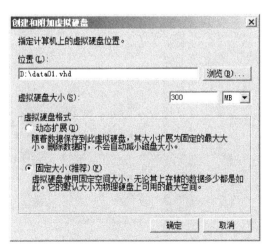

图 3-26　"创建和附加虚拟硬盘"对话框

　　总之，不管是用 InsDisk.V.2.8 软件，还是用 Windows 7 自带的功能加载虚拟硬盘，它们都会在磁盘管理界面显示如图 3-27 所示的状态，此状态表示硬盘已经加载成功，但是硬盘里面暂时没有任何内容。

图 3-27　未初始化硬盘

　　想一想：为什么磁盘会显示为"未初始化"？

　　在第 2 章中，我们曾介绍磁盘是由一个一个的扇区组成的，通常每个扇区的大小为512B。DOS 分区体系的磁盘会在 0 号扇区内写入一个"主引导记录（MBR）"，然后在 0 号扇区的结尾写入"55AA"标记。

　　Windows 在检测到一个新的磁盘后会首先查看它的 0 号扇区，如果此扇区没有正常的主引导记录及结束标记"55AA"，则就会认为其"没有初始化"。

　　步骤 3：用 WinHex 软件打开本虚拟硬盘，将本文件所有物理值填充为"7E"

　　在 WinHex 软件中，执行菜单命令"工具→打开磁盘"，然后在"打开编辑磁盘"对话框中选择物理磁盘中自己新建的那个虚拟硬盘，因为此时的硬盘没有初始化，所以可以看到如图 3-28 所示的界面，全部数据都为 0，在图右侧的详细信息中也无法识别当前硬盘的具体参数，此时的状态就是一个硬盘刚出厂被低级格式化了的状态（若界面中没有扇区，则表示硬盘还未经过低级格式化）。

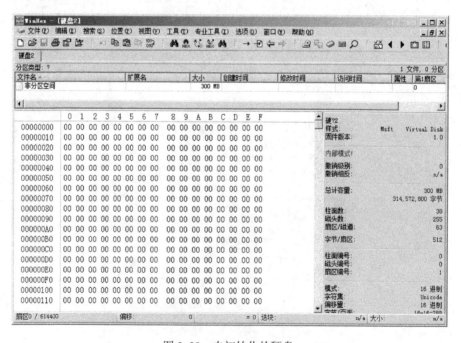

图 3-28　未初始化的硬盘

为了突出显示分区对硬盘有哪些影响,所以使用快捷键 Ctrl+A 全部选择所有数据,然后在主界面被选中的任何部分右键单击,选择"编辑→填充",在"填入选块"对话框中确保填入的值为 7E,如图 3-29 所示。

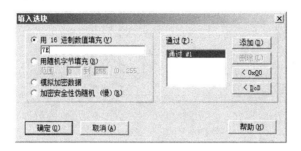

图 3-29 "填入选块"界面

经过上面的步骤,本虚拟硬盘中的所有数据全变为 7E。

步骤 4:初始化虚拟硬盘(写入 MBR)

在"计算机管理"界面中选择刚才新建的虚拟硬盘,在左侧(如图 3-30 所示的"磁盘 2"所在的位置)右键单击,选择"初始化磁盘",然后选择初始化磁盘的格式(MBR 或者 GPT),如图 3-31 所示。

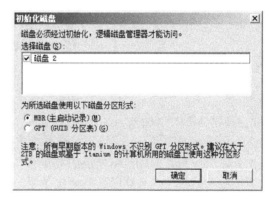

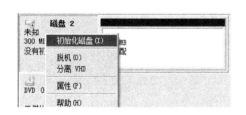

图 3-30 "初始化磁盘"选项   图 3-31 初始化磁盘格式

初始化操作完成之后就可以在"磁盘管理"界面看到如图 3-32 所示的界面,界面左侧磁盘 2 的状态为基本、联机,表明此硬盘已经可以在当前电脑中使用了。

步骤 5:在 WinHex 中查看初始化后的磁盘

仔细查看初始化后的磁盘数据,可以发现除了第一

图 3-32 初始化后的硬盘

扇区被写入数据之外,其他位置还是全为 7E,表示初始化磁盘这个操作只是向硬盘的第一个扇区写入初始化数据。

通过任务 1 的介绍可以知道图 3-33 中被方框选中的部分(偏移量为 1BE~1FD)为主分区表(每一个分区的起始位置等信息),此时全为 0,意味着此时本硬盘没有任何分区,整个硬盘还是一个整体。没有分区就意味着没有自己的负责人,也就是说此时还不能写入任何数据。

```
WinHex - [硬盘2]
文件(F)  编辑(E)  搜索(S)  位置(P)  视图(V)  工具(T)  专业工具(I)  选项(O)  窗口

硬盘2

          0  1  2  3  4  5  6  7    8  9  A  B  C  D  E  F
00000000  33 C0 8E D0 BC 00 7C 8E   C0 8E D8 BE 00 7C BF 00
00000010  06 B9 00 02 FC F3 A4 50   68 1C 06 CB FB B9 04 00
00000020  BD BE 07 80 7E 00 00 7C   0B 0F 85 0E 01 83 C5 10
00000030  E2 F1 CD 18 88 56 00 55   C6 46 11 05 C6 46 10 00
00000040  B4 41 BB AA 55 CD 13 5D   72 0F 81 FB 55 AA 75 09
00000050  F7 C1 01 00 74 03 FE 46   10 66 60 80 7E 10 00 74
00000060  26 66 68 00 00 00 00 66   FF 76 08 68 00 00 68 00
00000070  7C 68 01 00 68 10 00 B4   42 8A 56 00 8B F4 CD 13
00000080  9F 83 C4 10 9E EB 14 B8   01 02 BB 00 7C 8A 56 00
00000090  8A 76 01 3A 4E 02 8A 6E   03 CD 13 66 61 73 1C FE
000000A0  4E 11 75 0C 80 7E 00 80   0F 84 8A 00 B2 80 EB 84
000000B0  55 32 E4 8A 56 00 CD 13   5D EB 9E 81 3E FE 7D 55
000000C0  AA 75 6E FF 76 00 E8 8D   00 75 17 FA B0 D1 E6 64
000000D0  E8 83 00 B0 DF E6 60 E8   7C 00 B0 FF E6 64 E8 75
000000E0  00 FB B8 00 BB CD 1A 66   23 C0 75 3B 66 81 FB 54
000000F0  43 50 41 75 32 81 F9 02   01 72 2C 66 68 07 BB 00
00000100  66 68 00 02 00 00 66 68   68 08 00 00 66 53 66 66
00000110  53 66 55 66 68 00 00 00   00 66 68 00 7C 00 00 66
00000120  61 68 00 00 07 CD 1A 5A   32 F6 EA 00 7C 00 00 CD
00000130  18 A0 B7 07 EB 08 A0 B6   07 EB 03 A0 B5 07 32 E4
00000140  05 00 07 8B F0 AC 3C 00   74 09 BB 07 00 B4 0E CD
00000150  10 EB F2 F4 EB FD 2B C9   E4 64 EB 00 24 02 E0 F8
00000160  24 02 C3 49 6E 76 61 6C   69 64 20 70 61 72 74 69
00000170  74 69 6F 6E 20 74 61 62   6C 65 00 45 72 72 6F 72
00000180  20 6C 6F 61 64 69 6E 67   20 6F 70 65 72 61 74 69
00000190  6E 67 20 73 79 73 74 65   6D 00 4D 69 73 73 69 6E
000001A0  67 20 6F 70 65 72 61 74   69 6E 67 20 73 79 73 74
000001B0  65 6D 00 00 00 63 7B 9A   60 F3 A0 10 7E 7E [00 00
000001C0  00 00 00 00 00 00 00 00   00 00 00 00 00 00 00 00
000001D0  00 00 00 00 00 00 00 00   00 00 00 00 00 00 00 00
000001E0  00 00 00 00 00 00 00 00   00 00 00 00 00 00 00 00
000001F0  00 00 00 00 00 00 00 00   00 00 00 00 00 00 55 AA]
00000200  7E 7E 7E 7E 7E 7E 7E 7E   7E 7E 7E 7E 7E 7E 7E 7E

扇区0 / 614400          偏移         160          = 36   选块
```

图 3-33 初始化后的 MBR

初始化操作的一个重要目的就是向磁盘的第一个扇区写入引导程序和 MBR 结束标记。引导程序的主要功能就是当电脑完成自检跳入到硬盘的第一个扇区时，帮助系统正确加载本硬盘。所以，MBR 前面的 446 字节对于同一类的硬盘而言是可以相同的。而 MBR 要起作用，必须得要结束标记，有了结束标记系统才能以此为结点去完成记录功能。

主分区表中记录的则是本硬盘的数据存放区域。由于每一个硬盘的分区情况可能都不相同，所以在初始化这个步骤时并没有确定主分区表，初始化完成后，再由不同的用户去创建自己的分区。

步骤 6：新建分区

分区可以理解为是向 MBR 中的主分区表中写入用户能够编辑的区域信息，即是向图 3-33 中的方框部分写入数据，很明显，初始化操作并不能同时记录分区情况，所以一个硬盘哪怕只有一个分区，也必须得将这一个分区的起始位置和大小等信息写入 MBR 中，这样硬盘才能识别出这个分区，进而让用户在这个分区中写入数据。

分区的基本操作如图 3-34～图 3-41 所示。

图 3-34 在磁盘上新建分区

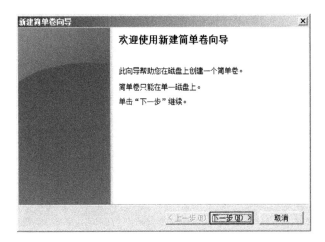

图 3-35 "新建简单卷"向导

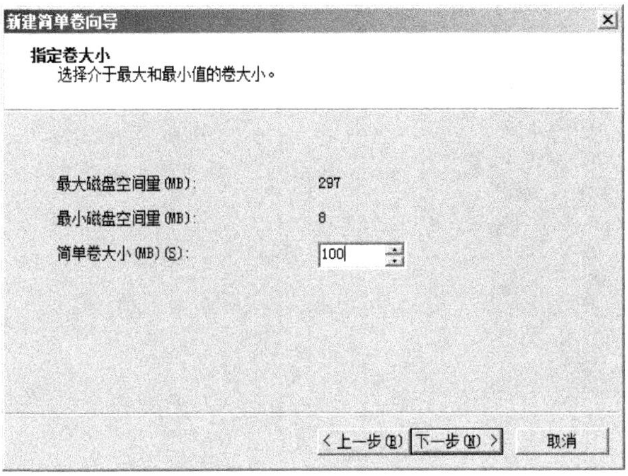

图 3-36 指定分区大小

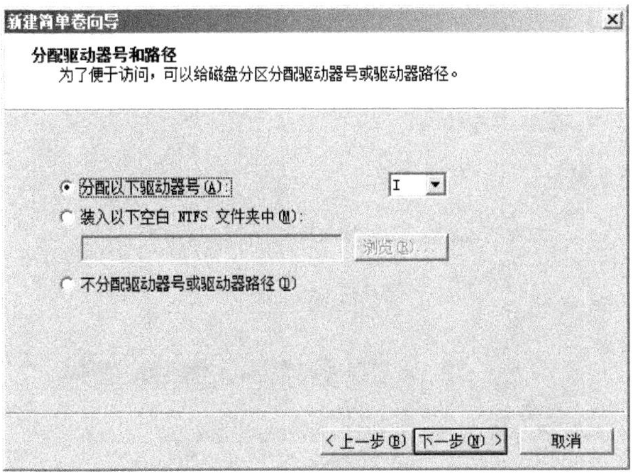

图 3-37 为分区指定驱动器号

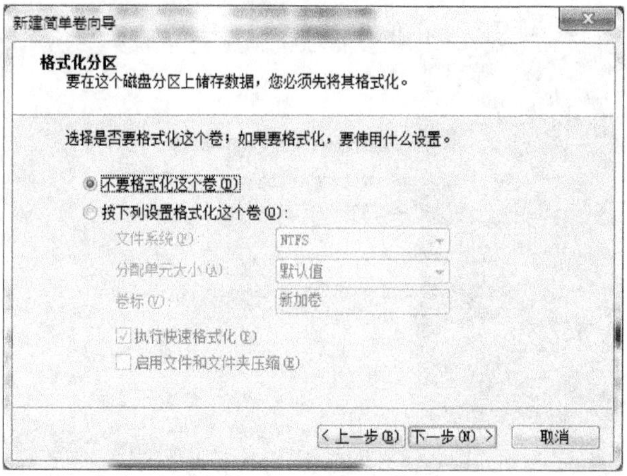

图 3-38　指定分区文件系统（高级格式化）

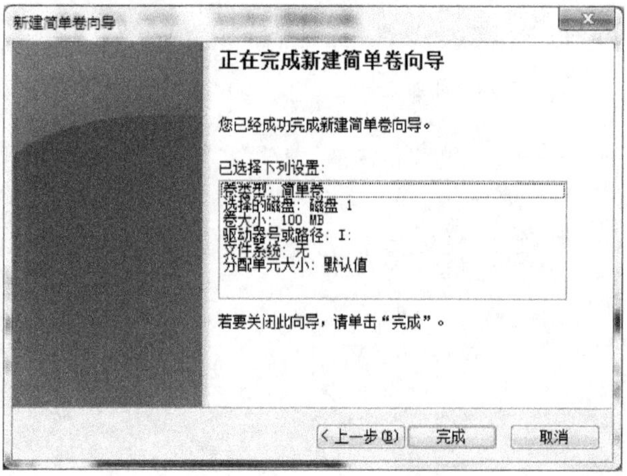

图 3-39　向导完成

图 3-40　未高级格式化后，提示格式化

图 3-41　分区完成

利用同样的方法，将剩下的 199MB 中的 100MB 的空间分配给另一个分区，按照如图 3-38 所示的方法为其高级格式化。

创建成功后，在"磁盘管理"界面就可以看到如图 3-42 所示的样子，磁盘 1 新建两个分区后，发现在本地磁盘卷信息中有两个新加的卷，但是这两个新加卷的文件系统都是"RAW"，即是说此分区正确，但是此时无法正常读写。

图 3-42　成功创建两个分区后的"磁盘管理"界面

后面有一个部分叫"未分配"，不能在卷信息中正常显示，也就不能正常查看、添加数据（此方法常被用来隐藏数据）。

步骤 7：查看每一部分的数据

此时用 WinHex 查看当前 MBR 的信息，可以发现主分区表部分已经有数据了，说明分区信息已经写入。本次一共创建了两个分区，主分区表中共 64 字节，从图 3-43 中可以发现，前面的 32 字节已经写入数据，即是说主分区表中前面的 32 字节指前两个分区，16 字节为一个分区，若未分配，则不会在主分区表中显示。

单击 WinHex 工作区右侧的快速跳转按钮（如图 3-43 右上方的 按钮）可以看到两个分区均在此处可以选择，两个分区大小的后面都是问号，说明这两个分区的文件系统未知（未知的意思是没有创建文件系统或是已有的文件系统遭到了破坏）。当鼠标移动到某分区（如图 3-43 所示的分区 1）时，就会自动出现快捷菜单，里面主要有"打开"、"分区表"、"分区表（模板）"、"启动扇区"等几个选项。

（1）打开：在新的窗口中打开本分区的数据（而非整个硬盘的数据）。

（2）分区表：快速跳到本分区所对应的分区表信息所在的位置。

（3）分区表（模板）：快速跳到本分区所对应的分区表信息所在位置，同时以模板的方式解释此分区表信息。

（4）启动扇区：分区的第一个扇区一般即为此分区的启动扇区，单击此选项时可以理解为跳到本分区的第一个扇区。

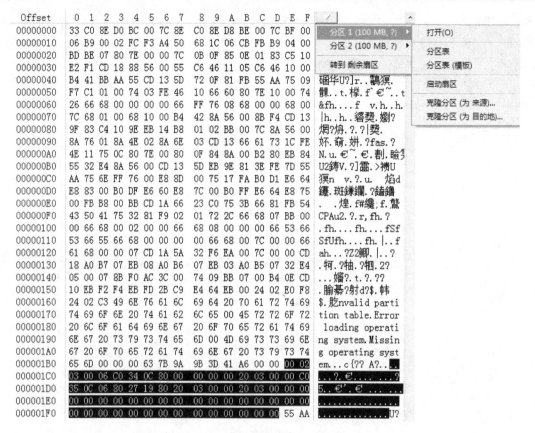

图 3-43　分区后的 MBR

　　两个新的分区都没有高级格式化，意味着没有写入任何的信息。此时，单击"分区 1"的"启动扇区"就可以快速跳到分区 1 的第一个扇区，这样可以看见如图 3-44 所示的数据，很明显，所有的数据都为 0，可理解为"未使用"。

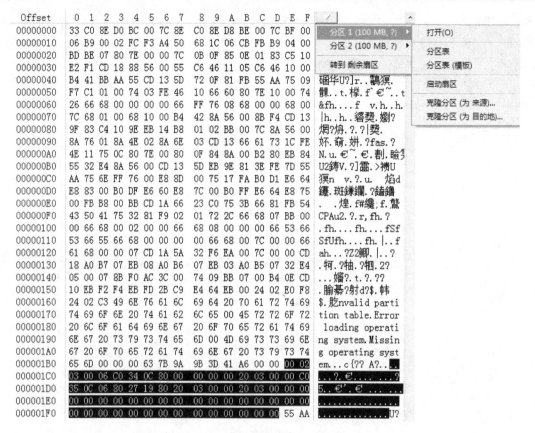

图 3-44　单击"分区 1"的"启动扇区"后

　　同样的方法，单击"分区 2"的"启动扇区"可快速跳到分区 2 的第一个扇区，如图 3-45 所示，所有的数据也均为 0。

　　总结可知：分区，但是未高级格式化时，整个硬盘的第一个扇区有数据，但每一个分区的第一个扇区仍然为 0。

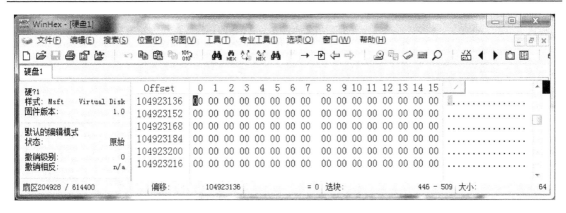

图 3-45　单击"分区 2"的"启动扇区"后

注意：以后每次重启计算机后，本虚拟硬盘不会主动加载，所以下一次开机后还想再使用虚拟硬盘，可以使用"计算机管理→磁盘管理→操作→附加 VHD"来加载虚拟硬盘。

本课程以后所涉及的所有实验都可在虚拟硬盘中完成。

3.7.2　任务 2：研究"高级格式化"对磁盘的影响

高级格式化操作主要影响的是某一个具体的逻辑分区，本任务是在任务 1 的基础上继续研究分析，以方便读者了解高级格式化过程到底对硬盘执行了怎样的操作。

步骤 1：将第一个逻辑驱动器格式化为 NTFS 文件系统格式

将任务 1 创建好了的虚拟磁盘进行加载，然后在"磁盘管理"界面右键单击磁盘分区图中的本分区，在弹出的菜单中选择"格式化"（如图 3-46 所示），这样就可以进到"格式化"界面了，此时再在"文件系统"选项处选择所需要的文件系统类型（本任务中要用到的是 NTFS），然后勾选"执行快速格式化"多选框（如图 3-47 所示），此时就会出现一个提示信息。格式化操作一般都会将整个分区的所有数据全部重组（这里的重组只是指将系统数据重写，某一些用户数据并不会清除，其实还在硬盘中，这就是整个数据恢复的基础），所以格式化之前，系统一般都会提示用户此操作会清除此分区上的所有数据（如图 3-48 所示）。如果确定要进行格式化，只需要单击"确定"按钮即可。

格式化完成后的分区结构如图 3-49 所示。

图 3-46　高级格式化

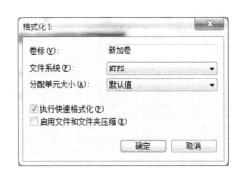

图 3-47　格式化为 NTFS

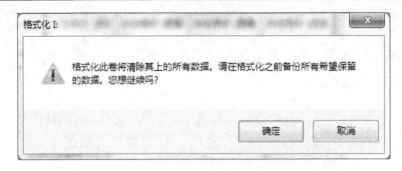

图 3-48　格式化前的提示

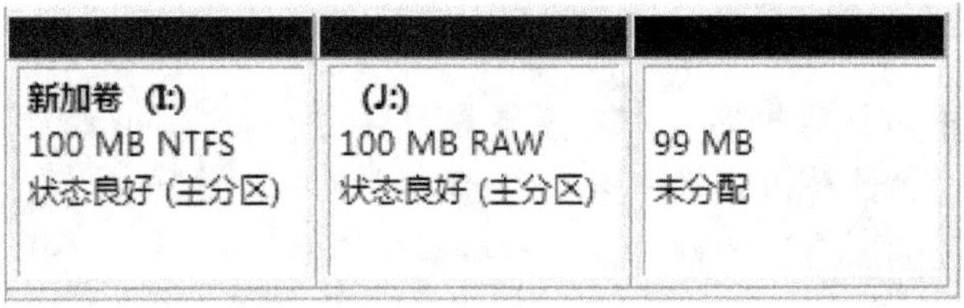

新加卷 (I:)　　　　　　(J:)

100 MB NTFS　　　100 MB RAW　　99 MB

状态良好 (主分区)　　状态良好 (主分区)　　未分配

图 3-49　格式化成功后

在 WinHex 软件中打开本硬盘，可以看到 MBR 已经有数据了（这个数据是任务 1 写入的），再进入到"分区 1"的"启动扇区"，如图 3-50 所示，左下角显示的扇区为"128/614400"，意思是当前硬盘共 614400 个扇区，本扇区位于 128 号扇区（扇区编号从 0 开始）。

若是在快速跳转按钮处选择"打开"本分区，则会如图 3-51 所示，在新的窗口中打开本分区的信息，图 3-51 左下角显示的扇区为"0/204800"，意思是当前分区总扇区数为 204800，而当前扇区位于本分区的 0 号扇区。

再回过头看图 3-50 和图 3-51，可以看出它们的"表单项"的显示也不一样。图 3-50 显示为"硬盘 1"，图 3-51 显示为"硬盘 1，分区 1"，它们的意义一目了然了。

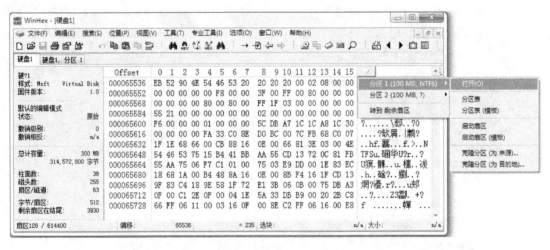

图 3-50　格式化后的"分区 1"的启动扇区

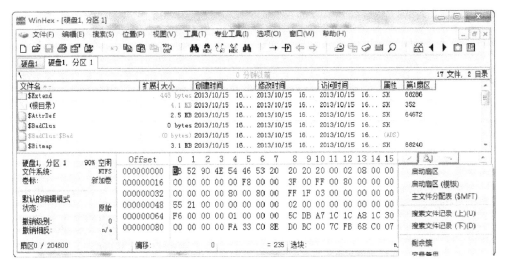

图 3-51 在 WinHex 中"打开"分区 1

3.7.3 任务 3：研究 MBR 对计算机的影响

计算机操作系统的启动是由 MBR 引导的，那万一某计算机的 MBR 被损坏了，会出现什么现象？该如何处理？因为虚拟磁盘上没有操作系统引导等功能，所以强烈建议本任务在真实的计算机上完成。

为了避免不熟练的操作对真实计算机产生不同程度的破坏，建议读者一定要先完成本任务的前期准备工作。

步骤 1：任务前的准备工作

（1）使用 WinHex 软件备份本计算机硬盘的 MBR，备份文件命名为 MBR（如图 3-52 和图 3-53 所示）。

图 3-52 打开本机硬盘

（2）制作 U 盘启动盘。

本机硬盘的 MBR 如果被破坏，将会导致无法引导进入硬盘，也更不可能进入硬盘的操作系统中，所以先准备一个 U 盘启动盘，以避免 MBR 破坏后无法再用软件进行修复（现实生活中，如果某硬盘无法进入，一般将此硬盘加载到另外一台正常的计算机上，挂载为从盘，利用另外一台正常的计算机中的操作系统及软件进行硬盘修复）。

在此处，推荐使用老毛桃 WinPE－U 盘版（如图 3-54 所示）。软件可以在网上自行下载。

首先双击"老毛桃 WinPe U 盘版.exe"文件，此时会弹出老毛桃的主界面（如图 3-55 所示），如果此时计算机没有插入 U 盘，则会出现如图 3-55 所示中的在"请选择 U 盘"的对话框位置提示"请插入启动 U 盘"。

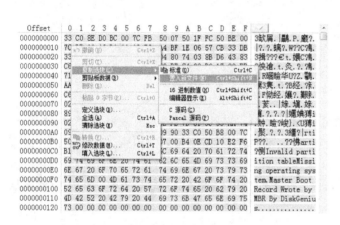

图 3-53　将本机硬盘的 MBR 备份到新文件

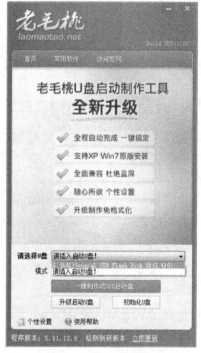

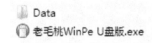

　Data
　老毛桃WinPe U盘版.exe

图 3-54　老毛桃安装包　　　　　　　　　图 3-55　老毛桃主界面

提示：制作启动 U 盘会先将 U 盘格式化，所以请先将 U 盘中的重要数据进行备份或者移植。启动盘制作成功后，再将那些数据存入 U 盘。

插入 U 盘后，就会出现 U 盘的选择，选好想制作成启动盘的 U 盘后，单击"一键制作成 USB 启动盘"按钮，然后等待一段时间，启动盘就制作成功了。

提示：因为启动盘中自带了 WinPe 系统，里面有可能附带有 WinHex 软件，也可能没有，所以为了以防万一，建议读者在启动盘制作成功后将 WinHex 软件的安装包或可执行程序与上一步做好的 MBR 备份文件都放入 U 盘。

步骤 2：破坏本机硬盘的 MBR

一切准备工作就绪后，打开 WinHex 软件，选择整个 MBR（即第一个扇区），将其填充为 00，然后重启计算机。

注意：一定不要按 CTRL+A 键，直接拖选第一个扇区的所有数据，或者先在 MBR 的最前方（第一个字节位置）右键单击，在弹出的快捷菜单中选择"选块开始"（如图 3-56 所示），然后在此扇区的最后一个字节上右键单击，在弹出的快捷菜单中选择"选块结尾"（如图 3-57 所示），这样整个扇区就自然地被选中了。

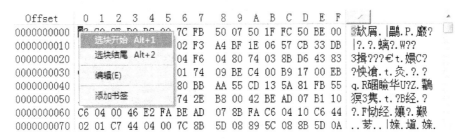

图 3-56　选块开始

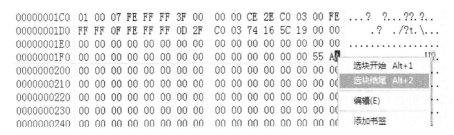

图 3-57　选块结尾

选中整个扇区后，在选中的部分右键单击，然后在弹出的快捷菜单中选择"编辑→填入选块"，最后在填入选块的对话框中设置填入的为 16 进制数值 00（如图 3-58 所示），这样整个 MBR 就被填为了 00，我们用此方法来模拟 MBR 遭到破坏。

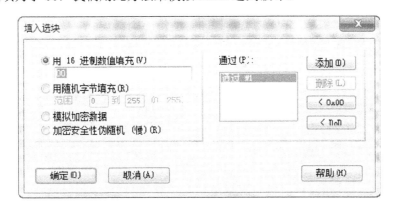

图 3-58　将 MBR 填充为 00

填充完成后，单击 Winhex 软件工具栏中的"保存"按钮，此时就会将此更改保存到硬盘中了。

注意：因为此时已经成功进入到了操作系统，此时保存 MBR 的更改并不会影响操作系统的继续运行。只有当计算机重启后，BIOS 向硬盘跳转时，才会搜索 MBR 的值。

步骤 3：重启计算机

重启计算机后，因为计算机硬件没有破坏，所以硬件自检界面是能够正常进入的。但是因为

MBR 破坏，系统无法正常引导，一般在自检界面之后会出现如图 3-59 所示的错误信息。

图 3-59　MBR 破坏后无法进入系统

注意：真实的情况也可能与此图有稍许不同，如有的可能提示如下所示。

BOOTMGR is missing

press ctrl + alt + del to restart.

或者

BOOTMGR is compressed

Press　Ctrl+ Alt + Del to restart

　　这些错误都是由于 MBR 的破坏引起的，此处暂时不详细研究 MBR 的破坏种类，如果读者有兴趣，可以分别将这些错误现象做个整理，然后再查询相关资料。

　　步骤 4：恢复 MBR

　　使用 CTRL+ALT+DELETE 方式重启计算机，在计算机自检界面长按 F2 键进入 BIOS 界面。在 BIOS 设置窗口中选择"BOOT"，即启动方式，然后将 USB 启动设置为第一启动方式（如图 3-60 所示），按 F10 键，单击"确定"按钮后保存此设置。

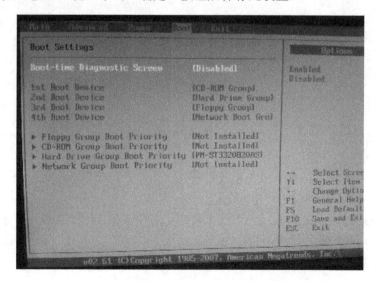

图 3-60　BIOS 设置为 U 盘先启动

　　注意：现在的计算机品牌不同，可能进入 BIOS 及设置 USB 先启动的方式也不同，读者可以在网上查询一下自己计算机进入 BIOS 的方式后再进行此操作。

　　将 U 盘插入计算机中再次重启计算机，此时就会由 U 盘引导系统运行了。

　　在 U 盘启动列表中选择"运行老毛桃 WinPe 经典版（加速模式）"，或者按数字键 1（如图 3-61 所示）就可以进入到 WinPe 系统中（WinPE 是一个只有 Windows 内核并运行在内存中的迷你系统）了。WinPe 系统与普通的操作系统看起来差不多，只是它比操作系统精简多了，几乎只有最常用的一些功能（如图 3-62 所示）。如果你的 WinPe 里面没有自带 WinHex 软件，此时就可以直接打开"我的电脑"，进入 U 盘存储空间，双击之前准备的安装程序，安装软件。

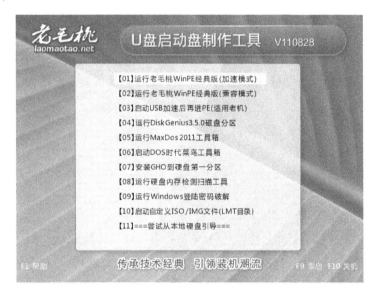

图 3-61　老毛桃启动界面

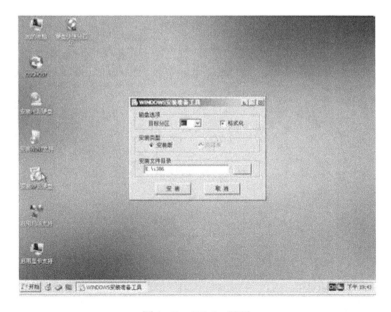

图 3-62　WinPe 界面

在 WinHex 软件中，打开 U 盘中的 MBR 备份文件，利用 CTRL+A 的方式将备份文件全选后，复制。然后进入本机硬盘，鼠标单击到本机硬盘第一个扇区的第一个字节处，然后右键单击，选择"编辑→剪切板数据→写入"。

步骤 5：验证最终效果

重启计算机后应该可以发现又可以正常进入到操作系统中了。

3.7.4　任务 4：MBR 中引导程序的修复

步骤 1：破坏 MBR 中的引导程序

利用任务 3 的方法将 MBR 中的前 440 字节（00～1B7）数据全部填充为 00。

提醒：在此步骤之前，一定要确保 MBR 成功备份。

步骤 2：重启计算机，查看错误现象

引导程序丢失会导致无法进行正确的引导，图 3-59 显示的就是此错误的故障现象。

步骤 3：恢复引导程序

（1）方法一，使用 Diskgenius 软件。

若本机硬盘引导程序已经被损坏，导致无法进入系统，此时可以用任务 3 中提到的 U 盘启动盘的方式进入到 WinPe 中，然后通过 WinPe 系统调用 Diskgenius 软件来进行恢复。

现实生活中经常是在能正常运行的计算机中加载被损坏的磁盘（也可以利用在本机新建虚拟硬盘的方式模拟修改），具体的恢复方式为：在 Diskgenius 软件的左侧资源管理部分选择被损坏的磁盘，执行菜单命令"硬盘→重建主引导记录（MBR）"（如图 3-63 所示）即可修复。

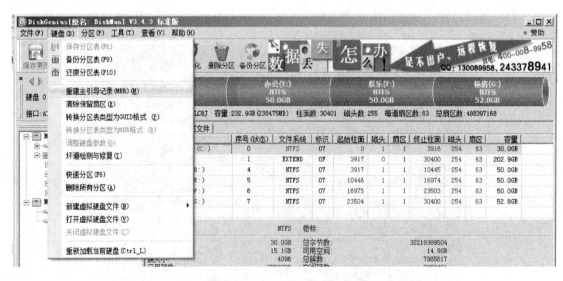

图 3-63　Diskgenius 修复 MBR

（2）方法二，使用 MBRfix 软件。

MBRfix 是作用于 DOS 下的修复 MBR 的软件，它的主要操作就是 DOS 命令调用。首先在 DOS 界面中进入软件所在目录，然后输入"MbrFix/drive 磁盘号 fixmbr"即可修复所写磁盘号的磁盘，如图 3-64 所示。

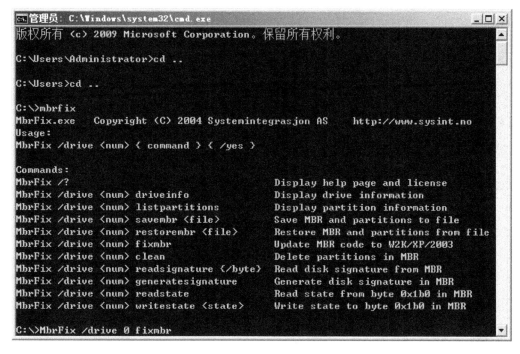

图 3-64　MBRfix 软件使用界面

注意：若忘记了命令，可通过 mbrfix 命令查看当前软件的命令集。

3.7.5　任务 5：分析 MBR 中的主分区表

步骤 1：用 WinHex 软件查看当前硬盘的 MBR

图 3-65 为作者计算机硬盘 MBR 中的数据，黑色框前面部分则是 MBR 的主引导程序，黑色框中的就是分区表 DPT。

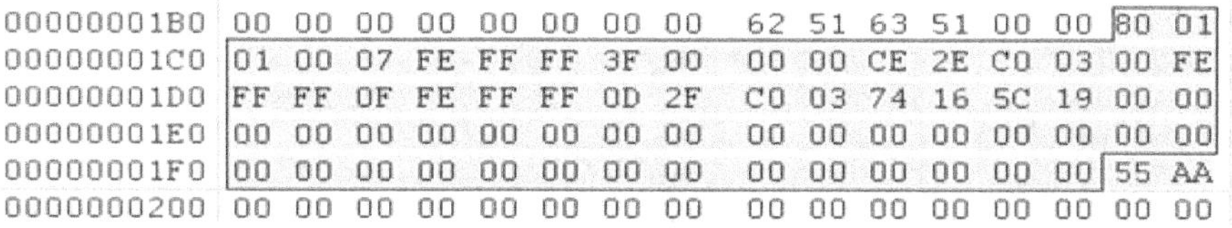

```
00000001B0  00 00 00 00 00 00 00 00  62 51 63 51 00 00 80 01
00000001C0  01 00 07 FE FF FF 3F 00  00 00 CE 2E C0 03 00 FE
00000001D0  FF FF 0F FE FF FF 0D 2F  C0 03 74 16 5C 19 00 00
00000001E0  00 00 00 00 00 00 00 00  00 00 00 00 00 00 00 00
00000001F0  00 00 00 00 00 00 00 00  00 00 00 00 00 00 55 AA
0000000200  00 00 00 00 00 00 00 00  00 00 00 00 00 00 00 00
```

图 3-65　MBR 中的主分区表

很明显，主分区表的前两个表项有数据，而后两个分区表项的数据全是 0，意思就是说本机硬盘只有两个主分区。第一个分区表项的值为 80 01 01 00 07 FE FF FF 3F 00 00 00 CE 2E C0 03。

步骤 2：分析每一个分区表项的意义

由表 3-4 可知，每个分区表项都被分为 6 个部分，现在将本机硬盘的第一个主分区表项的值进行相应的拆分，对这 6 个部分的解释如下。

表 3-4　分区表项

80	01	01	00	07	FE	FF	FF	3F	00	00	00	CE	2E	C0	03
引导 标志	起始 CHS			分区 类型	结束 CHS			起始 LBA				结束 LBA		

1）引导标志

引导标志可以理解为是否为活动分区，一般只有两种可能值：80 表示可引导，或者叫作活动分区；00 表示不可引导，也可以说成是一般的分区。其他的值都为非法值。

2）起始 CHS 地址

CHS 寻址方式在现在的硬盘中使用得越来越少，但是目前也还未完全消失。所以，我们在此分析这块磁盘的 CHS 地址只是为了让读者了解具体的换算方式，在以后的任务中不会对这一块内容做要求。

CHS 地址需要先将 16 进制数值换算为 2 进制，然后再进行拆分和换算，具体过程如图 3-66 所示，换算后得出的结论是：本分区的起始 CHS 为 0 柱面、1 磁头、1 扇区。

图 3-66　起始 CHS 换算方式

3）分区类型

由表 3-3 可知，07 表示 NTFS 文件系统格式。

注意：不同的操作系统可能会使用不同的分区类型，有时候可以利用分区类型值达到隐藏某些分区的目的，例如，将 NTFS 的分区类型值由 07 改为 17，就表示隐藏 NTFS 文件系统，如果重新启动操作系统后，Windows 就不再为它分配盘符了，这样也就无法在"我的电脑"中看到这个分区了，更不能在此分区中存取数据了。

4）结束 CHS 地址

与分区起始 CHS 结构相同，读者可用相同的方法自己换算试试。

5）起始 LBA 地址

LBA 地址使用了 Little-endian 顺序，即是说高位在后、低位在前的方式，特别注意这个地方所谓的高位、低位是以字节为单位的，如本处的 3F 00 00 00，其就应该先高低换位后再换算为 10 进制（如图 3-67 所示）。

图 3-67　高低换位

6）总扇区数

总扇区数的换算方式与起始 LBA 地址的换算方式一样，读者可以自己换算试试。

思考：由上可知第一个分区起始扇区号为 63，总的扇区数是 62926542，请问以上分区的结束分区号是多少？下一分区的起始扇区理论上应该是多少？

读者请用同样的方法分析第二个分区的信息：00 FE FF FF 0F FE FF FF 0D 2F C0 03 74 16 5C 19。

步骤 3：自主练习

分析自己的硬盘，使用表 3-5 所示的方式描述当前分区情况。

表 3-5　主分区情况

	活动标志	分类类型	起始扇区	总扇区数
分区 1				
分区 2				
分区 3				
分区 4				

注意：WinHex 软件本身提供了一个强大而又方便的功能——模版，它可以使用模版查看很多具有固定格式的结构（如本处的 MBR），而且可以通过在模版中修改相应的 10 进制的值达到修改磁盘对象 16 进制的功能。

要调用模版，可以使用菜单"视图→模版管理"（如图 3-68 所示），在模版管理器中选择你需要进行转换的模版。本任务想要查看 MBR 中的主分区表，先将光标转跳到 MBR 中，通过"视图→模版管理"进入模版管理器，在模版管理器中选择"主引导记录"，然后单击"应用"按钮（或者直接双击"主引导记录"），此时就可以看到模版对于此 MBR 的解释说明（如图 3-69 所示）了。

由此可见，主分区表是通过记录分区的起始地址及分区大小来对其进行详细描述的。

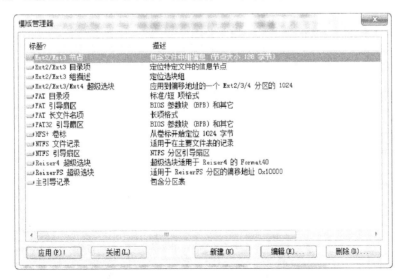

图 3-68　WinHex 中的模版管理器

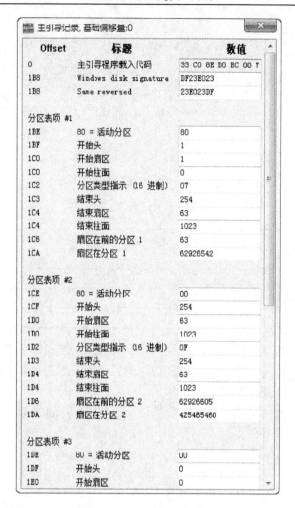

图 3-69　主引导记录模版

3.7.6　任务 6：分析磁盘逻辑分区的 EBR

步骤 1：找到扩展分区的起始位置

扩展分区和主分区的信息都记录在 MBR 的主分区表中，在 WinHex 软件中打开当前磁盘，跳入 0 号扇区（MBR），然后找到主分区表，每一个分区表项偏移量为 4 的值即表示当前分区的类型，0F 一般表示扩展分区。

分析图 3-70 所示的主分区表，很明显可以发现本磁盘有一个主分区和一个扩展分区，若此时再通过"我的电脑→管理→磁盘管理"的方式也可以看到相同的情况，如图 3-71 所示。

Offset	0	1	2	3	4	5	6	7	8	9	A	B	C	D	E	F
00000001B0	00	00	00	00	00	00	00	00	DF	23	E0	23	00	00	80	01
00000001C0	01	00	07	FE	FF	FF	3F	00	00	00	CE	2E	C0	03	00	FE
00000001D0	FF	FF	0F	FE	FF	FF	0D	2F	C0	03	74	16	5C	19	00	00
00000001E0	00	00	00	00	00	00	00	00	00	00	00	00	00	00	00	00
00000001F0	00	00	00	00	00	00	00	00	00	00	00	00	00	00	55	AA

图 3-70　MBR 中的主分区表

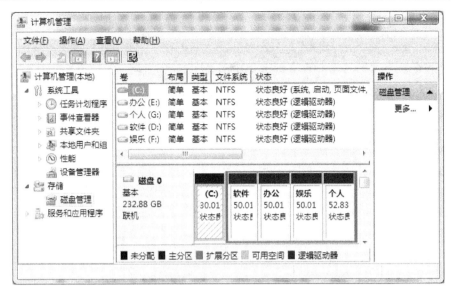

图 3-71　"磁盘管理"界面中的主分区与逻辑分区

图 3-70 中的第二个表项中记录扩展分区的起始扇区号为 `0D 2F C0 03`，首先以字节为单位，高、低位相互转换后得到其起始扇区号为 03C02F0DH（16 进制）。若现将其转换为 10 进制，则其值为 62926605；总扇区数为 `74 16 5C 19`，使用同样的方法高、低换位后为 195C1674H（16 进制），转换成 10 进制为 425465460，由此说明第二个分区（扩展分区）的起始位置是 62926605 号扇区，本分区一共占 425465460 个扇区，其结束扇区号为 362538856。

在计算机中采用 2 进制数值存储数据，而 WinHex 软件为了方便查看显示为 16 进制值，但是人们习惯看到的是 10 进制，所以在磁盘数据的跳转过程中涉及人与计算机之间的数制转换。WinHex 自带了一个数据解释器，可以方便快速地实现数制转换功能，打开 WinHex 中数据解释器的方法是执行菜单命令"查看→显示→勾选数据解释器"，如图 3-72 所示。

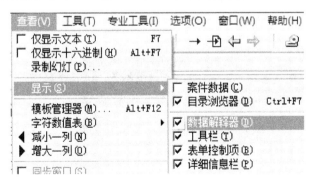

图 3-72　打开数据解释器

在 WinHex 中默认的数据解释器显示的是有符号的数值，如图 3-73 所示，磁盘中的物理数据此时基本上都是无符号数（NTFS 文件系统中计算簇流时会使用到负值），所以暂时可设置其显示为无符号数值，以避免混淆。

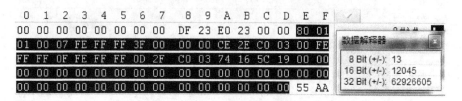

图 3-73　数据解释器对话框

修改数据解释器属性的方法如下。

（1）在 WinHex 的菜单栏中选择"选项→数据解释器"，打开数据解释器的设置页面。

（2）勾选各字节数值为无符号显示方式，如图 3-74 所示，在修改了数据显示方式后，在当前显示的数据解释器中就会只显示无符号数值，如图 3-75 所示。

图 3-74　数据解释器设置

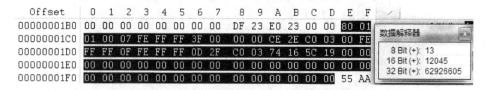

图 3-75　数据解释器设置为无符号数值后

（3）使用数据解释器。

将光标置于需要转换数制的数据的第一个字节处时，如果想看 1 个字节的 16 进制数转化成 10 进制后的值，则看数据解释器的 8Bit 后的值（一个字节 8 位），如图 3-76 所示。

图 3-76　数据解释器的使用

在图 3-76 中，将光标放置于 41 上，此时 8Bit 指的是将 16 进制的 41 换成 10 进制后的值为 65；16Bit 指将"41 78"倒序（倒序后为 7841）后换成 10 进制的值为 30785；32Bit 指的是将"41 78 40 06"倒序（倒序后为 06407841）后换成 10 进制的值为 104888385。

经过以上方式可直接得出图 3-70 中扩展分区的起始扇区号和总扇区数的 10 进制值。

① 起始扇区号：62926605。

② 总扇区数：425465460。

步骤 2：分析第一个逻辑分区的 EBR

上一步骤最重要的就是得到扩展分区的起始扇区（因为扩展分区的起始位置就是第一个逻辑分区的 EBR 的位置），而扩展分区的总扇区数只要大于或等于其内部所有逻辑分区及其保留扇区的总数（扩展分区本身的大小没有意义，只要能够容纳下所有的逻辑分区即可），也就是说，扩展分区的结尾与最后一个逻辑分区的结尾之间是可以存在一定间隔的，而且这并不影响计算机系统正确找到逻辑分区的位置（逻辑分区是通过第一个 EBR，然后依次链接方式相互寻址的），如图 3-77 所示。

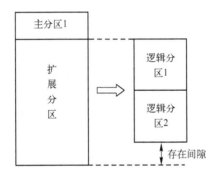

图 3-77 扩展分区的结尾与最后一个逻辑分区存在间隔

从步骤 1 的结论可知，扩展分区的起始扇区号是 62926605，此时执行菜单命令"位置→跳至扇区"，如图 3-78 所示，然后在其逻辑扇区处输入起始扇区号就可以跳到此扇区了，如图 3-79 所示。

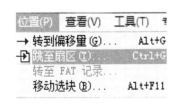

图 3-78 "位置"工具栏

图 3-79 "跳到扇区"对话框

跳到扇区后看到的就是扩展分区中的第一个逻辑分区前的 EBR，根据本机情况可知，此为 D 盘前的 EBR，如图 3-80 所示。

Offset	0	1	2	3	4	5	6	7	8	9	A	B	C	D	E	F
07805E1A00	4D	E8	72	C3	5F	89	46	0C	5E	C9	C2	0C	00	8A	45	28
07805E1A10	88	06	8A	45	FF	88	5E	01	88	46	02	E9	16	01	00	00
07805E1A20	88	06	88	5E	01	88	4E	02	E9	3E	01	00	00	88	46	03
07805E1A30	88	5E	04	88	4E	05	E9	39	01	00	00	88	46	06	88	5E
07805E1A40	07	88	4E	08	E9	34	01	00	00	88	46	0F	88	5E	10	88
07805E1A50	4E	11	E9	3D	01	00	00	88	46	12	88	5E	13	88	4E	14
07805E1A60	E9	38	01	00	00	88	46	15	88	5E	16	88	4E	17	E9	33
07805E1A70	01	00	00	8A	4D	28	88	0E	8A	4D	FF	88	5E	01	88	4E
07805E1A80	02	E9	40	01	00	00	88	46	09	88	5E	0A	88	4E	0B	E9
07805E1A90	F2	00	00	00	90	90	90	90	90	8B	FF	55	8B	EC	51	51
07805E1AA0	8B	45	28	8B	55	14	53	8B	D8	C1	E8	10	88	45	FF	8B
07805E1AB0	45	0C	8B	C8	83	E1	07	89	4D	F8	8B	4D	18	C1	F8	03
07805E1AC0	03	45	08	56	8D	34	4A	03	F1	89	45	0C	8B	45	1C	2B
07805E1AD0	C1	8B	4D	20	8B	D1	0F	AF	4D	24	57	8D	3C	40	2B	D7
07805E1AE0	03	CE	89	55	20	8B	55	F8	89	7D	14	8B	7D	10	89	4D
07805E1AF0	10	6A	08	8D	54	10	07	59	2B	4D	F8	C1	FA	03	C1	EB
07805E1B00	08	2B	FA	3B	C1	7C	02	8B	C1	8D	04	40	89	45	08	8B
07805E1B10	45	14	8B	4D	F8	03	C6	85	C9	89	45	18	74	21	8B	45
07805E1B20	0C	8A	10	8B	45	08	D2	E2	FF	45	0C	8D	0C	06	84	D2
07805E1B30	0F	88	D7	FE	FF	FF	83	C6	03	D0	E2	3B	F1	75	EF	8B
07805E1B40	45	18	2B	C6	6A	18	33	D2	59	F7	F1	8D	04	40	8D	04
07805E1B50	C6	3B	F0	89	45	1C	74	59	8B	45	0C	8A	10	84	D2	8A
07805E1B60	4D	FF	8A	45	28	0F	88	B5	FE	FF	FF	F6	C2	40	0F	85
07805E1B70	B9	FE	FF	FF	F6	C2	20	0F	85	BE	FE	FF	FF	F6	C2	10
07805E1B80	0F	85	00	FF	FF	FF	F6	C2	08	75	5B	F6	C2	04	0F	85
07805E1B90	B5	FE	FF	FF	F6	C2	02	0F	85	BA	FE	FF	FF	F6	C2	01
07805E1BA0	0F	85	BF	FE	FF	FF	45	0C	83	C6	18	3B	75	1C	75	
07805E1BB0	A7	3B	75	18	74	1A	8B	45	0C	8A	00	FF	45	0C	**00**	**FE**
07805E1BC0	**FF**	**FF**	**07**	**FE**	**FF**	**FF**	**3F**	**00**	**00**	**00**	**02**	**78**	**40**	**06**	00	FE
07805E1BD0	**FF**	**FF**	**05**	**FE**	**FF**	**FF**	**41**	**78**	**40**	**06**	**41**	**78**	**40**	**06**	00	00
07805E1BE0	**00**	**00**	**00**	**00**	**00**	**00**	**00**	**00**	**00**	**00**	**00**	**00**	**00**	**00**	**00**	**00**
07805E1BF0	**00**	**00**	**00**	**00**	**00**	**00**	**00**	**00**	**00**	**00**	**00**	**00**	**00**	**00**	55	AA

图 3-80　第一个 EBR

EBR 的结构与 MBR 的结构相似，但是因为 EBR 不需要引导系统，所以前 446 字节默认为空，紧跟着的 64 字节为逻辑分区表，其值一般只用到两个表项，第一项表示本分区（此时表示 D 盘），第二项表示下一分区（可以认为是 E 盘及后面的逻辑分区），第三和第四项取值为 0。同样，最后的"55 AA"是有效的结束标记。

思考：作者硬盘中 EBR 前面的 446 个字节为什么不是 0？

提示：作者的硬盘是经过重新分区的，以前曾经在那个地址存储过某些数据，而重新分区后，EBR 的前 446 字节暂时未使用，所以没有覆盖以前的数据。

进一步思考：这是不是隐藏数据的一种方法呢？

图 3-80 所示即是本磁盘的第一个逻辑分区前的 EBR，此时有底纹的部分即是逻辑分区表。

第一项值为：00 FE FF FF **07** FE FF FF **3F 00 00 00**　**02 78 40 06**

逻辑分区表中的第一项表示本分区信息（此时表示 D 盘），分析可得如下数据。

➢ 分区类型：NTFS。

➢ 起始扇区数（D 盘相对于 D 盘前的 EBR）：63。

➢ 总扇区数（D 盘，不包括 D 盘前的 EBR 及保留扇区的总扇区数）：104888322。

第二项值为：00 FE FF FF **05** FE FF FF **41 78 40 06**　41 78 40 06

逻辑分区表中的第二项表示下一分区信息（指 D 盘之后的所有逻辑分区），分析可得如下数据。

> 分区类型：05（表示此分区后面还有逻辑分区）。
> 起始扇区数（E 盘的 EBR 相对于扩展分区的起始位置的扇区数）：104888385。

分析以上数据：相对于扩展分区的起始位置，E 盘的 EBR 前一共有 104888385 扇区，而 D 盘的 EBR 到 D 盘数据之间共 63 个扇区，D 盘占用 104888322 个扇区，很明显，104888322+63＝104888385，所以可知 D 盘和 E 盘之间是紧密挨着的，如图 3-81 所示。

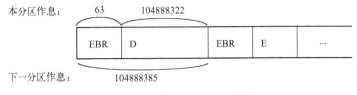

图 3-81　第一个 EBR 示意图

步骤 3：找到并分析第二个逻辑分区的 EBR

由前述步骤分析得知 E 盘前的 EBR 距离扩展分区的起始位置有 104888385 个扇区，所以想要在当前硬盘中快速跳到 E 盘前的 EBR，必须得把这个数字加上扩展分区的起始扇区数，即 104888385+62926605＝167814990。

再次通过"位置→跳至扇区"进行跳转。跳到的当前扇区即是 D 盘的下一分区（E 盘）前的 EBR，如图 3-82 所示，此时可以通过同样的方法分析其逻辑分区表。

```
14014E9DB0  4A 66 2B 27 B0 B1 AF BD  03 81 F1 7B D8 82 00 FE
14014E9DC0  FF FF 07 FE FF FF 3F 00  00 00 02 78 40 06 00 FE
14014E9DD0  FF FF 05 FE FF FF 82 F0  80 0C 41 78 40 06 00 00
14014E9DE0  00 00 00 00 00 00 00 00  00 00 00 00 00 00 00 00
14014E9DF0  00 00 00 00 00 00 00 00  00 00 00 00 00 00 55 AA
```

图 3-82　第二个 EBR

第一项值为：00 FE FF FF **07** FE FF FF **3F 00 00 00**　**02 78 40 06**

逻辑分区表中的第一项表示本分区信息（此时表示 D 盘），分析可得如下数据。

> 分区类型：NTFS。
> 起始扇区数（D 盘相对于 D 盘前的 EBR）：63。
> 总扇区数（D 盘，不包括 D 盘前的 EBR 及保留扇区的总扇区数）：104888322。

第二项值为：00 FE FF FF **05** FE FF FF **82 F0 80 0C**　41 78 40 06

逻辑分区表中的第二项表示下一分区信息（指 D 盘之后的所有逻辑分区），分析可得如下数据。

> 分区类型：05（表示此分区后面还有逻辑分区）。
> 起始扇区数（E 盘的 EBR 相对于扩展分区的起始位置的扇区数）：209776770，如图 3-83 所示。

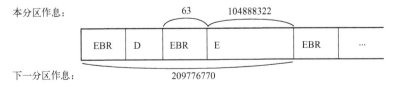

图 3-83　第二个 EBR 示意图

步骤 4：分析最后一个逻辑分区

用同样的方法分析到 G 盘时，发现其 EBR 如图 3-84 所示。

```
Offset     0  1  2  3  4  5  6  7   8  9  A  B  C  D  E  F
2D032FA1B0 00 00 00 00 00 00 00 00  00 00 00 00 00 00 00 FE
2D032FA1C0 FF FF 07 FE FF FF 3F 00  00 00 72 AD 9A 06 00 00
2D032FA1D0 00 00 00 00 00 00 00 00  00 00 00 00 00 00 00 00
2D032FA1E0 00 00 00 00 00 00 00 00  00 00 00 00 00 00 00 00
2D032FA1F0 00 00 00 00 00 00 00 00  00 00 00 00 00 00 55 AA
```

图 3-84 第三个 EBR

EBR 的逻辑分区只有第一项，表示当前已经是最后一个逻辑分区，没有下一逻辑分区了。而其第一项的分析方法和之前分析所有逻辑分区的第一项的方法一样。至此，所有的逻辑分区都分析完毕。

经过整理，得出本磁盘的扩展分区情况如图 3-85 所示。

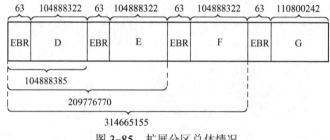

图 3-85 扩展分区总体情况

3.8 实战

3.8.1 实战 1：MBR 损坏后的恢复

MBR 位于硬盘的第一个扇区，是很多病毒攻击的主要对象。MBR 中的引导程序可以通过一些软件修复，但是分区表却因每台计算机具体情况的不同而不能采用某种模式来完成，所以通过本实战可以让大家掌握如何手工恢复分区表的方法，加快计算机数据恢复的速度。

步骤 1：新建虚拟硬盘

新建如图 3-86 所示的虚拟硬盘，并在每个分区中复制一些文件，以待测试。

新加卷 (I:)	简单	基本	NTFS	状态良好 (主分区)
新加卷 (J:)	简单	基本	FAT32	状态良好 (主分区)
新加卷 (K:)	简单	基本	FAT	状态良好 (主分区)
新加卷 (L:)	简单	基本	NTFS	状态良好 (逻辑驱动器)
新加卷 (M:)	简单	基本	FAT32	状态良好 (逻辑驱动器)

磁盘 3 基本 299 MB 联机	新加卷 (I:) 50 MB NTF 状态良好 (主	新加卷 (J:) 50 MB FAT 状态良好 (主	新加卷 (K:) 50 MB FAT 状态良好 (主	新加卷 (L:) 70 MB NTF: 状态良好 (逻	新加卷 (M:) 76 MB FAT3: 状态良好 (逻

图 3-86 虚拟硬盘

步骤 2：手工破坏 MBR

选中整个 MBR 扇区，右键单击后选择"编辑→填充选块"，用 00 填充整个 MBR 后保存（建议先将硬盘的 MBR 复制一份，以方便最后数据重写后对比），然后在"计算机管理"界面将虚拟硬盘分离，如图 3-87 所示，分离后再在"计算机管理"界面执行菜单命令"操作→附加 VHD"，附加进刚才分离的那个虚拟硬盘，如图 3-88 所示。

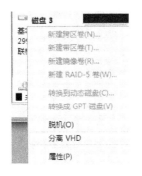 

图 3-87 分离虚拟硬盘   图 3-88 附加虚拟硬盘

虚拟硬盘分离后再附加，相当于一台计算机重启。重启完成后，整个硬盘的分区情况如图 3-89 所示。

图 3-89 破坏 MBR 后的虚拟硬盘

步骤 3：恢复引导程序

方法一：使用 DiskGenius 软件恢复 MBR 的引导程序

如图 3-90 和图 3-91 所示。

图 3-90 DiskGenius 软件界面

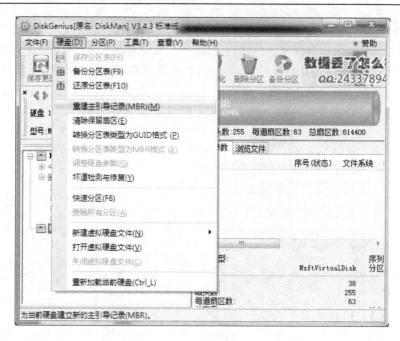

图 3-91　DiskGenius 恢复 MBR

方法二：复制同一型号硬盘的引导程序，直接粘贴到本硬盘中

将光标放置在 MBR 中的第一个字节处，然后再右键单击选择"编辑→剪贴板数据→写入"。

引导程序恢复回来后，主分区表却仍然是空白的，接下来需要手工恢复主分区表。

步骤 4：搜索硬盘结构

手工恢复主分区表的关键在于分清楚哪些地方是 MBR、哪些地方是 EBR、哪些地方是文件系统的开始、哪些地方是文件系统的结尾。

所有的 MBR、EBR、DBR，还有部分的系统数据都会以"55AA"为结束标记，所以要想手工恢复分区表，重点就是搜索"55AA"的结束标记，并判断出其类型。

执行菜单命令"搜索→查找十六进制数值"，如图 3-92 所示，然后在"搜索"对话框中设置为如图 3-93 所示的数据。

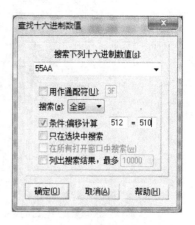

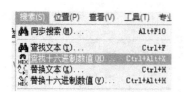

图 3-92　"搜索"工具栏　　　　　　　　　图 3-93　"搜索"对话框

　　第一次搜索到的肯定是 0 扇区（MBR 以 55AA 结束），想搜索下一个符合条件的，只需要按 F3 键，下一次找到如图 3-94 所示的扇区。

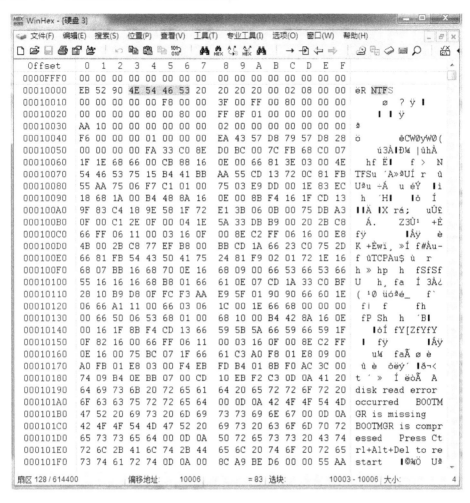

图 3-94　搜索结果

　　左下角表明当前为 128 扇区，此扇区的头部数据（图 3-94 左侧拖选出的部分数据）说明此处是某 NTFS 文件系统的 DBR。此时，将搜索到的扇区数和扇区特征记录下来，如表 3-6 所示。

　　再按 F3 键，发现下一个符合条件的是 102527 扇区，且从其特性上来看仍然是 NTFS 文件系统的 DBR，再次记录数据，如表 3-7 所示。

表 3-6　第 1 次记录数据

扇区号	扇区特征
128	NTFS

表 3-7　第 2 次记录数据

扇区号	扇区特征
128	NTFS
102527	NTFS

　　再继续按 F3 键搜索，发现 102528 扇区符合搜索条件，其扇区特征显示为 MSDOS5.0，

即 FAT32 文件系统，如图 3-95 所示，再将此数据记录下来，如表 3-8 所示。

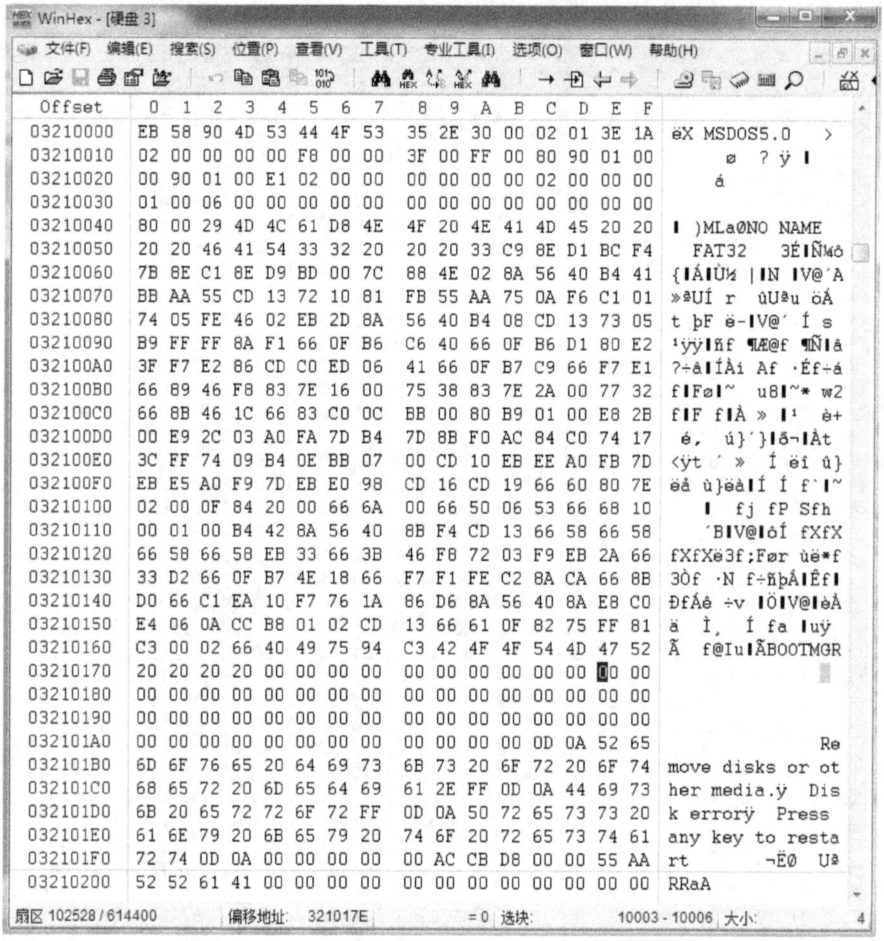

图 3-95　FAT32 DBR

表 3-8　第 3 次记录数据

扇 区 号	扇 区 特 征
128	NTFS
102527	NTFS
102528	FAT32

继续搜索，则会发现如图 3-96 所示的扇区，此扇区不像是 EBR，因为 EBR 的特征如下所述。

- 除了"55AA"最后 32 个字节为 0，逻辑分区表后两表项全为 0。
- 分区表的第一项一定有数据。
- 第二项可能有也可能没有数据。

也不像是 DBR（DBR 的头几个字节表示当前文件系统类型），所以暂时跳过此扇区，继续搜索。

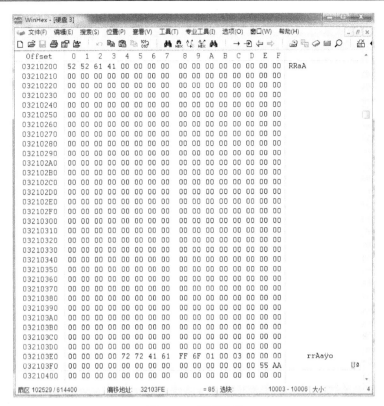

图 3-96 搜索结果

搜索完整个磁盘后，把搜索到的结果形成如表3-9所示的表格。

表3-9 搜索结果表

扇 区 号	扇 区 特 征
128	NTFS
102527	NTFS
102528	FAT32
102534	FAT32
204928	FAT32
307328	EBR
307456	NTFS
450815	NTFS
450816	EBR
450944	FAT32
608511	NTFS

步骤5：分析硬盘数据

（1）NTFS 文件系统的第一个和最后一个扇区是以"55AA"结束的（这是由 NTFS 文件系统的特性决定的，后面章节具体说明）。

（2）FAT32 文件系统的第一个扇区以"55AA"结束，第 6 个扇区可能也以"55AA"结束（第6扇区是第1扇区的备份，具体内容后面章节具体说明）。

经过分析后，可得出的分区情况如图 3-97 所示，现在进行数据计算第一主分区。

扇区号	扇区特征	
128	NTFS	}第一主分区
102527	NTFS	
102528	FAT32	}第二主分区
102534	FAT32	
204928	FAT32	→第三主分区
307328	EBR	
307456	NTFS	
450815	NTFS	}扩展分区
450816	EBR	
450944	FAT32	
608511	NTFS	

图 3-97　分析结论

第一主分区的起始位置是 128，换成 16 进制后为 80，将其填充为 4 个字节（00 00 00 80），然后高、低字节换位为 80 00 00 00。

第一主分区的结束扇区为 102527，所以本分区的总扇区数为 102527-128+1＝102400，换为 16 进制为 19000，填充为 4 个字节为 00019000，高、低字节换位为 00 90 01 00。

请读者使用相同的方法分析出后面几个分区的起始扇区和总扇区数。

步骤 6：向 MBR 的分区表中写入数据

各分区数据的填入方法如表 3-10 所示。

表 3-10　各分区数据的填入方法

偏移量	长度	意义	第一分区 （主分区）	第二分区 （主分区）	第三分区 （主分区）	第四分区 （扩展分区）
0	1 字节	活动标志	80	00	00	00
1～3	3 字节	起始 CHS	通用写法：01 01 00			
4	1 字节	分区类型	07	0B	0B	0F
5～7	3 字节	结束 CHS	通用写法：FF FF FE			
8～B	4 字节	起始 LBA	80 00 00 00			
C～F	4 字节	总扇区数	00 90 01 00			

请读者自行补充完整表 3-10。

步骤 7：恢复结束标记

在 MBR 的最后两个字节处手工写入"55 AA"即可。

步骤 8：恢复后的数据验证

恢复成功后，分别打开各个分区，看里面的数据有没有找回来。此时还可以对比来看破坏前的 MBR 和手工恢复后的 MBR，仔细看里面的数据，看哪些数据有改变。

思考：MBR 是否必须和原来的 MBR 一模一样才能恢复整个硬盘的分区？

3.8.2　实战 2：将随机预装的 Windows 8 转换成 Windows 7 等早期版本系统

现在很多出厂的笔记本电脑都随机预装了 Windows 8 操作系统。Windows 8 系统本身比

Windows 7 要庞大很多，但是快速开机却是 Windows 8 一直引以为傲的东西，在一定的条件下，Windows 8 的开机速度要远远高于老版本 Windows，也就是说想要快速开机，必须具备 3 个条件：第一，主板支持 UEFI；第二，系统支持 UEFI（Windows 8 系统就支持）；第三，硬盘采用 GPT 分区模式。

Windows 8 系统在市场上占据的份额越来越多，但是不可避免仍有部分用户熟悉 Windows 7 的系统操作，暂时不愿意去适应 Windows 8 的新界面。这个时候，就想将 Windows 8 的系统转换为 Windows 7。随机预装 Windows 8 的计算机，磁盘为 GPT 格式的，如果需要安装 Windows 7 等早期版本系统，必须先将磁盘分区结构转换为 MBR 格式。

注意：转换磁盘格式会清空磁盘中的所有分区和分区中的所有数据，所以在进行格式转换前，请务必备份好磁盘中的所有重要数据。

步骤 1：使用 Windows 7 光盘或者 U 盘引导，进入系统安装界面

U 盘启动的方式在任务 3 中提到过，所以此处暂时不用 U 盘引导，而是采用 Windows 7 的光盘引导。光盘引导的方式和 U 盘引导的方式差不多，在 BIOS 中设置 BOOT 选项，将光盘启动设置为计算机启动顺序的第一位，然后插入光盘，重启计算机，Windows 7 光盘引导界面如图 3-98 所示。

图 3-98 Windows 7 光盘引导界面

步骤 2：进入命令提示符界面，转换 GPT 格式为 MBR 格式

在光盘引导界面按快捷键 SHIFT+F10 就可以进入命令提示符界面了，在命令提示符界面中输入命令"Diskpart"，然后按回车进入操作界面（如图 3-99 所示）。

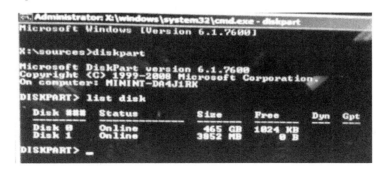

图 3-99 Diskpart 命令

接着输入命令"list disk"来查看磁盘信息，一定要注意准确选择需要转换格式的磁盘。如图 3-99 所示，465GB 的 Disk 0 磁盘是本机硬盘，而 3852MB 的 Disk 1 磁盘是用来 Windows 7 安装的 U 盘，里面预装了 Windows 7 系统的安装程序。然后输入命令"select disk 0"，选择 Disk 0 为当前操作的磁盘（如图 3-100 所示）。再输入命令"clean"，清空当前磁盘分区（如图 3-101 所示）。最后输入命令"convert　mbr"，将其转换为 MBR 格式（如图 3-102 所示）。

图 3-100　选择 DISK 0 为当前磁盘

图 3-101　清空当前磁盘

图 3-102　转换为 MBR 格式

前面的操作完成后关闭命令提示符界面就可以按正常的方法安装 Windows 7 或更低版本的系统了。

注意：convert 命令的其他用法如下所示。

① convert　basic　　　;将磁盘从动态转换为基本。

② convert　dynamic　　;将磁盘从基本转换为动态。

③ convert　gpt　　　　;将磁盘从 MBR 格式转换为 GPT 格式。

④ convert　mbr　　　　;将磁盘从 GPT 格式转换为 MBR 格式。

DiskGenius 软件其实也是可以将硬盘从 GPT 格式转换为 MBR 格式的，这个需要用 U 盘引导进入 WinPE 系统，然后在 WinPE 系统中使用 DiskGenius 软件，最后在磁盘选择界面选择了本机硬盘后执行菜单命令"硬盘→转换分区类型为 MBR 格式"（如图 3-103 所示）。

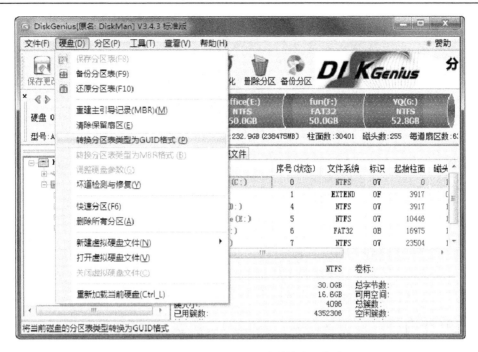

图 3-103　DiskGenius 软件转换分区格式

第 4 章　FAT32 文件系统

4.1　文件系统

第 3 章曾经提到磁盘的分区信息一般都存储在此磁盘的第 1 个扇区上，这是因为磁盘在加载后一般是直接读取第 1 个扇区的信息的，然后通过第 1 个扇区中的分区信息找到具体某一个分区的起始位置，跳到这个位置，从而进入到这个分区的内部（如图 4-1 所示）。一个磁盘若想被正常使用，必须得先进行分区操作。

图 4-1　磁盘的分区信息

一般情况下，U 盘连接到计算机后，计算机将其显示为"可移动磁盘"。在 Windows 系统中只能显示出"可移动磁盘"的第 1 个正常分区，其他分区是显示不出来的。如图 4-2 所示，磁盘 1 为可移动存储介质，前面的 330MB 空间显示为"未分配"，后面大小为 3.41GB 的空间为"新加卷（I:）"，也就是说只能读取 I 盘的数据，如果数据放在了前面的 330MB 里面，系统就无法读取了。

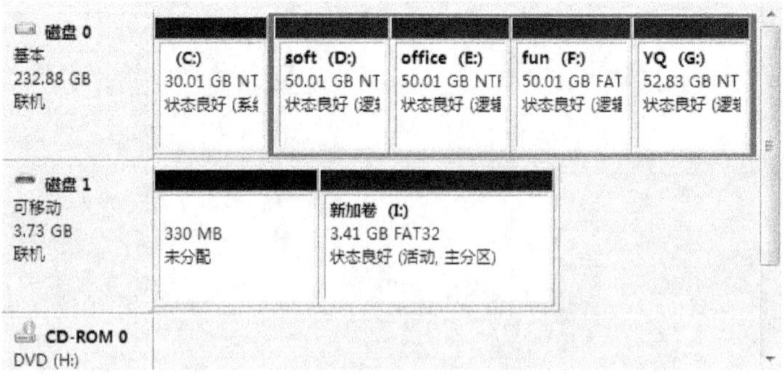

图 4-2　"磁盘管理"界面中的 U 盘

像 U 盘这种看上去只有一个分区的磁盘也必须得经过分区操作，若不分区，则此 U 盘的第 1 个扇区内没有分区信息，自然就无法找到数据的真实位置了。图 4-2 所示的 U 盘的分区结构如图 4-3 所示。

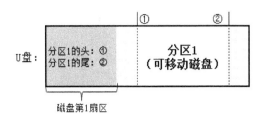

图 4-3　U 盘的分区结构

注意：图 4-3 中浅灰色部分表示 U 盘中普通用户不能看见的扇区，U 盘第 1 个扇区后面部分的未使用扇区一般被当作保留扇区，为了系统发生一定的变更时使用。U 盘后面的未使用扇区可以直接划分到分区 1 中。但是，很多 U 盘默认都会留下这一部分，用作 U 盘引导等功能。

创建好的分区必须经过格式化（高级格式化）操作才能在此分区上创建文件系统。文件管理系统，简称文件系统，是操作系统用于管理磁盘上的文件的方法和数据组织结构。文件系统是对分区内部数据的管理，它会把分区内部的地址重新编排，也就是说，文件系统所谓的 0 号扇区指的是本分区的第 1 个扇区，而磁盘的 0 号扇区指的是磁盘的第 1 个扇区。一个文件系统可以理解为一个套房里面的某一个封闭的房间，它只负责自己内部的管理，与其他房间无关。

目前常用的文件系统有 FAT、exFAT、NTFS、HFS、HFS+、ext2、ext3、ext4、ODS-5 等。在格式化的过程中，可以选择相应的文件系统类型，图 4-4 选择的就是 NTFS 文件系统，每一种文件系统都有自己特有的管理文件方式。

图 4-4　格式化 C 盘－指定其文件系统为 NTFS

4.1.1　FAT 文件系统

微软在 DOS/Windows 系列操作系统中共使用了 6 种不同的文件系统，它们分别是

FAT12、FAT16、FAT32、NTFS、NTFS5.0 和 WINFS。其中，FAT12、FAT16、FAT32 均是
FAT 文件系统。

　　FAT12 文件系统主要用于软盘驱动器，目前基本上已经淘汰；FAT16 文件系统用于 MS-
DOS、Windows 95 等系统，目前部分手机内存卡也仍然使用 FAT16 文件系统；而 FAT32 文
件系统则多用于 MS-DOS、Windows 95、Windows 98 等"老"点的系统和对应软件，以及部
分移动存储设备（如 U 盘、内存卡等）。目前 U 盘主要采用的文件系统是 FAT32，但是有时
为了避免兼容性问题，也会将其格式化为 FAT 文件系统，甚至有的人也将 U 盘格式化为
NTFS 文件系统，这将在下一章节中详细讲解。

4.1.2　数据单元——簇

　　FAT 文件系统是以簇为单位写入数据的，每当有一新文件被创建时，先为其分配整数个
簇的空间，若文件内容增加，则再以簇为单位为其分配空间。

　　可以做个很简单的实验来证明这一步。

　　步骤 1：创建一虚拟硬盘

　　将创建的虚拟硬盘划分为一个分区，再将分区格式化为 FAT 文件系统（在图 4-4 所示
的界面中，选择文件系统为 FAT 文件系统，选择分配单元大小为 2048 字节），结果如图 4-5
所示。

图 4-5　FAT 文件系统虚拟硬盘

　　注意：分配单元大小指的就是簇的大小。

　　步骤 2：在 I 盘中创建一个空的记事本

　　此时查看记事本的大小，如图 4-6 所示，将会显示其大小为 0 字节，所占用空间也为 0
字节。

　　步骤 3：在记事本文件中写入数据

　　打开记事本，在文件中写入数字 123，然后保存。

　　很明显，数字"123"只占 3 个字节。但是，此时再打开记事本文件的属性，如
图 4-7 所示，看其大小仍然为 3 字节，但占用空间就成了 2.00KB（此值就是一簇的大小，若
一簇 4 扇区，则一簇的大小为 4×512 字节＝2048 字节＝2×1024 字节＝2KB）。由此可知，系
统并不是为一个文件分配其大小那么大的空间，而是以一簇为单位为其分配空间。

　　读者可以再尝试，向里面不断写入数据，再查看占用空间值的改变情况。

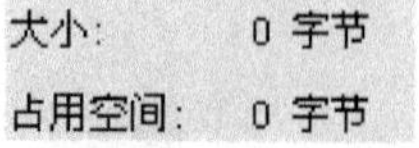

| 大小: | 0 字节 | | 大小: | 3 字节（3 字节） |
| 占用空间: | 0 字节 | | 占用空间: | 2.00 KB（2,048 字节） |

图 4-6　未写入数据前 　　　　　　　图 4-7　写入数据后

　　簇是 FAT 文件系统读写数据的最小单位，它的大小固定为 2^n，其具体大小受磁盘大小的

影响，如 256MB 大小的 U 盘，1 簇是 4 个扇区，而 1GB 大小的 U 盘，1 簇一般是 8 个扇区。如果一簇分配得太小，则将会导致一个文件被拆分成很多部分，极易造成磁盘碎片，严重影响读写速度。如果分配得太大，又会造成存储空间的浪费，白白损失 U 盘容量。所以，一般情况下采用默认簇大小即可。

可以通过一个实验来验证簇大小对文件的影响。

首先将一个 U 盘格式化为 FAT32，其簇大小设置为 512 字节（1 扇区），将测试文档（文档命名为"测试文档.txt"，文件内容为"测试文档"4 个汉字）复制到此 U 盘中，查看文件属性。然后将 U 盘再格式化为 FAT32 文件系统，其簇大小设置为 4096 字节（8 扇区），最后将同样的测试文档复制到此时的 U 盘中，查看其属性。

将两种情况下的文件属性做一个对比，如表 4-1 所示。很明显，两个文件的实际大小是一样的。但是，在 1 扇区/簇的时候，文件占用 512 字节，浪费 504 字节空间。而 8 扇区/簇的情况下，本文件占用了 4KB，浪费了 4088 字节的空间。谁更浪费空间？同样的文件，1 扇区/簇的时候只需要将 512 字节的数值读入缓存就可以读取文件，而 8 扇区/簇时却要将 4096 字节的数值读入缓存才可以读取文件，谁的速度快？

表 4-1　文件在 1 扇区/簇和 8 扇区/簇的情况下的属性对比

簇大小：1 扇区	簇大小：8 扇区
文件占用空间：512 字节	文件占用空间：4096 字节

4.1.3　FAT16 与 FAT32 的区别

FAT 文件系统中的数据区是以簇为单位对数据进行读写的。但是，整个 FAT 文件系统的分区却并不全是数据区。为了对数据区中的数据进行管理与控制，在数据区的前方还预留了一部分空间用作管理（可以暂且称其为分区的系统数据），这一部分空间仍然以扇区为单位。在这一部分空间中，有一部分数据专门用来记录后面簇的使用情况（有点类似寝室管理员手中的寝室人员管理表），这部分数据只需要记录哪些簇上有数据、哪些簇上没有数据及哪些簇是属于同一个文件的。所以，它并不需要很大的空间。

一个扇区的大小为 512 字节，而簇是否被占用的标记却仅仅需要一点点的空间。用多少字节来装这个标记呢？这是和磁盘的大小有关系的。

例如，若用 2 字节来装这个标记，2 字节共 16 位，最小值可以是 16 个 0，即 0，最大值为 16 个 1，换为 10 进制为 65535。每一个 FAT 表项的值与一个数据区中的簇相对应，即是说此时数据区最多可以有 65535 个簇。哪怕一个簇 8 扇区（4KB），此时的数据区也最多是 65535×4＝262140KB＝256MB。可以这样理解，若 FAT 表每一项的大小为 2 字节，则此分区的最大大小为 256MB。

FAT16 后面的 16 指设置每个 FAT 表项的大小为 16 位。上面已经计算过了，若每簇 8 扇区，分区的最大大小为 256MB。若分区的大小大于 256MB，则就必须得增加每簇的扇区数。而每簇的扇区数必须是 2 的 n 次方，所以最少也得是 16。如此这样，又会浪费空间。

注意：簇的大小一般最大为 32KB（64 扇区），经过计算可得。FAT16 的分区最大为 2GB（65535×32KB＝2097120KB＝2048MB＝2GB）。

由上可知，FAT16 文件系统有两个最大的缺点。

（1）磁盘分区最大只能是 2GB。

（2）簇的大小不是偏小就是偏大。

为了解决 FAT16 存在的问题，开发出了 FAT32 文件系统。FAT32 指的是设置每个 FAT 表项的大小为 32 位。利用 FAT32 所能使用的单个分区，最大可达 2TB（2048GB），而且各种大小的分区所能用到的簇的大小也是恰如其分。上述两大优点，造就了磁盘在使用上更有效率。

注意：FAT16 和 FAT32 的结构完全一样，只是用来表示簇的使用情况的标记大小不同而已。

FAT16 和 FAT32 的对比如表 4-2 所示。

表 4-2　FAT16 与 FAT32 的对比

	FAT16	FAT32
FAT 表项大小	16 位	32 位
发布时间	1987 年 11 月(Compaq DOS 3.31)	1996 年 8 月(Windows 95 OSR2)
单文件最大大小	2 GB	4 GB - 1 byte　($2^{32}-1$)
分区最大大小	2 GB	2 TB

4.2　FAT32 文件系统的结构

一个 FAT32 文件系统可以分为 3 个部分：引导扇区（DBR）、FAT 区和数据区（如图 4-8

所示），这 3 个区域在建立文件系统（高级格式化）时被创建，并且在文件系统存储期间不可被更改。

图 4-8　FAT32 文件系统整体结构

1．启动扇区

启动扇区，也叫 DBR（DOS Boot Record，DOS 引导记录），是操作系统引导记录区，通常占用分区的 0 扇区，共 512 字节。在这 512 字节中，其实是由跳转指令、厂商标志和操作系统版本号、BPB（BIOS Parameter Block）、扩展 BPB、OS 引导程序、结束标志几部分组成。

功能：引导磁盘正常进入分区内部读取分区内的数据。

2．FAT 区

FAT（File Allocation Table，文件分配表）区，顾名思义，就是用来记录文件所在位置的表格，它将整个分区的数据区的使用情况以表格的方式展现，若某一区域已被文件占用，则在相应的表格位置中标记为"已占用"。FAT 对于磁盘的使用是非常重要的，假若丢失文件分配表，那么磁盘上的数据就会因无法定位而不能使用。

图 4-3 所示 U 盘中的有效分区被格式化为 FAT 文件系统，如图 4-9 所示（图 4-9 表示图 4-3 中"分区 1"的部分数据），它的内部数据自然地被分为了几个部分，各有各的功能。除了最前方的启动扇区被用来引导系统正常进入本分区外，其他的大体上被分为两部分。其中，前面部分区域记录的是 FAT 表，而后面部分区域为用户数据区。FAT 表的一个单元格对应用户数据区的一个单位。

图 4-9　FAT 文件系统结构

FAT 区以扇区为单位，每扇区又被划分为很多小块（FAT32 每块为 4 字节，即 32 位一块。FAT16 则是 2 字节，即 16 位一块）。这些块被称为 FAT 表项，FAT 表项从 0 开始记数。

FAT 表中的每一个 FAT 表项（标号为 0、1、…）对应了数据区中的每一簇（标号为 2 簇、3 簇、…）。FAT 文件系统就是通过查询 FAT 表中的数值而得出数据的存储位置的。若此时 FAT 表丢失了，系统根本就没有办法知道数据区中哪些位置有文件、哪些位置没有文件、哪些位置的数值是同一个文件。

FAT 表是一张磁盘空间分配情况登记表，它以簇号的方式记录了簇的分配情况。对于 FAT32 文件系统来讲，其核心就是使用 4 字节来标记簇号分配的链表。FAT32 文件系统的命名就源自系统采用 32 位的 FAT 表结构。目前，FAT32 文件系统用得比较多，所以本章节以后的所有内容都基于 FAT32 文件系统，读者可以自行在 FAT16 文件系统（某些手机内存卡）上完成相同的操作。

3. 数据区

数据区被划分为一个个的簇，用于存储用户数据，一簇为 2 的 n 次方个扇区，即是说在 FAT 文件系统中写入用户的任何数据都是先为其分一簇的大小，然后再以一簇为单位增加。文件的占用空间总是簇的整数倍。

FAT32 文件系统中的用户数据主要包括文件和文件夹（或称目录）。文件主要用来装各种数据，而文件夹则主要用来描述文件放置的层次及链接关系。

图 4-10 为描述 C 盘中文件夹的层次关系，从图中可以看出，C 盘根目录下一共有 3 个文件夹" 📁 Documents and Settings "、 📁 Program Files 和 📁 WINDOWS 。这些文件夹里面还有其他文件和文件夹，每个文件又有各自的数据，放在不同的位置。以此类推，文件及文件夹之间的关系就错综复杂了，于是就需要单独为这些文件及文件夹建立目录关系，这在 FAT32 文件系统中被称为"目录项"，它主要记录的是文件或文件夹的基本属性。所以，在 FAT32 文件系统中，一个文件包括两部分数据。

（1）目录项：本文件或文件夹的基本属性及数据内容所在的地址。

图 4-10   C 盘中文件夹的层次关系

（2）数据内容：文件里的内容或者文件夹的内部链接关系。

数据区默认第一个簇（2 簇）用来放置根目录下的文件及文件夹的目录项，叫作 DIR（中文为根目录），真实的文件数据内容则从 3 簇开始写入。

在 FAT32 文件系统的根目录下写入某文件的主要步骤如图 4-11 所示。

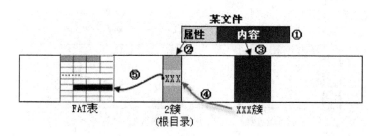

图 4-11   在根目录下写入文件的底层操作

具体步骤的描述如下。

① 将文件拆成属性和内容。

② 文件的属性放置到根目录下（2 簇）或文件夹所在的簇中。

③ 文件的内容放到空的簇中（搜索 FAT 表，找到为 00 的簇，然后计算其簇号，最后将内容放进去）。

④ 将文件内容所在的起始簇号和本文件所占用的字节数写入本文件所对应的目录项中。

⑤ 对文件所在簇对应的 FAT 表项做相应标记。

4.3 DBR

　　FAT32 文件系统的 DBR 位于第一个扇区，计算机在启动的时候首先由 BIOS 读入主引导盘 MBR（磁盘的第一个扇区）的内容，以此来确定每一个逻辑驱动器及其起始地址，然后跳入 FAT32 文件系统所在分区的起始位置（分区的 DBR），将控制权交给 DBR，由 DBR 来引导操作系统对分区进行数据存取操作。

　　如果打开物理驱动器选项中的移动存储介质 2（如图 4-12 所示），则会看到如图 4-13 所示的结构，从其"目录浏览器"窗口中可以明显看到，此移动存储介质 2 中有一个分区（分区 1），还有部分未分区的空间。

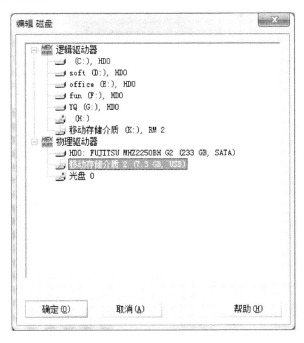

图 4-12　打开物理驱动器的 U 盘

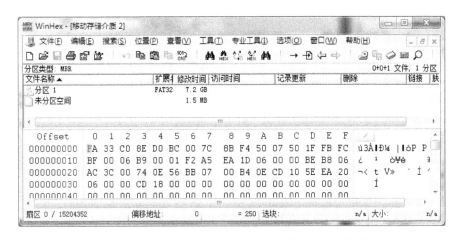

图 4-13　移动存储介质 2 的第一扇区数据及基本结构

单击右侧的"访问"按钮，可以快速进入分区 1 的分区表和引导扇区（如图 4-14 所示）。分区表是记录本分区起始位置及大小等数据的分区信息，一般位于整个移动存储介质 2 的第一个扇区中，而引导扇区（DBR）记录的是本分区的基本信息，一般位于本分区的第一个扇区，单击"引导扇区"后，可进入分区的 DBR，如图 4-15 所示，从图 4-15 左下角的扇区号可以看出分区的第一个扇区位于整个移动存储介质 2 的 3160 扇区。

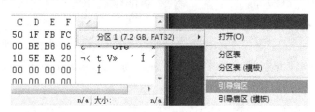

图 4-14 "访问"按钮选项

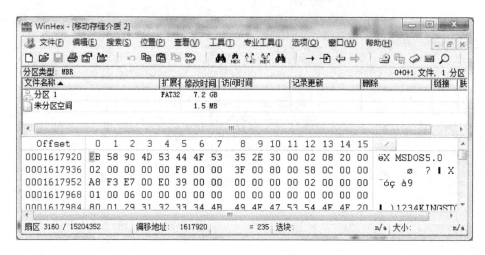

图 4-15 分区的 DBR

FAT32 文件系统的 DBR 由 5 部分组成，分别是跳转指令、OEM 代号、BPB、引导程序和结束标志，图 4-16 就是一个完整的 FAT32 文件系统的 DBR 结构。

（1）跳转指令一般只占前 3 字节，它将程序执行流程跳转到 DBR 的引导程序处。

（2）OEM 代号占 8 字节，它是由创建此文件系统的 OEM 厂商指定的，如微软的 Windows 98 为"MSWIN4.1"、Windows 2000 以上为"MSDOS5.0"，这个值并不影响文件系统的功能，所以使用 WinHex 修改它不会影响 U 盘的正常使用。

（3）BPB（BIOS Parameter Block，BIOS 参数块）记录了有关此文件系统的重要信息，如每扇区多少字节等，其具体的值及意义如表 4-3 所示。

（4）操作系统引导代码引导系统正常进入本分区读取数据。

（5）结束标记。

注意：DBR 一般位于本分区的 0 号扇区，但是为了防止发生某些意外损坏 DBR，使得系统无法正常进入，需要经常在 6 号扇区保存一份 DBR 的备份，此备份与 DBR 完全一样。在 DBR 发生某些损坏的情况下，可以快速进入 6 号扇区，复制其值到 0 号扇区，此时即可修改整个系统。

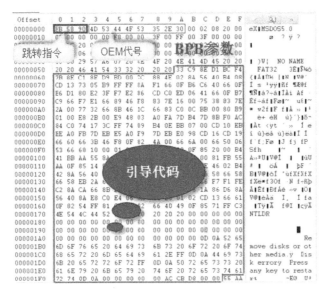

图 4-16　FAT32 文件系统的 DBR 结构

表 4-3　BPB 参数及其意义

偏移量	长度	含　　义
0B～0C	2	每扇区字节数，"00 02" 高低换位后为 0200，转换成 10 进制后为 512
0D	1	每簇扇区数，图 4-16 为 8
0E～0F	2	保留扇区数（DBR 扇区数），"24 00" 换为 10 进制为 36
10	1	FAT 表个数，通常为 2，但是对于一些较小的存储介质，允许只有一个 FAT 表
11～12	2	根目录最多可容纳的目录项数。FAT12/16 通常为 512，FAT32 不使用此处值，设置为 0
13～14	2	扇区总数。小于 32MB 时使用此处存放，超过 32MB 时使用偏移 20～23 字节处的 4 个字节存放值
15	1	介质描述符
16～17	2	每个 FAT 表的大小扇区数（FAT12/16 使用，FAT32 不使用此处，设置为 0）
18～19	2	每磁道扇区数
1A～1B	2	磁头数，目前 CHS 寻址方式不怎么使用，所以此处一般设置为 255
1C～1F	4	分区前已用扇区数，也称为隐藏扇区数，指 DBR 扇区相对于磁盘 0 号扇区的扇区偏移
20～23	4	文件系统扇区总数
24～27	4	每个 FAT 表大小扇区数（FAT32 使用，FAT12/16 不使用）
28～29	2	标记，确定 FAT 表的工作方式，如果 bit7 设置为 1，则表示只有一份 FAT 表是活动的，同时由 bit0～bit3 对其进行描述。否则，两份 FAT 互为镜像
2A～2B	2	版本号
2C～2F	4	根目录起始簇号，通常为 2 号簇
30～31	2	FSINFO（文件系统信息，其中包含有关下一个可用簇及空闲簇总数的信息，这些数据只是为操作系统提供一个参考，并不总是能够保证它们的准确性）所在的扇区位于 1 号扇区
32～33	2	备份引导扇区的位置，通常为 6 号扇区
40	1	BIOS int 13H 设备号
42	1	扩展引导标志，如果后面的 3 个值是有效的，则该处的值设置为 29
43～46	4	卷序列号，某些版本的 Windows 会根据文件系统建立日期和时间计算该值
47～51	11	卷标（ASCII 码），建立文件系统时由用户指定

　　如果参照表 4-1 查看 DBR 各部分的值，任务量其实也挺大的。WinHex 软件鉴于每一种文件系统的 DBR 都有相同的结构，所以设置了模板功能。此时，在打开的"逻辑磁盘"的右侧有一个  按钮，此按钮可以以不同的方式打开此分区的某些组成部分，如图 4-17 所示。

　　在图 4-17 中选中"引导扇区（模板）"就可以查看 WinHex 软件为我们解释的 DBR 的各字节含义了，如图 4-18 所示，此分区的每个扇区为 512 字节，每簇大小为 8 个扇区，36 个保留扇区，2 个 FAT 表，每磁道为 63 扇区，隐藏扇区数为 63，总扇区数为 417627。

　　读者可参考表 4-1 对图 4-41 继续做解释。

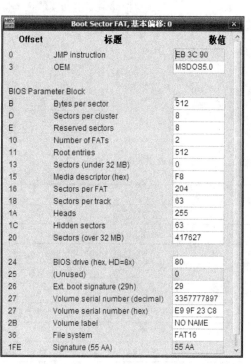

图 4-17　"快速跳转"按钮　　　　　　图 4-18　引导扇区（模板）

4.4　FAT 表

　　FAT 区由两个完全相同的 FAT（文件分配表）表组成，分别称其为 FAT1 和 FAT2，它们的重要作用是描述簇的分配状态及标明文件或目录下一簇的簇号。FAT1 在文件系统中的位置可以通过引导记录（DBR）中偏移 0E～0F 字节处的"保留扇区"数得到。FAT2 紧跟在 FAT1 之后，它的位置可以通过 FAT1 的位置加上每 FAT 表的大小扇区数计算出来，也可以直接在本分区的右侧"打开"按钮处选择单击"FAT1"或者"FAT2"直接进入。

　　向此分区写入文件，其实经历了 3 个大的步骤：第一，查询 FAT 表哪些位置有空闲空间；第二，在用户数据区中找到与 FAT 表对应的地址，写入文件；第三，修改 FAT 表此空间的标记为"已占"。

　　注意：FAT 表的 0 簇和 1 簇用于其他特殊用途，所以数据区中的簇是从 2 开始记数的，即 FAT 表中的 2 簇对应数据区的 2 簇，3 簇对应数据区的 3 簇，以此类推。若数据区某簇已被某文件占用，则此簇相对应的 FAT 表的单元格被标记为"已占用"，而 0 簇和 1 簇因为不允许用户写入数据，则格式化时就标记为"已占用"。

为了描述文件的头及所占用的簇，FAT 表的标记分为 3 种类型。

（1）本簇已被占用，且此簇是本文件的最后一簇（值为 FF FF FF 0F）。

（2）本簇已被占用，此文件还有下一簇（值为下一簇的簇号）。

（3）本簇未被占用（值为 00 00 00 00）。

初始状况下，除了 0 簇和 1 簇，其他簇都未被使用，如图 4-19 所示。

图 4-19　初始 FAT 表及数据区

若某文件（暂时称其为文件 1）被放置到 4 簇，则在 FAT 表 4 簇的对应位置上写入"FF FF FF FF"，如图 4-20 所示。另一文件（暂时称其为文件 2）被放置到 5、7、8 簇，则在 FAT 表 5 簇对应的位置写入值"7"，7 簇对应的位置写入值"8"，8 簇对应的位置写入"FF FF FF FF"，如图 4-21 所示。

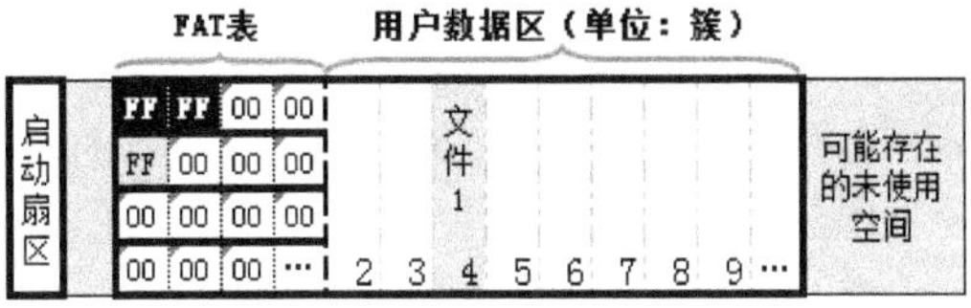

图 4-20　文件 1 建立后的 FAT 表及用户数据区

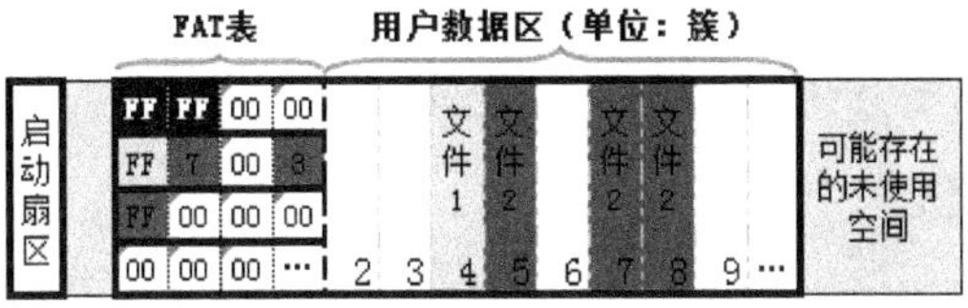

图 4-21　文件 2 建立后的 FAT 表及用户数据区

当一个分区被高级格式化为 FAT32 后，跳入到此分区的 FAT1 扇区则会出现如图 4-22 所示的结构。

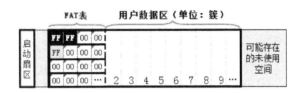

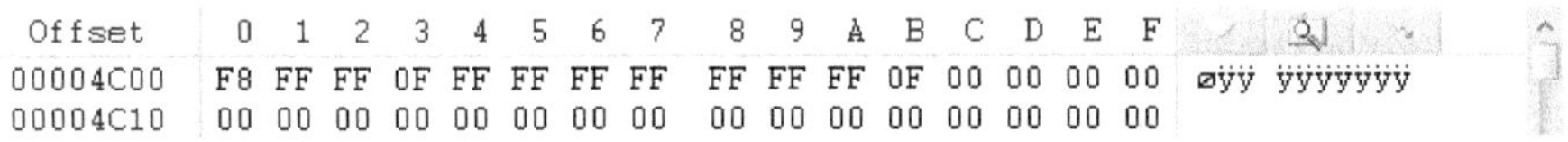

```
Offset    0 1 2 3 4 5 6 7   8 9 A B C D E F   ‥ ‥ ‥ ‥
00004C00  F8 FF FF 0F FF FF FF FF  FF FF FF 0F 00 00 00 00   øÿÿ ÿÿÿÿÿÿÿ
00004C10  00 00 00 00 00 00 00 00  00 00 00 00 00 00 00 00
```

图 4-22　刚格式化后的 FAT 表

FAT32 文件系统中的 FAT 表每 4 字节表示一项，对应着数据区中的一簇。FAT 表中的 0 簇和 1 簇是保留簇，有特殊的用途，故 FAT 表的前 8 字节为保留值。

FAT32 文件系统的数据是从 2 簇开始的，2 簇是整个分区的根目录项，里面装的是 FAT32 文件系统中根目录下每一个文件的属性（最起始处装的是本分区的卷标等信息，所以即使本分区没有任何用户数据，2 簇也仍然是显示被占用的），而真正的用户文件则从 3 簇开始。若 3 簇后某一簇被一文件占用，则在此簇对应的 FAT 表项中做相应的标志（若某文件不止占一个簇的空间，则这个表项中装着下一簇的簇号，若文件到此簇结尾了，则装入结束标志 FF FF FF 0F）。

4.5　目录区（DIR）

FAT32 文件系统中的所有用户数据都存储在从 3 簇开始的数据区，而 2 簇则是所有文件的根目录区，它是由位于此分区根目录下的多个文件目录项组成的。因为簇的大小及 FAT 表的大小等数据是在格式化的过程中定义的，所以在格式化成功时，即已经确定了 2 簇的位置及其扇区数，格式化的过程即是将此簇数据清空的过程。

在根目录区中，每 32 字节（两行）为一个目录项，目录项的作用是记录文件的主名、扩展名、日期、属性、起始簇号和长度等信息，它叫作短文件名目录。但是，因为有的文件名较长，无法存储在这 32 字节的空间内，所以就会再增加 32 字节，专门放置其完整文件名，这叫作长文件名目录。

为了更加直观，在刚格式化的 FAT32 文件系统的分区中复制进去 3 个文件（如图 4-23 所示，一定要是复制的。如果是新建文件，则会出现新建后重命名的文件），然后在 WinHex 下查看此分区的根目录数据（如图 4-24 所示）。

图 4-23　在根目录下新建 3 个文件

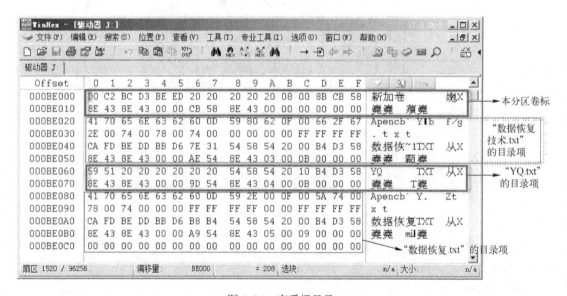

图 4-24　查看根目录

图 4-24 中可以看到刚格式化的 FAT32 文件系统分区的前两行（第一个框选部分）表示的是本分区的卷标，它叫"卷标目录"，在后面会详细讲到。

图 4-24 中，第 2 个框选部分为"数据恢复技术.txt"文件所对应的目录项，这是因为在复制的过程中此文件最先被复制入此分区，所以将其放在了根目录的前方，此文件名为"数据恢复技术"，按照汉字的存储原理可知，文件名需要用 12 个字符来存储，从此部分的下面两行数值的字符解释可以看出，WinHex 能记录的文件名为"数据恢～1"，即是说只能记录前方 6 个字符所对应的汉字。因为文件名出现了"～1"，表示当前文件名未记录完全，所以在此两行目录项的上方再增加了两行目录项用来记录完整的文件名，它下面的两行目录项就叫作"短文件名目录"，主要记录文件名的前 6 个字符及文件的一些其他属性，而上方的两行叫作"长文件名目录项"，主要用来记录完整的文件名。

图 4-24 中，第 3 个框选部分是文件"YQ.txt"对应的目录项，因为其文件名只需要用到两个字符，所以此文件就只有两行的"短文件名目录"。

图 4-24 中，第 4 个框选部分是文件"数据恢复.txt"对应的目录项，其下方的两行是"短文件名目录项"，显示为"数据恢复"，从文件名来看没有"～"符号，意味着没有未记录的文件名，但是因为它刚好 4 个汉字，用到了 8 个字符，所以为了安全（如有些字母还有大小写之分的符号记录等），还是为它分配了一个两行的"长文件名记录"。

从上面的记录可以看出，根目录记录的就是每一个文件的文件名及其他属性。在我们日常操作计算机的过程中，一般都是先在"我的电脑"中找到本文件（本文件的文件名等属性），然后双击打开文件，查看文件的内容。所以，在 WinHex 软件中，根目录记的就是这些属性，也就相当于是所有数据的入口。

读取一个文件，必须先在根目录下找到本文件的"目录项"，这样才能确定它的确切位置，从而才能够进行内容的提取。

4.5.1　短文件名目录

在 FAT32 文件系统中，短文件名目录项记录了文件的绝大部分属性（除了文件名超过 7 字符后的完整文件名），其具体的记录方式如图 4-25 所示。

0	1	2	3	4	5	6	7	8	9	A	B	C	D	E	F
文件名								扩展名			属性	保留		创建时间	
最后访问日期		创建日期		起始簇号高16位		修改时间		修改日期		起始簇号低16位		文件长度（单位：字节）			

图 4-25　短文件名目录项具体的记录方式

图 4-26 就是以前的 YQ.txt 文件的目录项，可以按图 4-25 的说明方式进行解释。

```
000D0060   59 51 20 20 20 20 20 20  54 58 54 20 10 6A 5B 5E   YQ      TXT  j[^
000D0070   9E 41 24 42 00 00 8A 81  24 42 03 00 38 8B 00 00   ▮A$B  ▮▮$B 8▮
```

图 4-26　短文件名目录项

因为此文件的文件名为 YQ，只有两个字母（在 ASCII 码中，一个汉字占两个字符，一个数字或字母占一个字符），即两个字符，所以可以称其目录项为短文件名目录项，其各个字节的意义按照图 4-25 的方式解释后可得如下结果。

（1）文件名：59 51（YQ）；20 表示空格。

（2）扩展名：54 58 54（txt）。

（3）属性：20（归档）。20（16 进制）换成 2 进制后为 100000，意为归档，可以理解为归档文件（如表 4-4 所示，子目录的属性值为 10，可以直接理解为文件夹的属性值为 10，这是区分文件和文件夹的最好办法）。

表 4-4　属性取值意义

2 进 制 值	16 进制值	意　　义	2 进 制 值	16 进制值	意　　义
00000000	0	读写	00001000	8	卷标
00000001	1	只读	00010000	10	子目录
00000010	2	隐藏	00100000	20	归档
00000100	4	系统	00001111	0F	长文件名目录

（4）创建时间：5B 5E。按图 4-27 换算后为 11 点 50 分钟 27 秒。

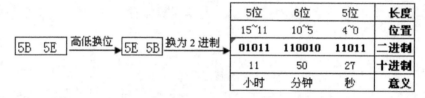

图 4-27　时间换算

（5）最后访问日期：9E 41。按图 4-28 换算后为 2012 年 12 月 30 日。

图 4-28　访问日期换算

（6）创建日期：24 42。请读者自己换算日期。

高低换位：＿＿＿＿＿＿＿，换为 2 进制：＿＿＿＿＿＿　＿＿＿＿＿＿　＿＿＿＿＿＿

7 位（年）　　　4 位（月）　　　5 位（日）

（7）修改时间：8A 81。请读者自己换算时间。

高低换位：＿＿＿＿＿＿＿，换为 2 进制：＿＿＿＿＿＿　＿＿＿＿＿＿　＿＿＿＿＿＿

5 位（小时）　　　4 位（分）　　　5 位（秒）

（8）修改日期：24 42。请读者自己换算日期。

高低换位：＿＿＿＿＿＿＿，换为 2 进制：＿＿＿＿＿＿　＿＿＿＿＿＿　＿＿＿＿＿＿

7 位（年）　　　4 位（月）　　　5 位（日）

（9）起始簇：03 00 00 00。文件的第一个簇在 3 号簇。

（10）文件长度：38 8B 00 00。文件总大小为 35640 字节。

除了按照上面的方式自己换算得出目录项的意义外，WinHex 提供了一套专门用于解释目录项的模板。单击 WinHex 右侧解释窗口顶部的 ▨ 图标，然后选择图 4-29 所示的"根目录（模板）"，接着会出现如图 4-30 所示的根目录解释窗口，上方的记录表明此时是根目录的第几个目录项。

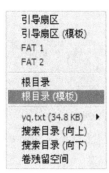

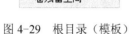

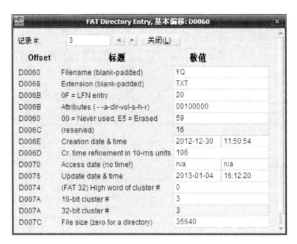

图 4-29　根目录（模板）　　　　　　　　图 4-30　根目录解释窗口

可以尝试在此分区中复制一个名为 YQ 的文件夹，看看这两个目录项的区别（如图 4-31 所示）。经分析，根目录下的文件和文件夹的主要区别如下。

（1）扩展名：文件有自己的扩展名，而文件夹通常为空。

（2）属性。文件的属性通常为 20，而文件夹的属性一般为 10。

（3）文件大小：文件如果为空，则大小为 0；若不为空，目录项中的大小就是文件的实际大小，而文件夹通常为 0。

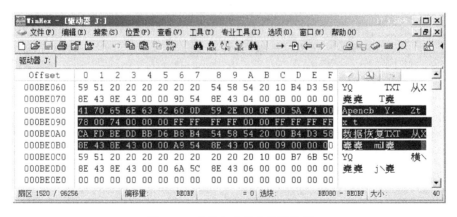

图 4-31　文件与文件夹的目录项

4.5.2　长文件名目录

当文件的文件名超过了 8 个字节或者使用了中文，系统会在为其建立短文件名目录项的同时自动再在其短文件目录项的前方创建相对应的长文件名目录项。长文件名目录项只记录其完整文件名，不记录其他的属性值。一个长文件名目录项也只占 32 字节，所以其记录的信息也是有限的。一般来说，一个长文件名目录项能记录 13 个 UNCODE 字符（每个

UNICODE 字符占两个字节）。若一个文件（或文件夹）的文件名超过 13 个字符，系统会再在此文件的目录项（包括短文件名目录项和长文件名目录项）前方增加一个两行的长文件名目录项，如果还不够，则再增加，直到能存储下文件的完整文件名为止。

多个长文件名目录项代表同一个文件，它们之间就会存在一个校验和，通过这个校验和可以将其与对应的短文件名目录项关联起来。

若有一文件，名为"ABCDE12345.txt"（如图 4-32 所示），则其按图如 4-33 所示的结构进行解释如下。

（1）文件名的第一部分：41 00 42 00 43 00 44 00 45 00（ABCDE）。

（2）文件名的第二部分：31 00 32 0033 00 34 00 35 00 2E 00（12345.）。UNICODE 编码中 2E 00 表示"."。

（3）文件名的第三部分：74 00 78 00（tx）。很明显，扩展名还差一个字母 t，此时再在此长文件名目录前方增加一个目录项，按照图 4-33 所示的结构继续解释其意思。

（4）文件名的第四部分：74 00 00 00 FF FF FF...（t）。后面的 00 表示空格，FF 则表示结束。

将上面 4 个部分相互连接起来后形成完整的文件名为"ABCDE12345.txt"。

```
000D0100   42 74 00 00 00 FF FF FF   FF FF FF 0F 00 EE FF FF   Bt      ÿÿÿÿÿÿ  îÿÿ
000D0110   FF FF FF FF FF FF FF FF   FF FF 00 00 FF FF FF FF   ÿÿÿÿÿÿÿÿÿÿ  ÿÿÿÿ
000D0120   01 41 00 42 00 43 00 44   00 45 00 0F 00 EE 31 00    A B C D  E   î1
000D0130   32 00 33 00 34 00 35 00   2E 00 00 74 00 78 00      2 3 4 5 .   t x
000D0140   41 42 43 44 45 31 7E 31   54 58 54 20 00 6A 67 87   ABCDE1~1TXT  jg‡
000D0150   24 42 24 42 00 00 68 87   24 42 00 00 00 00 00 00   $B$B  h‡$B
```

图 4-32　长文件名目录

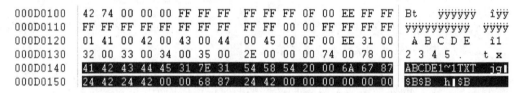

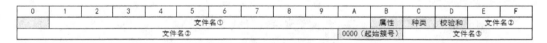

图 4-33　长文件名各字节的意义

长文件名目录项也提供了相应的模板，将光标放置于长文件名目录项的第一个字节处，然后选择菜单"查看→模板管理器"，选择"长文件名目录项"或者选择如图 4-34 所示的选项，在弹出的目录项解释窗口中可以看到当前的完整意义，如图 4-35 所示。若有多个长文件名目录项，可单击上方的 < 图标跳到前一条目录项，如图 4-36 所示，单击 > 图标则跳到下一条目录项。

4.5.3　卷标目录

一个新格式化的 FAT32 文件系统在根目录中是没有任何数据的。但是，因为一般一个新的分区会默认其卷标为"新加卷"，所以一般情况下就会存在两行数据，这两行数据就是此分区的卷标信息，也叫卷标目录，若将本分区的卷标改为 TEST，则其卷目录如图 4-37 所示。

卷标目录项与短文件名目录项的结构完全相同，但没有创建时间和最后访问时间，只有一个最后修改时间。卷标名最多允许占用的长度为 11 字节（短文件名的文件名长度），卷标目录项没有起始簇号和大小，这些字节全部被设置为 0，偏移量 0B 处的属性值为 08。

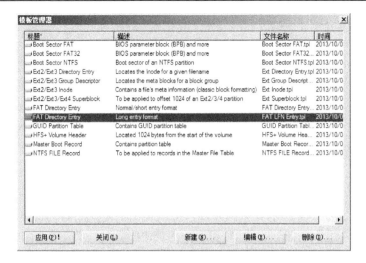

图 4-34　长文件名目录项模板

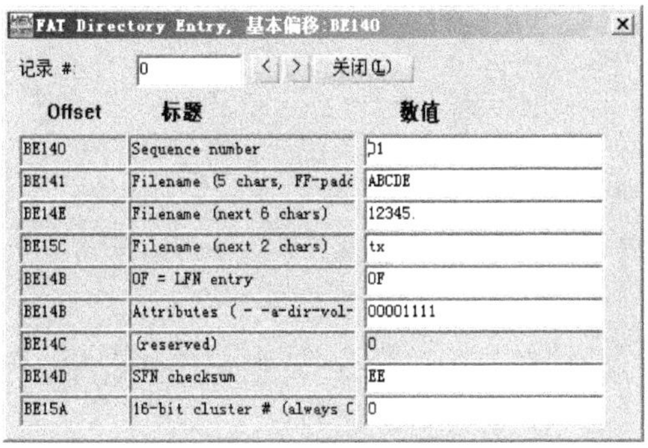

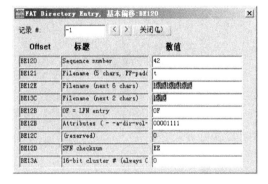

图 4-35　长文件名目录项解释器　　　　图 4-36　上一条长文件名目录项解释器

Offset	0	1	2	3	4	5	6	7	8	9	A	B	C	D	E	F		
000D0000	54	45	53	54	20	20	20	20	20	20	20	08	00	00	00	00	TEST	
000D0010	00	00	00	00	00	00	E3	89	24	42	00	00	00	00	00	00	ã‰$B	

图 4-37　卷标目录

4.5.4　"."目录项和".."目录项

在分区中，除了文件，还有一个重要的内容就是文件夹，文件夹和文件最直接的区别就是文件里面装的是数据内容，而文件夹里面装的是文件或其他文件夹，即是说文件的主要内容是数据，而文件夹的主要意义在于文件与文件或文件与文件夹之间的链接关系（如此文件夹在哪个文件夹里面，此文件夹里面又有哪些文件和文件夹）。

在 FAT32 分区中新建一文件夹，命名为"新建文件夹"，然后在 WinHex 软件中进入此分区的根目录，再在桌面，或者任意位置处新建一记事本文件（采用默认文件名即可），打开此文件，写入"新建文件夹"，然后保存。然后在 WinHex 软件中打开此文件，查看其 16 进制内容，即为 ASCII 编码，查找"新建文件夹"这 5 个汉字所对应的 ASCII 编码。

注意：记事本文件一般默认保存的编码为 ASCII 码。

在 WinHex 软件中，利用 ASCII 编码搜索刚才新建的文件夹所对应的短文件名目录。然后跳到此文件夹的起始簇，查看其"."目录项和".."目录项，如图 4-38 所示。

```
Offset      0  1  2  3  4  5  6  7   8  9  A  B  C  D  E  F                      
000D9800   2E 20 20 20 20 20 20 20  20 20 20 10 00 75 99 66    ■            u■f
000D9810   26 42 26 42 00 00 9A 66  26 42 15 00 00 00 00 00   &B&B   ■f&B
000D9820   2E 2E 20 20 20 20 20 20  20 20 20 10 00 75 99 66    ■■           u■f
000D9830   26 42 26 42 00 00 9A 66  26 42 00 00 00 00 00 00   &B&B   ■f&B
```

图 4-38　"."目录项和".."目录项

"."目录项和".."目录项的结构与短文件名目录项基本一致，所不同的只是它们描述的对象不一样。"."目录项指的是本文件夹，它描述了本文件夹的时间信息、起始簇号等，它所记录的起始簇号就是此时所在的位置（图 4-38 为 21 簇）。".."目录项指的是本文件夹父目录的相关信息，图 4-38 中第二个目录项的起始簇为 0，即表示是根目录。

特别提醒：图 4-38 中，偏移量为 D981A～D981B 的值虽然为"15"，但是它指的是 16 进制中的 15，换为十进制为 21。

一般来说，一个新建的文件夹只有"."目录项和".."目录项，但是若向文件夹里面写入内容，则会继续在"."目录项所在簇（即文件夹当前簇），接着"."目录项和".."目录项继续写入其他文件或文件夹的目录项。

4.6　分配策略

不同的操作系统在为文件分配存储空间（扇区或簇）时可能会使用不同的分配方法。

4.6.1　簇的分配策略

一般操作系统都采用下一个可用分配策略，也就是说当一个文件已经分配了一个簇后，直接从此簇的位置往后搜索下一个可用簇（FAT 表项为非 0），继续为其分配，而不会从文件系统的开始处进行重新搜索。

如新建某文件，系统会从起始位置开始搜索可用簇，此时刚好发现前面的 7 簇都是"已占"状态，而 8 簇是空闲的，于是文件先"占用"8 簇，再从 8 簇之后去搜索空闲可用簇。哪怕此时 6 簇所在的文件被删除了，6 簇所对应的 FAT 表项也是"可用"状态（全为 0），它仍然会从 8 簇之后寻找可用簇，而不用 6 簇的空间。

簇的分配状态主要从 FAT 表中看出，文件一旦被删除，FAT 表会立即将此文件所在簇的数据设为全 0。

4.6.2　目录项的分配策略

Windows XP 一般使用下一可用策略，和簇的分配策略大致相同，也就是说从被分配了的最后一个目录项往后搜索，直到整个目录项写满了才再继续从头开始搜索可用位置。这样就导致很多目录项所对应的文件其实已经被删除，但是它的目录项还在，若此时它的数据内容所在簇刚好没有被别的文件写入，那么这个文件就有被恢复的可能。

目录项的分配主要看根目录或文件夹所在的簇。文件一旦被删除，其目录项一般都不会立即被覆盖，只是将其最前面的字节修改为"E5"，然后将其起始簇的高两个字节的数值修改为"00 00"，直到此簇已经被搜索到最后，再重新从头开始搜索标志为"E5"的目录项，然后覆盖它。

4.7　知识小结

本章主要介绍了 U 盘常用的文件系统——FAT32 文件系统。FAT32 的主要组成部分是 DBR、FAT 表、目录项及数据区。DBR 主要管理整个文件系统，FAT 表记录数据区中簇的使用情况，而目录项则记录的是每个文件或目录的属性。数据恢复最重要的是恢复数据区中的数据，但是如何定位文件的数据区是本章需要重点关注的问题。

第一节简要介绍了什么是文件系统及文件系统中的基本概念——簇。从数据的使用角度为读者区分了 FAT16 和 FAT32 文件系统。

第二节主要介绍了 FAT32 文件系统的结构，具体分析了每部分的功能及位置。

第三节重点介绍了 DBR 及里面参数的意义。若一个分区突然提示需要格式化，而分区中却有重要数据，那么我们的第一反应就是 DBR 出了问题，可以尝试着修复 DBR。

第四节介绍了 FAT 表的使用，具体向读者解释了文件是如何分配到分区中的。

第五节详细介绍了 4 种目录项。短文件名目录项存储了文件的所有重要属性；长文件名目录项存储了文件的原始文件名；卷标目录项位于根目录区的前两行，它一般记录的是本分区的卷标信息；"."和".."目录项则是功能性的目录项。可以借助它们达到隐藏文件的目的。

第六节简单介绍了簇及目录项的分配策略，方便读者在搜索文件或目录时有个依据，能够更快速些。

4.8　任务实施

4.8.1　任务 1：研究"格式化"对 FAT32 文件系统的影响

1．能力目标

（1）了解格式化 U 盘到底在向 U 盘的哪些存储地址写入数据。

（2）知道格式化 U 盘后，U 盘中的哪些数据还有被恢复的可能。

（3）熟悉 WinHex 软件的基本使用。

2．任务实施

步骤 1：用 WinHex 软件将 U 盘中的所有数据全部标记为"6E"

（1）打开 WinHex 软件，选择" Tools → Open Disk "，然后在"编辑磁盘/Edit Disk"对话框中双击选择" Logical Drive Letters "下的 U 盘盘符（本例中为新加卷 I），如图 4-39 所示，这样就可以打开 U 盘中的分区了。

（2）在 WinHex 主界面中，按快捷键"CTRL+A"全选 U 盘的所有数据，然后在选中部分右键单击鼠标，在快捷选择界面单击 Edit 图标，再在编辑选项中选择" Fill Block... Ctrl+L "，在弹出的"填充块/Fill Block"对话框中设置填充的值为"6E"（如图 4-40 所示），填充后的分区值如图 4-41 所示。

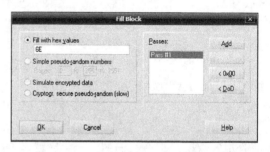

图 4-39　打开"逻辑驱动器"　　　　　　图 4-40　"填充块/Fill Block"对话框

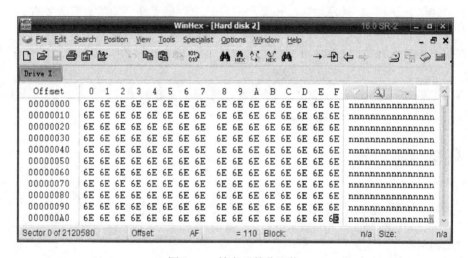

图 4-41　填充后的分区值

步骤 2：格式化 U 盘为 FAT32 文件系统，簇大小为默认大小

在"我的电脑"中 U 盘的盘符上右键单击鼠标，然后选择"格式化"，将本分区格式化为 FAT32 文件系统，簇的大小就用默认大小。格式化完成后，在"我的电脑"上右键单击鼠标，选择"管理"，然后在"计算机管理"对话框中单击左侧选择列表中的"磁盘管理"，则会看到格式化后的磁盘信息如图 4-42 所示。

图 4-42　格式化后的磁盘信息

步骤 3：按照 FAT32 文件系统结构，用 WinHex 软件查看格式化后的 U 盘

双击打开 U 盘对应的逻辑驱动器，查看到 0 扇区的数值如图 4-43 所示，0 扇区即是 FAT32 文件系统的 DBR，它是为引导系统服务的，仔细查看图 4-43，可以发现 1 扇区的数值也不再是 "6E"，说明此时 1 扇区也被写入了数据，如果再仔细查看 2 扇区、3 扇区等，也会发现其值不再是 "6E"，说明此部分数据也被重写。

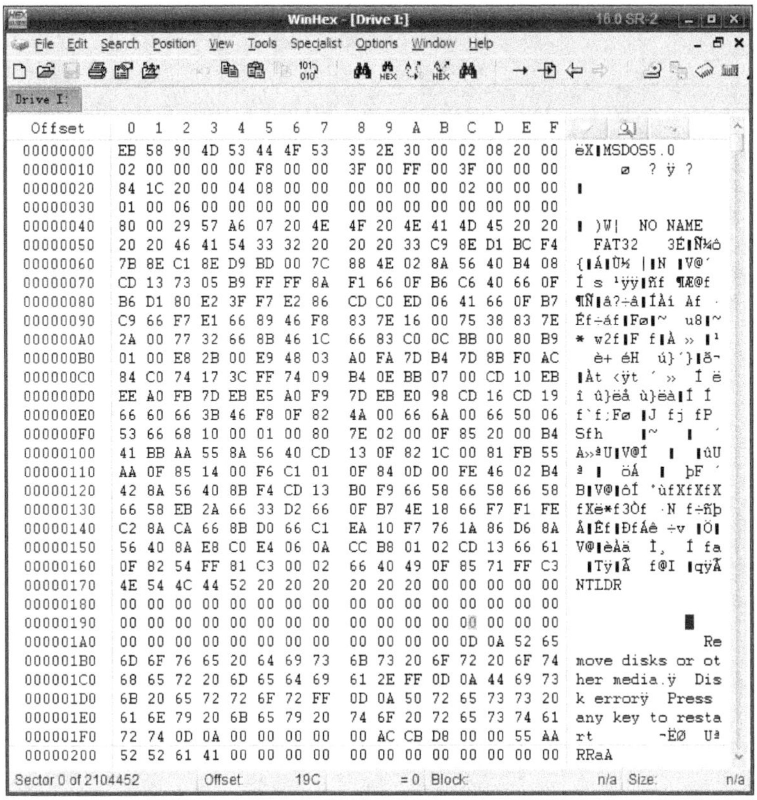

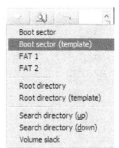

图 4-43　格式化后的 DBR

在 FAT32 文件系统的结构中，第一个扇区为 DBR，DBR 后面紧跟着的是保留扇区。保留扇区虽然目前没有直接使用，但它却是为系统功能服务的，所以格式化的时候会自动为其分配并清理空间，自然不再是原来的标记 "6E" 了。

注意：FAT32 文件系统的 DBR 拥有统一的格式，即 512 字节中，每一字节都有对应的意义。可以参考 DBR 格式说明来查看这些数据的意义（DBR 在本章 3.5 节具体说明），也可以通过左键单击"访问"按钮，然后选择 **Boot sector (template)**（如图 4-44 所示），即引导扇区模板，来调用 WinHex 软件提供的模板进行直观查看（如图 4-45），"访问"按钮里有的选项就是 FAT32 文件系统的关键结构。由图 4-44 可以看出，FAT32 的主要组成部分是启动扇区（DBR）、FAT 表（FAT1、FAT2）和根目录。

图 4-46 中所示的值即描述了本文件系统各组成部分的位置，其中 A 与 B 的值对应图 4-45 中 A 与 B 的值。

图 4-44　快速跳转选项

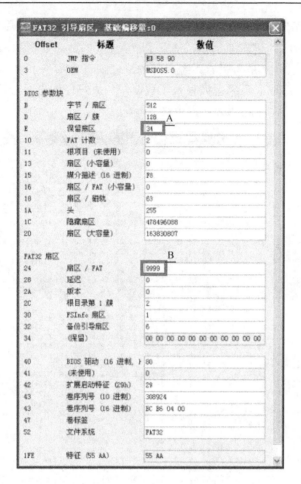

图 4-45　引导扇区的模板显示

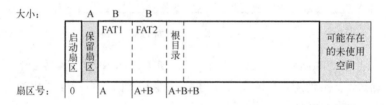

图 4-46　DBR 中的值与各组成部分地址之间的关系

　　左键单击"访问"按钮，选择图 4-44 中的"FAT1"就可以快速跳入到 FAT32 文件系统的 FAT1 表区（如图 4-47 所示）。

　　FAT32 的每一个 FAT 表项为 4 字节，所以在 WinHex 的常规设置下，一行一共可以表示 4个 FAT 表项，前两个 FAT 表项值为" F8 FF FF 0F FF FF FF FF "，这是一般通用写法，因为 0 簇和 1 簇有特殊用途，第 3 个 FAT 表项对应 2 簇，其值为" FF FF FF 0F "，表示当前簇已经被占用，其他地方的数值为"00"，即剩下部分的簇未被使用。

　　再次左键单击"访问"按钮，选择图 4-44 中的"FAT2"就可以快速跳入到 FAT32 文件系统的 FAT2 表区，可以发现 FAT1 表区和 FAT2 表区的数据是一模一样的，因为 FAT2 就是FAT1 的备份。

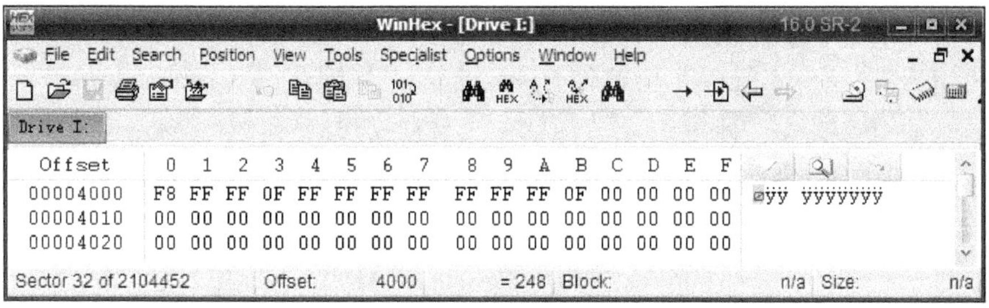

图 4-47　FAT1 数值

左键单击"访问"按钮，选择图 4-44 中的" Root directory "就可以快速跳入到 FAT32 文件系统的根目录中。

在图 4-45 中可以看到根目录的第 1 簇为 2，即根目录在 2 簇，所以也可以选择菜单栏" Position → Go To Sector … Ctrl+G"，然后在"跳至扇区/Go To Sector"对话框中设置其跳转簇号（Cluster）为 2（如图 4-48 所示）。设置簇号后，WinHex 会自动帮你计算此簇对应的扇区号（Sector）。

单击"确定"按钮后可看到如图 4-49 所示的界面，这就是 FAT32 的初始根目录，此时 2 簇只有两行数据，这两行数据即此分区的卷标，若某分区没有设置卷标，则根目录里面的数据全为 0。

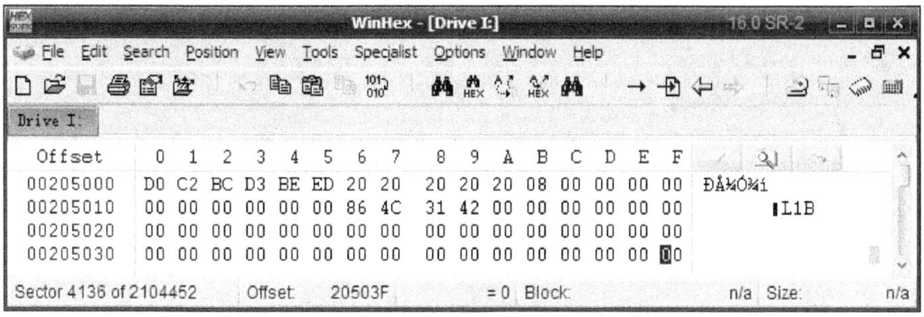

图 4-48　"跳至扇区/Go To Sector"对话框

图 4-49　初始根目录数值

跳到 2 簇的尾部，可以看到如图 4-50 所示的界面，3 簇的数据仍然是原来的"6E"，说明此时 3 簇仍然是未格式化前的数据。

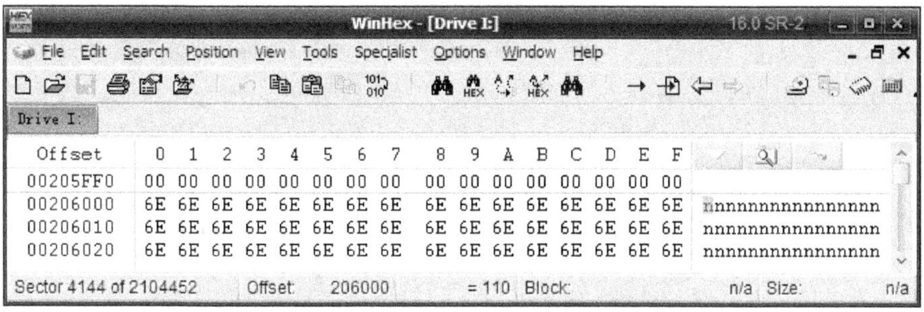

图 4-50　3 簇数据仍然保持格式化之前的样式

通过前面的分析，将格式化后的 FAT32 的各重要组成部分整合在一起后可得出如下结论。

格式化 FAT32 文件系统，即是先在本分区的第一个扇区写入 DOS 引导记录，分配本分区中各组成部分的地址（如图 4-45 中的值 A 和 B），然后再在保留扇区后（如图 4-47 所示的 FAT1 的扇区号和 FAT2 的扇区号）写入 FAT 表初始值（0、1、2 簇标记为"已占用"），最后在 FAT2 表之后（2 簇位置）写入初始根目录值。

数据区除了 2 簇之外的其他数据均没有被更改（如图 4-51 所示）。

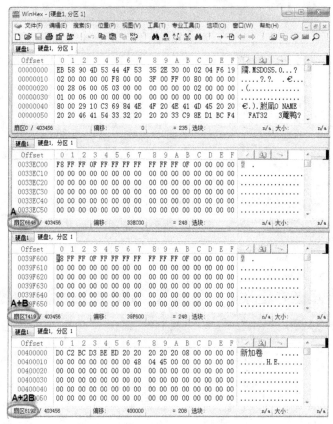

图 4-51　整合后的 FAT32 系统结构

3．任务总结

FAT32 文件系统的主要组成部分为 DBR、FAT、根目录和数据区。

格式化 FAT32 文件系统主要是向 DBR、保留扇区、FAT 区（FAT1，FAT2）、2 簇写入数据，其他地方的数值不会改变。DBR、保留扇区、FAT 区都属于系统数据，只有 2 簇才是真正的用户数据，即是说，格式化 U 盘，只是丢失了本 U 盘中根目录下的文件属性，其他数据仍然还在 U 盘中（如图 4-52 所示），这就是数据能够恢复的前提！

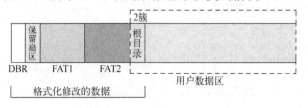

图 4-52　格式化后修改了的数据

每个 FAT 表项对应数据区的一个簇，若簇中已写入数据，则在相应的 FAT 表项中写入值，若簇未被占用，则 FAT 表项的设置值为 0。

4.8.2　任务 2：研究 DBR 对 FAT32 文件系统分区的影响

1．能力目标

（1）了解 FAT32 文件系统的 DBR 结构。

（2）理解 DBR 的功能。

（3）掌握修复 DBR 的方法。

2．任务实施

步骤 1：修改 DBR 中的系统引导数据

尝试将 DBR 中的第一个字符改为 00，重新加载虚拟硬盘后看有何变化，如图 4-53 所示。

图 4-53　修改 DBR 第一个字符后

从图 4-53 中可以发现，新加卷（I:）就是虚拟硬盘，它是可以在"我的电脑"中看到的，但是其大小等属性已经丢失，此时若想双击打开，则会提示出错，如图 4-54 所示，即是说此时系统并不能识别此分区中的系统数据了，系统数据不能识别，里面的文件自然也是不能读取的。

图 4-54　系统数据不能识别

步骤 2：修改 DBR 中每簇的扇区数

将每簇扇区数修改为另一个 2 的 n 次方数（如 8 则修改为 4，4 则修改为 2），重新加载虚拟硬盘后有何变化？

提示：此时本分区变化并不大，因为系统引导数据正常，所以可以进入分区，每簇扇区数的变化也只是影响每次写入数据，系统向硬盘分配的空间大小，所以里面的文件影响也不大。

读者可以再尝试修改其他的系统数据，重新加载虚拟硬盘后看有何变化。

4.8.3　任务 3：研究"新建文件"对 FAT 及目录区的影响

1．能力目标

（1）理解 FAT32 文件系统的结构。

（2）掌握目录项及 FAT 表的基本功能。

（3）理解新建文件的相关底层操作。

2．任务实施

步骤 1：将一虚拟硬盘格式化为 FAT32 文件系统

查看刚格式化后的原始 FAT 表（图 4-22），其原始根目录如图 4-55 所示。

其中，原始 FAT 表中前三个 FAT 表项（四个字节）的值为"FF FF FF 0F"，表明前三个簇已经被占用，而后面的其他值全为 0，表示目前未被占用，可写入其他文件。

```
Offset    0  1  2  3  4  5  6  7   8  9  A  B  C  D  E  F
00400000  D0 C2 BC D3 BE ED 20 20  20 20 20 08 00 00 00 00
00400010  00 00 00 00 00 00 33 6E  3B 41 00 00 00 00 00 00
```

图 4-55　原始根目录

此时的根目录（2 簇）中只有两行数据，而这两行一般就是此分区的卷标。根目录（DIR）从字面上去理解就可以知道此簇主要记录的是本文件系统根目录下的文件或文件夹的属性。若是文件有内容或者文件夹里面还有其他文件，那么这些数据就不能放在根目录中了，而是另外为其分配数据空间，然后在文件或文件夹的属性中记录下其空间位置。

从图 4-55 中可以看出此时的分区中只有两行根目录属性（根目录下一般 32 字节为一个目录项，第一个目录项一般都是本分区的卷标），无任何其他的数据，即根目录下没有其他文件或文件夹。

步骤 2：在本分区的根目录下新建一空记事本文件

如图 4-56 所示，在本分区的根目录下新建文件"YQ.txt"，暂时不写入任何内容。

图 4-56　新建空白文件

在 WinHex 中查看此时的 FAT 表可以发现，FAT 表没有任何变化。可以来分析一下原因，图 4-56 显示了一空白文件的属性，空白文件因为没有内容，所以其大小为 0KB，所占的空间也是 0KB。而 FAT 表反映数据区数据所占空间的情况，所以此时 FAT 表没有改变。但是，因为此时的文件位于根目录下，所以在根目录中应该有记录其属性，而根目录是 2 簇，打开 2 簇，明显发现多了几行数据，因为多出的这几行数据都位于 2 簇内，而在 FAT 表中，2 簇对应的 FAT 项本来就显示为"被占用"状态，所以看上去没有任何变化。但是，此时若跟到根目录（2 簇）下，可以明显发现图 4-57 比图 4-55 多了 6 行数据。在图 4-57 倒数第 4 行的右侧解释说明窗口中可以看到"YQ　TXT"字样，说明此两行表示的是"YQ.txt"这个文本文件。

```
Offset    0  1  2  3  4  5  6  7   8  9  A  B  C  D  E  F
000D0000  D0 C2 BC D3 BE ED 20 20  20 20 20 08 00 00 00 00    ÐÂ¼Ó¾í
000D0010  00 00 00 00 00 00 07 5E  9E 41 00 00 00 00 00 00         ^ÌA
000D0020  E5 B0 65 FA 5E 20 00 87  65 2C 67 0F 00 D2 87 65    å°eú^ ‡e,g Ò‡e
000D0030  63 68 2E 00 74 00 78 00  74 00 00 00 00 00 FF FF    ch. t. x. t.    ÿÿ
000D0040  E5 C2 BD A8 CE C4 7E 31  54 58 54 20 00 6A 5B 5E    åÂ½¨ÎÄ~1TXT  j[^
000D0050  9E 41 9E 41 00 00 5C 5E  9E 41 00 00 00 00 00 00    ÌAÌA  \^ÌA
000D0060  59 51 20 20 20 20 20 20  54 58 54 20 10 6A 5B 5E    YQ      TXT  j[^
000D0070  9E 41 9E 41 00 00 5C 5E  9E 41 00 00 00 00 00 00    ÌAÌA  \^ÌA
```

图 4-57　新建文件后的根目录

步骤 3：向空记事本文件中写入少量数据

向"YQ.txt"文件中写入数据"123"，然后保存，再通过 WinHex 来查看当前文件系统的 FAT 表及根目录（如图 4-58 和图 4-59 所示）。

```
Offset      0  1  2  3  4  5  6  7    8  9  A  B  C  D  E  F
00004C00   F8 FF FF 0F FF FF FF FF   FF FF FF 0F FF FF FF 0F
00004C10   00 00 00 00 00 00 00 00   00 00 00 00 00 00 00 00
```

图 4-58 写入文件内容后的 FAT 表

```
Offset       0  1  2  3  4  5  6  7    8  9  A  B  C  D  E  F
000D0000    D0 C2 BC D3 BE ED 20 20   20 20 20 08 00 00 00 00
000D0010    00 00 00 00 00 00 07 5E   9E 41 00 00 00 00 00 00
000D0020    E5 B0 65 FA 5E 20 00 87   65 2C 67 0F 00 D2 87 65
000D0030    63 68 2E 00 74 00 78 00   74 00 00 00 00 00 FF FF
000D0040    E5 C2 BD A8 CE C4 7E 31   54 58 54 20 00 6A 5B 5E
000D0050    9E 41 9E 41 00 00 5C 5E   9E 41 00 00 00 00 00 00
000D0060    59 51 20 20 20 20 20 20   54 58 54 20 10 6A 5B 5E
000D0070    9E 41 24 42 00 00 00 7F   24 42 03 00 03 00 00 00
```

图 4-59 写入文件内容后的根目录

此时 FAT 表 3 簇位置上的值变成了 "FF FF FF 0F"，即表示当前簇已经被占用，且当前簇是当前簇所在文件的尾部，意思就是说本分区 3 簇位置已经被某一文件占用了。

再看图 4-59，将其和图 4-57 比较可以发现图 4-59 中框选出来的部分值发生了改变，框选部分前两个字节的值为 "03 00"，换成 10 进制（WinHex 中的值若超过 1 字节，全部得高、低换位）为 3，此值表明当前文件的头部在 3 簇，后面 4 个字节的值为 "03 00 00 00"，换成 10 进制为 3，此值表明当前文件总共有 3 字节长度。

跳到 3 簇（如图 4-60 所示）就可以看到此簇只有 3 个字节，分别是 "31 32 33"，再看右侧的解释说明窗口，显示是 "123"，正好是 "YQ.txt" 文件的内容。

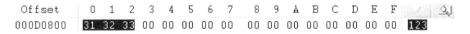

```
Offset      0  1  2  3  4  5  6  7    8  9  A  B  C  D  E  F   √  🔍
000D0800   31 32 33 00 00 00 00 00   00 00 00 00 00 00 00 00  123
```

图 4-60 3 簇的数据

通过上面的分析，可以得出以下结论。

（1）FAT 表中记录的是簇被占用的情况及文件所占簇的链表。

（2）根目录中记录的是文件的属性及文件起始簇和大小（以字节为单位）。

（3）真实的簇中记录的是文件的具体内容。

步骤 4：继续向文件中写入大量内容

继续在文件中不断地复制、粘贴，或者直接复制其他的某些数据，直到文件大小为 10KB 以上，如图 4-61 所示。

| 大小： | 34.8 KB (35,640 字节) |
| 占用空间： | 36.0 KB (36,864 字节) |

图 4-61 修改后文本文件属性

再查看其 FAT 表，就可以看到 3 簇所对应的 FAT 表项后有了很多新数据。3 簇所对应的 FAT 表的值为 "04 00 00 00"，因其值不为 0，所以此簇已经被占用，将它的值换成 10 进制后为 4，就是说这一簇所在文件的下一部分在 4 簇。跳到 4 簇所对应的 FAT 表项，其值为 "05 00 00 00"，表示 4 簇已经被占用，且 4 簇所在文件的下一部分在 5 簇。一直往后跳转，直到 20 簇所对应的 FAT 表项值为 "FF FF FF 0F"，才表示此文件到此结束。

整理一下，就可以得出结论：本文件依次占用 3～20 簇，共 18 簇的空间，如图 4-62

所示。

Offset	0	1	2	3	4	5	6	7	8	9	A	B	C	D	E	F
00004C00	F8	FF	FF	0F	FF	FF	FF	FF	FF	FF	FF	0F	04	00	00	00
00004C10	05	00	00	00	06	00	00	00	07	00	00	00	08	00	00	00
00004C20	09	00	00	00	0A	00	00	00	0B	00	00	00	0C	00	00	00
00004C30	0D	00	00	00	0E	00	00	00	0F	00	00	00	10	00	00	00
00004C40	11	00	00	00	12	00	00	00	13	00	00	00	14	00	00	00
00004C50	FF	FF	FF	0F	00	00	00	00	00	00	00	00	00	00	00	00

图 4-62　修改后 FAT 表

再跳到根目录项，查看本文件所对应的属性。图 4-63 框选部分后 4 个字节的值发生改变，若将其数转换成 10 进制就可以发现此时的数值刚好是 356400。

Offset	0	1	2	3	4	5	6	7	8	9	A	B	C	D	E	F
000D0000	D0	C2	BC	D3	BE	ED	20	20	20	20	20	08	00	00	00	00
000D0010	00	00	00	00	00	07	5E	9E	41	00	00	00	00	00	00	00
000D0020	E5	B0	65	FA	5E	20	00	87	65	2C	67	0F	00	D2	87	65
000D0030	63	68	2E	00	74	00	78	00	74	00	00	00	00	00	FF	FF
000D0040	E5	C2	BD	A8	CE	C4	7E	31	54	58	54	20	00	6A	5B	5E
000D0050	9E	41	9E	41	00	00	5C	5E	9E	41	00	00	00	00	00	00
000D0060	59	51	20	20	20	20	20	20	54	58	54	20	10	6A	5B	5E
000D0070	9E	41	24	42	00	00	8A	81	24	42	**03**	**00**	**38**	**8B**	**00**	**00**

图 4-63　修改后根目录

这个数据是如何得来的呢？从 FAT 表中可知，本文件共占用 18 簇的空间，从本分区的 DBR 中得知每簇大小为 4 个扇区，每扇区 512 字节，即 18×4×512=36864，再和图 4-61 进行对比，可以得出结论：文件属性中的大小值是根目录中文件实际属性的大小，而文件属性中的占用空间指的是文件所占簇的总大小。

3．任务总结

FAT 表的大小和数据区簇的数量有直接关系，一个 FAT32 文件系统在第一次被格式化时就会指定每簇扇区数，如果相同扇区总数的文件系统设置其簇的扇区数越大，则 FAT 表就越小。

FAT 表只能表明当前簇是否被占用及本簇所属文件各簇之间的链接关系，而不能描述当前文件的文件名、文件具体大小和创建时间等信息，所以需要用到一种数据用其来存储各种文件的属性，然后指向本文件的第一个簇，再根据 FAT 表中的链接关系找到本文件的其他簇，这种数据就是根目录数据的作用。

4.8.4　任务 4：研究"新建文件夹"对目录项的影响

1．能力目标

（1）掌握目录项的结构，能对目录项进行简单修改。

（2）理解文件夹及文件之间的链接关系。

（3）能熟练操作 WinHex 软件。

2．任务实施

步骤 1：创建文件夹

格式化一个分区为 FAT32 文件系统，然后在此分区的根目录下创建一文件夹，命名为

"新建文件夹"，接着在文件夹中新建一个名为"a.txt"的文件（如图 4-64 和图 4-65 所示）。

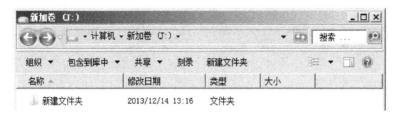

图 4-64　根目录下的文件夹

图 4-65　文件夹中的文件

步骤 2：查看根目录下的文件目录项

打开 WinHex 软件，进入根目录（DIR），查看当前文件夹的文件目录项。

图 4-66 的框选部分即为本文件夹的短文件名目录项，其内有本文件夹的起始簇号，根据短文件名目录项的结构，此文件夹的起始簇为 3 簇。

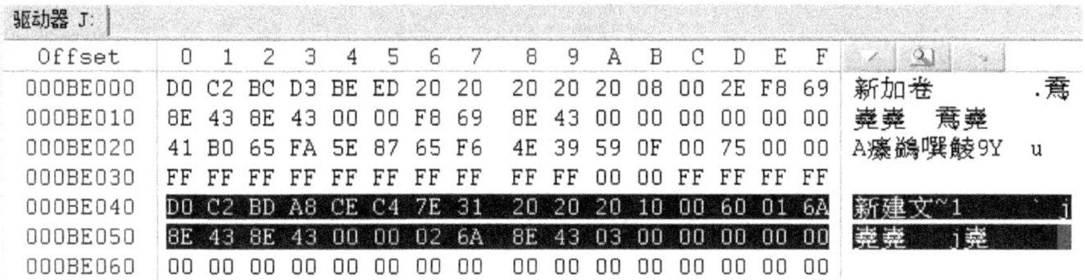

```
驱动器 J:
Offset     0  1  2  3  4  5  6  7   8  9  A  B  C  D  E  F    ┌     🔍
000BE000   D0 C2 BC D3 BE ED 20 20  20 20 20 08 00 2E F8 69   新加卷        .鸯
000BE010   8E 43 8E 43 00 00 F8 69  8E 43 00 00 00 00 00 00   尧尧 鸯尧
000BE020   41 B0 65 FA 5E 87 65 F6  4E 39 59 0F 00 75 00 00   A癮鹉嘁鲩9Y u
000BE030   FF FF FF FF FF FF FF FF  FF FF 00 00 FF FF FF FF
000BE040   D0 C2 BD A8 CE C4 7E 31  20 20 20 10 00 60 01 6A   新建文~1      j
000BE050   8E 43 8E 43 00 00 02 6A  8E 43 03 00 00 00 00 00   尧尧   j尧
000BE060   00 00 00 00 00 00 00 00  00 00 00 00 00 00 00 00
```

图 4-66　根目录下的文件夹

步骤 3：进入文件夹所在的簇

单击工具栏中的 📄 图标可以快速进入 3 簇（如图 4-67 所示），此时文件夹里没有任何文件，所以只能看到"."和".."目录项（如图 4-68 所示）。

图 4-67　"转到扇区"对话框

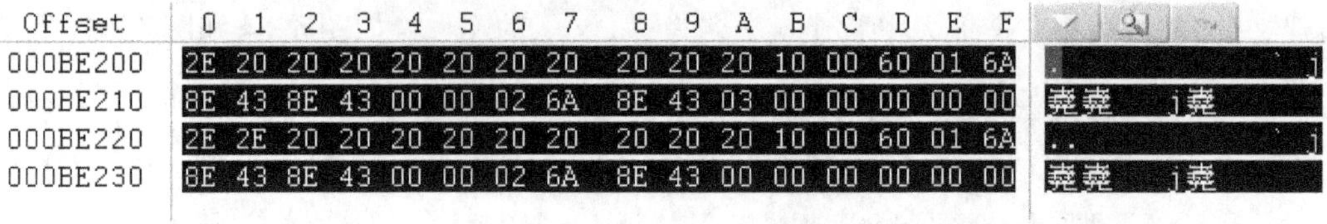

Offset	0	1	2	3	4	5	6	7	8	9	A	B	C	D	E	F			
000BE200	2E	20	20	20	20	20	20	20	20	20	20	10	00	60	01	6A			j
000BE210	8E	43	8E	43	00	00	02	6A	8E	43	03	00	00	00	00	00	尧尧	j尧	
000BE220	2E	2E	20	20	20	20	20	20	20	20	20	10	00	60	01	6A	..		j
000BE230	8E	43	8E	43	00	00	02	6A	8E	43	00	00	00	00	00	00	尧尧	j尧	

图 4-68　空文件夹的目录项

步骤 4：向文件夹内写入文件

在文件夹中新建文件"a.txt"后就会增加本文件的目录项，如图 4-69 所示。但是，打开 WinHex 软件，进入到本文件夹所在的数据簇后，则会发现多出了框选部分的 4 行数据，如图 4-69 所示，其中每两行表示一个目录项，而两个目录都是以"E5"开头，表示当前文件已经被删除。框选部分的第一行，偏移量为 D984B 处的值为"0F"，表明最前面两行是长文件名目录。长文件名目录的文件名是从第二个字节处开始的，所以将第一个字节改为"E5"并不会影响文件名，此时先将光标放置在第一个 E5 处，然后通过"查看－模板管理器"（如图 4-70 所示）选择图 4-70 选中部分的下一个选项（长文件名目录模板），可直观地看到当前被删除文件的完整文件名（如图 4-71 所示）。

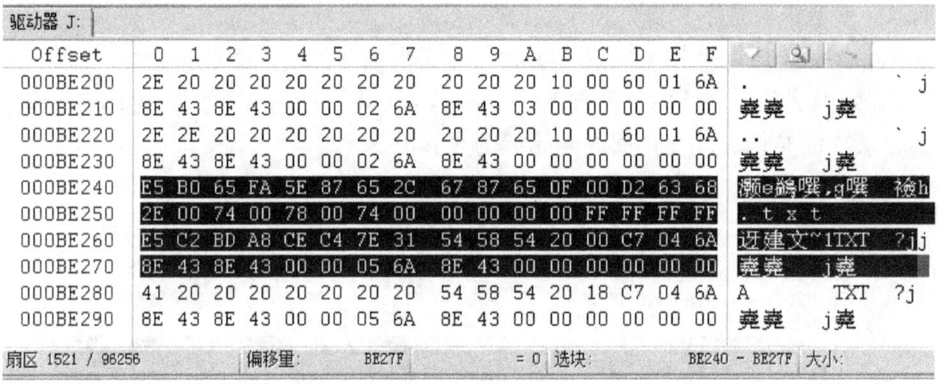

驱动器 J:																			
Offset	0	1	2	3	4	5	6	7	8	9	A	B	C	D	E	F			
000BE200	2E	20	20	20	20	20	20	20	20	20	20	10	00	60	01	6A	.	`	j
000BE210	8E	43	8E	43	00	00	02	6A	8E	43	03	00	00	00	00	00	尧尧	j尧	
000BE220	2E	2E	20	20	20	20	20	20	20	20	20	10	00	60	01	6A	..	`	j
000BE230	8E	43	8E	43	00	00	02	6A	8E	43	00	00	00	00	00	00	尧尧	j尧	
000BE240	E5	B0	65	FA	5E	87	65	2C	67	87	65	0F	00	D2	63	68	濉e鹂嗟,g嗟 褛h		
000BE250	2E	00	74	00	78	00	74	00	00	00	FF	FF	FF	FF			. t x t		
000BE260	E5	C2	BD	A8	CE	C4	7E	31	54	58	54	20	00	C7	04	6A	迓建文~1TXT	?j	
000BE270	8E	43	8E	43	00	05	6A	8E	43	00	00	00	00	00			尧尧	j尧	
000BE280	41	20	20	20	20	20	20	20	54	58	54	20	18	C7	04	6A	A	TXT	?j
000BE290	8E	43	8E	43	00	00	05	6A	8E	43	00	00	00	00	00		尧尧	j尧	

扇区 1521 / 96256　　偏移量:　　BE27F　　= 0　选块:　　BE240 - BE27F　大小:

图 4-69　新建文件后的文件夹

可能读者有疑问，明明只是在这个文件夹中创建了一个"a.txt"的文件，什么时候多出来了这么个"新建文本文档.txt"呢？细心的读者仔细回想在新建"a.txt"文件的时候，先在空白处单击"新建"，选择"文本文档"，于是出来了一个文本文档图标，默认文件名就是"新建文本文档.txt"，然后选择的是修改文档的名字为"a.txt"，看上去好像只创建了一个文档，其实系统认为之前的"新建文本文档.txt"已经创建成功了，只是后来又被删除了而已。

图 4-69 中，框选部分后两行偏移量为 D9860B 处的属性值为"20"，表示此时为短文件名目录，再利用如图 4-70 所示的方式查看其短文件名目录模板（如图 4-72 所示）。因为短文件目录的文件是从第一个字节处开始的，将第一个字节改为"E5"明显会影响到模板的文件名显示。从图 4-72 就可以看出第一个字变为了"迓"，而后面两个字则是"建文"，因为短文件名最多只能是 8 个字符，所以短文件名只能显示 3 个汉字，后面跟"～1"。

图 4-69 中，最后两行是 a.txt 的短文件目录项。

根目录下文件的目录项位于根目录（2 簇）中，某一文件夹中文件的目录项则位于此文件夹所在的簇中。

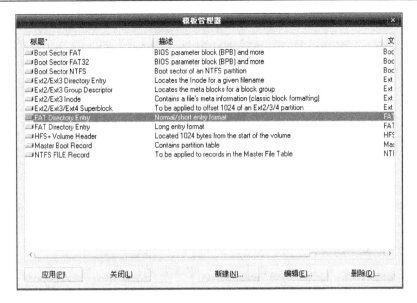

图 4-70　"模板管理器"对话框

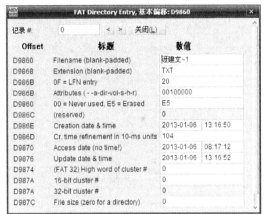

图 4-71　"长文件名目录"模板　　　　　图 4-72　"短文件名目录"模板

思考：若某文件夹中还有文件夹，在最里层的文件夹中有一个文件。请问，如何正确找到这个文件？

提示：文件夹内文件的目录项位于文件夹所在的簇。

4.9　实战

4.9.1　实战 1：利用 "." 或者 ".." 目录项完美隐藏文件夹

在日常生活中，因为同一台计算机经常被多人使用，而我们又有一些文件不希望被太多人知道，所以我们会想办法对其他用户"隐藏"。目前普遍用的隐藏方式有两种，① 使用系统自带的隐藏属性；② 使用文件隐藏软件。系统自带的隐藏属性只要在"文件夹选项"中将所有隐藏选项打开（如图 4-73 所示，取消有"隐藏"两个字的所有选项前面的勾），就可以看到所有的隐藏文件了。而文件隐藏软件又要求安装软件、设置密码等一系列操作，稍微对计算机熟悉一些的人一看到这些软件很快就会想到有"隐藏"的东西，就会好奇，自然就会想尽办法去"偷窥"一下内容，这是人之常情！

想要隐藏文件的目的是不想被任何人知道，如果别人连我们计算机上藏了东西都不知道，那么是不是会更彻底呢？

通过任务 4 可以知道，一个文件夹默认有"."和".."目录，它们分别用来指向自己和上一级目录的地址。在计算机"开始→运行"窗口下输入"cmd"（如图 4-74 所示），可进入命令提示符界面浏览文件及文件夹，如图 4-75 所示，首先进入 J 盘根目录，通过 dir 命令可查看根目录下的文件，很明显可以看到根目录下并没有"."和".."目录项，这是因为根目录的记录和文件夹的记录没有存储在同一位置，再使用 cd 命令进入子文件夹"新建文件夹"中，使用 dir 命令浏览就可以看到"."和".."目录项了。若此时输入"cd..",就表示进入到本文件夹的上层目录（此时代表根目录），输入"cd."则表示跳入此文件夹。而在这个界面中看到的"."和".."进入到"我的电脑"却是看不到的，说明这两个目录项具有自动隐藏功能。

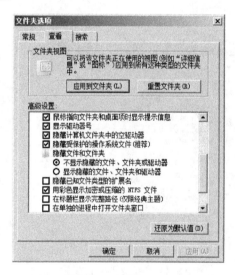

图 4-73　文件夹选项

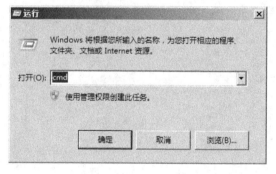

图 4-74　命令提示符界面

1．隐藏思路

既然一个文件夹会自动隐藏其内的"."和".."目录项，那么我们可不可以让自己的文件夹"伪装"成"."或".."目录项呢？

2．实现步骤

步骤 1：在根目录下的"新建文件夹"中创建文件夹"MY"

"MY"文件夹主要用来装所有想隐藏的文件，如图 4-76 所示。

步骤 2：在 WinHex 中打开物理磁盘，然后跳到本文件夹的数据簇位置

一定要打开物理磁盘，然后再通过链接进入本文件夹中，否则可能会导致无法修改底层数据。如图 4-77 所示，进入物理磁盘后，通过"快速跳转"按钮 ✓ 打开 FAT32 所在的分区（如图 4-78 所示），然后再通过打开的"硬盘 2 分区 2"的"快速跳转"按钮 ✓ 进入到本分区的根目录中（如图 4-79 所示）。通过查看根目录下的目录项（如图 4-80 所示）找到"新建文件夹"的目录项，通过分析发现，此文件夹的数据起始位置在 3 簇，最后通过工具栏中的"跳至扇区"按钮 快速跳入到 3 簇（如图 4-81 所示），此处看见的就是需要隐藏的文件夹"MY"的目录项所在的位置了（如图 4-82 所示）。

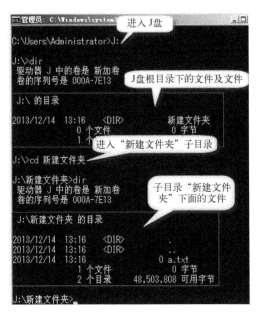

图 4-75　浏览文件夹

图 4-76　创建的新文件夹

图 4-77　进入物理磁盘

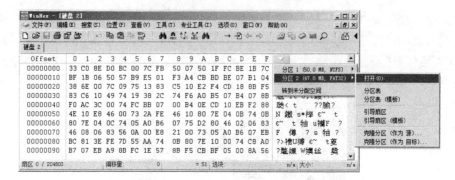

图 4-78 打开 FAT32 所在的分区

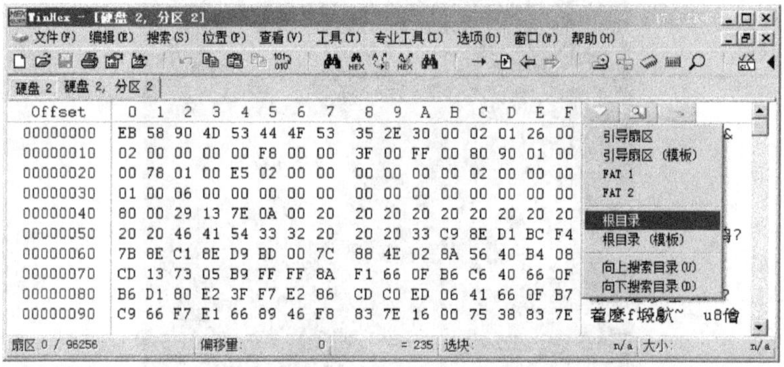

图 4-79 进入 FAT32 文件系统的根目录

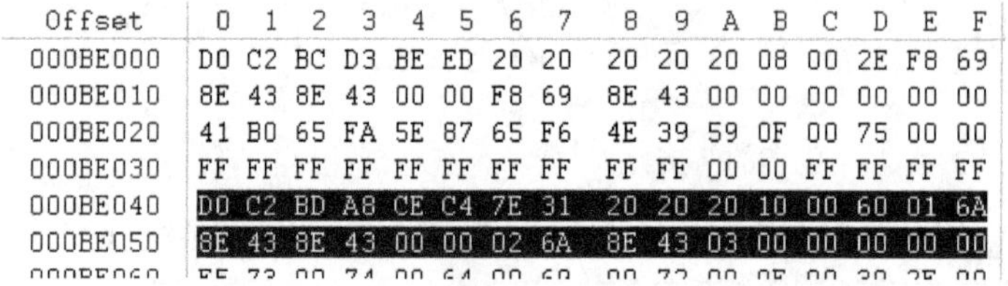

图 4-80 根目录下的目录项

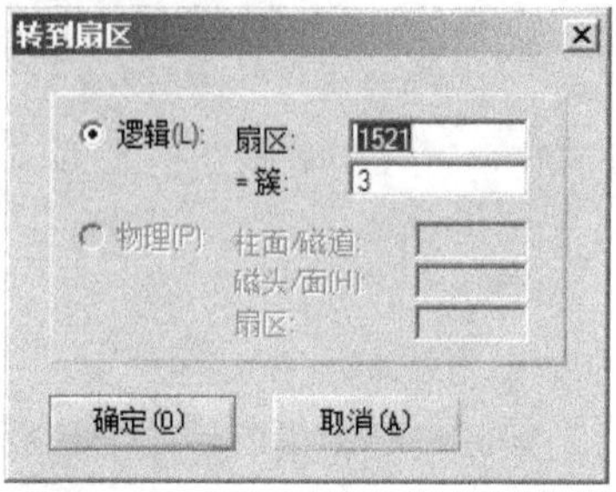

图 4-81 跳入文件夹所在簇

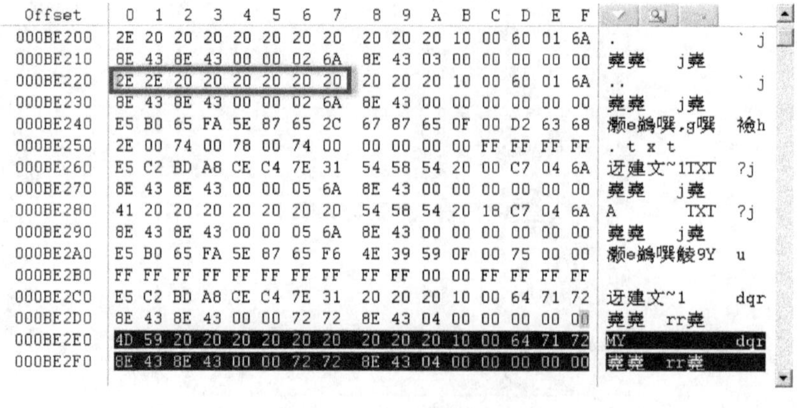

图 4-82 "MY" 文件夹所在的簇

步骤 3：修改"MY"文件夹的文件夹名

从图 4-82 可以看出，".."目录项的文件名为"2E 2E 20 20 20 20 20 20"，想将"MY"文件夹"伪装"成".."文件夹，只需要将"MY"文件夹的文件名改为"2E 2E 20 20 20 20 20 20"即可（如图 4-83 所示）。修改完成后，通过工具栏中的"保存"按钮🖫保存当前分区数据的更改，保存过程中可能会弹出如图 4-84 所示的提示信息，只需要单击"确定"按钮即可。

图 4-83　修改 MY 文件夹的名字

步骤 4：查看隐藏效果

在 WinHex 中保存文件夹名的修改后进入到"我的电脑"，然后再进入到"MY"文件夹的上层文件夹（"新建文件夹"）就可以看见"MY"文件夹已经消失了，哪怕使用"文件夹选项"打开所有隐藏属性也是看不到该文件夹的。

但是，若在命令提示符界面使用 dir 命令查看当前所有系统文件夹，如图 4-85 所示，就会看到有两个".."文件夹，这是一个很大的漏洞，那如何弥补这个"漏洞"呢？

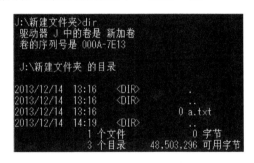

图 4-84　保存提示图　　　　　　图 4-85　修改后浏览的文件记录

提醒：可将"MY"文件夹的目录项复制，然后覆盖原来的".."目录项，这样整个文件夹就只有一个".."目录了，而且在命令提示符界面输入命令"cd .."，仍然会跳入到上一层目录，而不是进入到".."文件夹中，这样就可以"完美"隐藏文件夹了。

4.9.2　实战 2：恢复误删除的文件

1．实现步骤

步骤 1：创建新文件

在分区根目录中创建一个文件，命名为"TEST07.txt"，在里面写入一些内容。

步骤 2：彻底删除此文件

步骤 3：从文件名的长度上分析此文件所对应的目录项有无长文件名目录项

文件名一共 6 个字符，所以完全可以用一个短文件名目录记录，所以此文件所对应的目录项应该只有一个短文件名。

步骤 4：利用任务 4 步骤 3 的方法找到"TEST07"所对应的 ASCII 码 `54 45 53 54 30 37`

短文件名的文件名编码为 ASCII，且其文件名从目录项的第一个字节处开始，删除此文件后会将其 ASCII 码的第一个字节修改为"E5"，即"E5 45 53 54 30 37"。

步骤 5：在 WinHex 中进入本分区的根目录，搜索特征值

首先进入到根目录，然后执行菜单命令"搜索→搜索十六进制数值"，则会出现"搜索"对话框，在对话框中写入如 图 4-86 所示的值，单击"确定"按钮，WinHex 主界面中的光标就会自动跳到搜索到的数值处。

此时图 4-87 所示框选部分的起始簇为 26，总字节数为 500。

图 4-86 "查找十六进制数值"对话框

步骤 6：跳至文件头部，标记"选块开始"

执行菜单命令"位置→跳至扇区"，然后在"跳至扇区"对话框中输入簇为 26（如图 4-88），这样就可以直接跳到 26 簇的第一个字节处，即此文件的头部，在此处右键单击鼠标，选择"选块起始位置"（如图 4-89）。

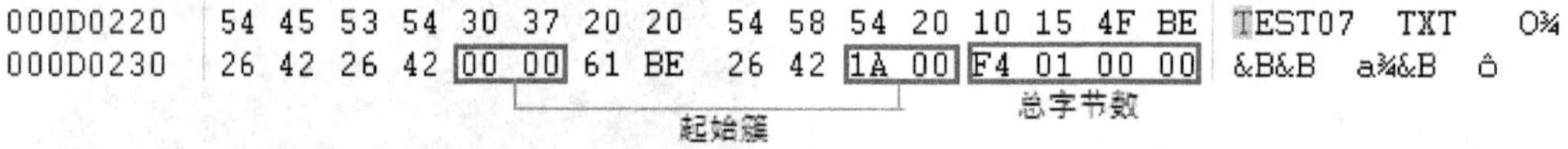

```
000D0220   54 45 53 54 30 37 20 20  54 58 54 20 10 15 4F BE   TEST07   TXT   O¾
000D0230   26 42 26 42 00 00 61 BE  26 42 1A 00 F4 01 00 00   &B&B  a¾&B  ô
                        起始簇                 总字节数
```

图 4-87　查找到的目录项

图 4-88 "跳至扇区"对话框

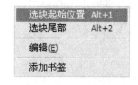

图 4-89　右键菜单

步骤 7：通过总字节数，跳至文件尾部

从图 4-87 可知本文件的总字节数，此时光标仍然位于文件头部，执行菜单命令"位置→转到偏移量"，在"转到偏移量"对话框中设置如图 4-90 所示的值，单击"确定"按钮后光标会跳入本扇区的某个位置，再将光标向该位置的前一个字节处移动（思考：为什么？），然后右键单击鼠标，选择"选块尾部"，此时文件的所有内容就会自动被选中了。

步骤 8：恢复文件

在被选中的数据部分右键单击鼠标，执行菜单命令"编辑→复制选块→至新文件"（如图 4-91 所示），然后将其存储到除被恢复分区之外的分区中，保存的文件名为此文件的原始文件名即可。

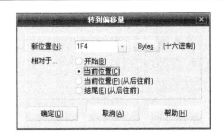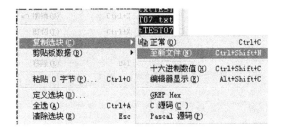

图 4-90　"转到偏移量"对话框　　　　　　图 4-91　复制到新文件

2．任务总结

删除某文件底层数据的改变如下。

● 文件数据所在簇对应的 FAT 表项被清 0。

● 本文件在根目录中记录的第一个字节被设为 E5，且文件起始簇的高两个字节清 0。

● 只要不被新的数据覆盖，数据区中的数据仍然存在。

4.9.3　实战 3：恢复误格式化的 FAT32 分区

被格式化了的 FAT32 分区其实只是将它的 FAT 表及根目录清空了，其数据区（除了 2 簇）的数据还是存在的，这就为数据恢复提供了方便。

根目录（2 簇）记录的是本分区根目录下的文件及目录的属性，包括文件名、数据所在簇等信息，而根目录下的子目录里面有本目录下文件的属性，也就是说格式化了的分区只有根目录下的文件及目录属性才会被丢失，子目录下的所有数据都是完整的。

步骤 1：新建虚拟磁盘

使用 Windows 7 自带工具创建一个虚拟磁盘，大小为 1GB，然后将其格式化为 FAT32 文件系统，再在其根目录下复制一些文件和目录，要求目录下还有文件或子目录，如图 4-92 所示。

图 4-92　在根目录下写入文件及目录

将本分区再次格式化为 FAT32 文件系统，此时双击打开此分区时应该看不见任何文件，可是关键问题是现在需要将格式化之前的文件恢复回来。

步骤 2：在 WinHex 中打开本分区

因为想看到本分区格式化之前的数据，所以打开此分区，然后在更新快照的时候勾选"依据文件系统搜索并恢复目录及文件"，如图 4-93 所示，默认的打开磁盘或更新快照只是将

FAT 表和根目录下的目录项一一列举，然后将与它们对应的文件显示在"目录浏览器"中，勾选此项设置可以在更新的时候让软件自动去搜索数据区的数据（如图 4-94 所示），搜索的速度比较快，一般 10GB 大小的分区只需要几分钟的时间。搜索结束后，软件就会按照后面数据区的格式扫描其他未在 FAT 表或根目录下记录的文件或目录。

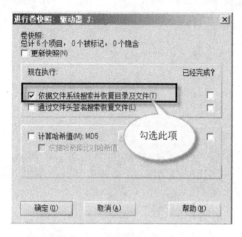

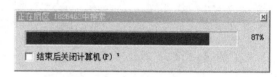

图 4-93　更新快照设置　　　　　　　　图 4-94　更新快照后搜索数据区数据

　　如图 4-95 所示，软件会在"目录浏览器"中显示一个"未知路径"的文件夹，里面装的就是搜索到的不在根目录下的文件及目录，可以双击打开此目录，然后就会看到如图 4-96 所示的内容，它是按簇号排序的目录，因为根目录下文件的目录项是存放在根目录下的，而在格式化的时候，根目录会自动清 0，所以此时看不到原根目录下的文件信息，而根目录下的目录内部装入了一个"."和一个".."目录项，"."目录项会指向本身，而".."目录项会自动指向本目录的上级目录项，所以可以在"目录浏览器"中看到。

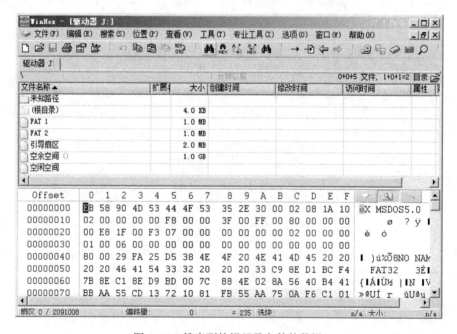

图 4-95　搜索到的根目录之外的数据

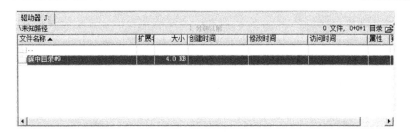

图 4-96　未知目录下的内容

步骤 3：恢复文件及目录

既然已经可以看到文件，此时可以在需要恢复的文件上右键单击鼠标，然后选择"查看器→相关联的程序"（如图 4-97 所示），这样就可以打开文件查看其内容是否正确了。若是想将所有的文件全部恢复出来，就在文件所在的文件夹上右键单击鼠标，然后选择"恢复/复制"（如图 4-98 所示），在弹出来的"选择目标文件夹"对话框中设置保存的位置即可（如图 4-99 所示）。

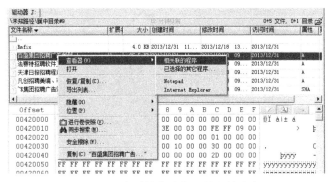

图 4-97　查看被格式化了的文件内容

图 4-98　恢复文件及目录

图 4-99　"选择目标文件夹"对话框

　　按照前面的步骤基本能够恢复根目录下子目录中的文件及目录，但是根目录下的文件却无法通过这种方式恢复了。每一种文件都有自己固定的格式，如 DOCX 文档的头部如图 4-100 所示，AVI 格式文档的头部如图 4-101 所示，JPG 格式文档的头部如图 4-102 所示。可以通过文档的固定格式来恢复根目录的单个文件，在此处暂不做详述，读者可自行查阅。

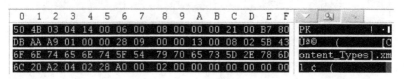

图 4-100　DOCX 文档的头部

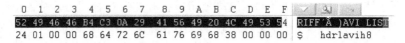

图 4-101　AVI 格式文档的头部

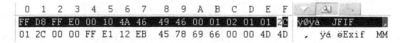

图 4-102　JPG 格式文档的头部

第 5 章　NTFS 文件系统

5.1　硬盘文件系统——NTFS

随着以 NT 为内核的 Windows 2000/XP 的普及，很多个人用户开始用到了 NTFS（New Technology File System）。NTFS 也是以簇为单位来存储数据文件的，但 NTFS 中簇的大小并不依赖于磁盘或分区的大小。簇尺寸的缩小不但减少了磁盘空间的浪费，还减少了产生磁盘碎片的可能。NTFS 支持文件加密管理功能，可为用户提供更高层次的安全保证。

Windows NT/2000/XP/2003 以上的 Windows 版本能识别 NTFS 系统，Windows 9x/Me 及 DOS 等操作系统都不能直接支持和识别 NTFS 格式的磁盘，访问 NTFS 文件系统时需要依靠特殊工具。

NTFS 的 4 大优点如下所述。

1．具备错误预警

在 NTFS 分区中，最开始的 16 个扇区是分区引导扇区，其中保存着分区引导代码，接着就是主文件表（Master File Table，简称 MFT），但如果它所在的磁盘扇区恰好出现损坏，NTFS 文件系统则会比较智能地将 MFT 换到硬盘的其他扇区，保证了文件系统的正常使用，也就是保证了 Windows 的正常运行。而以前的 FAT16 和 FAT32 的 FAT（文件分配表）则只能固定在分区引导扇区的后面，一旦遇到扇区损坏，那么整个文件系统就会瘫痪。

这种智能移动 MFT 的做法当然并非十全十美。如果分区引导代码中指向 MFT 的部分出现错误，那么 NTFS 文件系统便会不知道到哪里寻找 MFT，从而会报告"磁盘没有格式化"这样的错误信息。为了避免这样的问题发生，分区引导代码中会包含一段校验程序，专门负责侦测。

2．文件读取速度更高效

恐怕很多人都听说了 NTFS 文件系统在安全方面有很多新功能，但不一定知道 NTFS 在文件处理速度上也比 FAT32 大有提升。

对 DOS 系统略知一二的读者一定熟悉文件的各种属性：只读、隐藏、系统等。在 NTFS 文件系统中，这些属性都还存在，但有了很大的不同。在这里，一切都是一种属性，就连文件内容也是一种属性。这些属性的列表是不固定的，可以随时增加，这也就是为什么会在 NTFS 分区上看到文件有更多的属性。

NTFS 文件系统中的文件属性可以分成两种：常驻属性和非常驻属性。常驻属性直接保存在 MFT 中，像文件名和相关时间信息（如创建时间、修改时间等）永远属于常驻属性；非常驻属性则保存在 MFT 之外，但会使用一种复杂的索引方式来进行指示。如果文件或文件夹大小小于 1500 字节（其实我们的计算机中有相当多这样大小的文件或文件夹），那么它们的所有属性和内容都会常驻在 MFT 中，而 MFT 在 Windows 一启动就会载入到内存中。这样，当查看这些文件或文件夹时，其实它们的内容早已在缓存中了，自然大大提高了对文件和文件夹的访问速度。

为什么 FAT 的效率不如 NTFS 高？FAT 文件系统的文件分配表只能列出每个文件的名称及起始簇，并没有说明这个文件是否存在，需要通过其所在文件夹的记录来判断，而文件夹入口又包含在文件分配表的索引中。因此，在访问文件时，首先读取文件分配表来确定文件已经存在，然后再次读取文件分配表找到文件的首簇，接着通过链式的检索找到文件所有的存放簇，最终确定后才可以访问。

3．磁盘自我修复功能

NTFS 利用一种"自我疗伤"的系统，可以对硬盘上的逻辑错误和物理错误进行自动侦测和修复。在 FAT16 和 FAT32 时代，需要借助 Scandisk 这个程序来标记磁盘上的坏扇区，但当发现错误时，数据往往已经被写在坏扇区上了，损失已经造成。

NTFS 文件系统则不然，每次读/写时，它都会检查扇区正确与否。当读取时发现错误，NTFS 会报告这个错误；当向磁盘写文件时发现错误，NTFS 将会十分智能地换一个完好的位置存储数据，操作不会受到任何影响。在这两种情况下，NTFS 都会在坏扇区上作标记，以防今后被使用。这种工作模式可以使磁盘错误较早地被发现，避免灾难性的事故发生。

4．"防灾赈灾"的事件日志功能

在 NTFS 文件系统中，任何操作都可以看成是一个"事件"。如将一个文件从 C 盘复制到 D 盘，整个复制过程就是一个事件。事件日志一直监督着整个操作，当它在目标地——D盘发现了完整文件，就会记录下一个"已完成"的标记。假如复制中途断电，事件日志中就不会记录"已完成"，NTFS 可以在来电后重新完成刚才的事件。事件日志的作用不在于它能挽回损失，而在于它监督所有事件，从而让系统永远知道完成了哪些任务和哪些任务还没有完成，保证系统不会因为断电等突发事件而发生紊乱，最大限度地降低了破坏性。

5．附加功能

除了上述介绍的功能外，NTFS 还提供了磁盘压缩、数据加密、磁盘配额（在"我的电脑"中右键单击分区选择"属性"，进入"配额"选项卡即可设置）、动态磁盘管理等功能，这些功能在很多地方已有介绍，这里不再详细介绍。

NTFS 还提供了为不同用户设置不同的访问控制、隐私和安全管理功能。但如果系统处于一个单机环境，如家用计算机，那么这些功能对意义不是很大。

需要注意的是，如果分区是从 FAT32 转换为 NTFS 文件系统的（使用命令为"CONVERT 驱动器盘符 /FS:NTFS"），不仅 MFT 会很容易出现磁盘碎片，更糟糕的是，磁盘碎片整理工具往往不能整理这些碎片，严重影响系统性能。因此，建议将分区直接格式化为 NTFS 文件系统。

5.2　NTFS 文件系统结构分析

NTFS 分区内全部由文件组成，也就是说管理分区的单元（类似 FAT 文件系统中的 FAT表、DBR 等）也是由文件组成的，整个 NTFS 分区利用若干文件（系统文件）来管理全部文件（用户文件和系统文件自身）。

　　将一个分区格式化为 NTFS 文件系统后，不写入任何用户数据就可以看见有某些数据存在，如图 5-1 所示。

新加卷 (I:)

83.2 MB 可用，共 96.9 MB

图 5-1　新格式化的 NTFS 文件系统

　　可以利用 WinHex 软件查看 NTFS 卷中的文件结构。从图 5-2 和图 5-3 中可以看出，刚格式化的 NTFS 文件系统中有很多以 "$" 为前缀的文件，它们被称为元文件（或称为元数据，Metadata），是在文件系统被创建的同时建立的一些重要系统信息，用来管理整个分区。"$" 表示其为隐藏的系统文件，用户一般不可以直接访问。

文件名称 ▼	扩展名	文件大小	创建时间	修改时间	访问时间	文件属	内部上级目录号
System Vo...		408 B	2012-05-09 11...	2012-05-09 11...	2012-05-09 11...	SH	733,070
(根目录)		4.1 KB	2012-05-09 11...	2012-05-09 11...	2012-05-09 11...	SH	1,099,608
$Extend		344 B	2012-05-09 11...	2012-05-09 11...	2012-05-09 11...	SH	733,038
$Volume		0 B	2012-05-09 11...	2012-05-09 11...	2012-05-09 11...	ISH	
$UpCase		128 KB	2012-05-09 11...	2012-05-09 11...	2012-05-09 11...	SH	1,099,704
$Secure		0 B	2012-05-09 11...	2012-05-09 11...	2012-05-09 11...	SH	
$MFTMirr		4.0 KB	2012-05-09 11...	2012-05-09 11...	2012-05-09 11...	SH	1,099,528
$MFT		32.0 KB	2012-05-09 11...	2012-05-09 11...	2012-05-09 11...	SH	733,016
$LogFile		7.4 MB	2012-05-09 11...	2012-05-09 11...	2012-05-09 11...	SH	717,896
$Boot		8.0 KB	2012-05-09 11...	2012-05-09 11...	2012-05-09 11...	SH	0
$Bitmap		33.6 KB	2012-05-09 11...	2012-05-09 11...	2012-05-09 11...	SH	1,099,632
$BadClus		0 B	2012-05-09 11...	2012-05-09 11...	2012-05-09 11...	SH	
$AttrDef		2.5 KB	2012-05-09 11...	2012-05-09 11...	2012-05-09 11...	SH	1,008,648

驱动器 D:

\

图 5-2　刚格式化的 NTFS 文件系统的 "目录浏览器" 界面

文件名称 ▼	扩展名	文件大小	创建时间	修改时间	访问时间	文件属	内部上级目录号
..							
$Reparse		0 B	2012-05-09 11...	2012-05-09 11...	2012-05-09 11...	SHA	
$Quota		0 B	2012-05-09 11...	2012-05-09 11...	2012-05-09 11...	SHA	
$ObjId		0 B	2012-05-09 11...	2012-05-09 11...	2012-05-09 11...	SHA	

驱动器 D:

\$Extend

图 5-3　双击$Extend 文件夹后的文件列表

　　刚格式化的文件系统暂时没有任何用户数据，所以此时没有用户文件。

　　为了查看 NTFS 文件系统的具体数据结构，用 WinHex 软件打开一 NTFS 磁盘分区，然后单击 "快速跳转" 按钮后可看见如图 5-4 所示的界面。由图 5-4 可知，NTFS 文件系统最主要的两大组成部分是引导扇区和$MFT。

引导扇区
引导扇区（模板）
Master File Table ($MFT)

搜索 文件 记录（上）
搜索 文件 记录（下）

模板（NTFS FILE Record）

图 5-4　NTFS 文件系统的结构

　　NTFS 将所有的数据都视为文件（包括系统数据、属性等）。理论上除引导扇区必须位于第一个扇区外，NTFS 卷可以在任意位置存放任意文件，但是，通常情况下会遵循一定的习惯布局。图 5-5 所示就是在 Windows XP 下创建的 NTFS 卷的大致布局情况。

　　在计算机操作系统中也可以直观地看见 MFT 的位置（如图 5-6 所示）。中间一大块连续的深色部分就表示 "无法移动的文件"（在计算机中，可以看到的是一个绿色色块，实际上指的就是 MFT）。

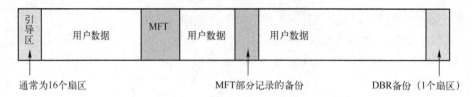

图 5-5　TFS 卷在 Windows XP 中的布局

图 5-6　Windows XP 下的碎片整理程序

NTFS 文件系统中的系统数据（包括第一个扇区中的引导代码）也是以一个文件的形式存在的（这与 FAT32 文件系统有很大的不同）。引导扇区（DBR）指的是$Boot 文件，MFT 区则对应的是$MFT 文件，MFT 的备份则是$MFTMirr 文件（如图 5-7 所示）。

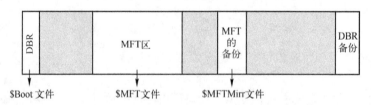

图 5-7　NTFS 文件系统主要组成部分对应的文件

5.2.1　引导扇区 DBR

　　$BOOT 文件就是引导扇区，所以一般固定在此分区的第一个扇区，但是为了系统以后的扩展，一般前 16 个扇区都是$BOOT 文件预留的位置。操作系统通过 DBR 找到$MFT，然后由$MFT 定位和确定其他文件的位置。

　　图 5-8 所示的数据为一个 NTFS 分区的 DBR，可以通过菜单"查看→模板管理器"（如图 5-9 所示），然后在弹出的"模板管理器"对话框中选择"Boot Sector NTFS"选项（如图 5-10 所示）来进行解释。最终的显示结果如图 5-11 所示。

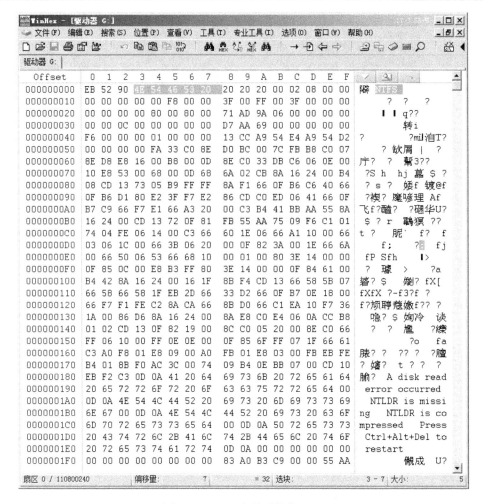

图 5-8　NTFS 文件系统的 DBR

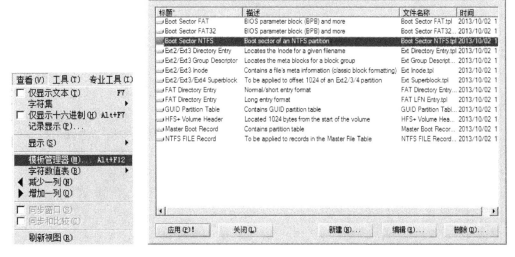

图 5-9　模板管理器　　　　　　　　　图 5-10　选择 NTFS 引导扇区模板

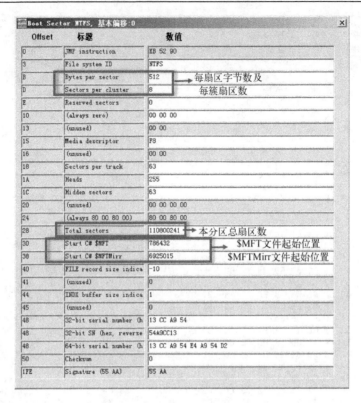

图 5-11　NTFS 的 DBR 模板

从图 5-11 中可以看出，NTFS 文件系统的 DBR 包含的最重要的 3 条信息就是每扇区字节数及每簇扇区数、本分区总扇区数、$MFT 文件起始位置及$MFTMirr 文件起始位置。

① 每扇区字节数：一个扇区一般都是 512 字节，这是由硬盘的数据单元大小决定的。

② 每簇扇区数：第 4 章曾提到，文件系统中数据的写入都是以簇为单位的，若一簇的扇区数太大，会导致每次都会为小小的文件分配一个完整的数据单元，导致存储地址的浪费；而若将一簇的扇区数设置得太小，又会导致一个文件由很多簇组成，导致文件有很多的碎片。所以，在高级格式化的时候，一般采用其默认的大小即可。

③ 本分区总扇数：此处记录的是 NTFS 文件系统内部记录的扇区数。NTFS 文件系统一般认为从引导扇区的头部开始到 DBR 备份的前面是一个分区，属于本分区。而磁盘的引导记录（包括 MBR 或者 EBR）却认为引导扇区头部到 DBR 备份全部属于一个分区。也就是说，在 MBR 中看到的某 NTFS 分区的大小比在本分区的 DBR 中看到的分区大小大一个扇区。

④ $MFT 文件起始位置：记录了$MFT 文件的第一个扇区号，可方便系统快速定位到此分区的文件记录中。一个 NTFS 分区的所有文件都会在 $MFT 文件中有记录。如引导扇区对应的$BOOT 文件就记录在 $MFT 文件的第 7 条文件记录中。此文件的前 4 条记录分别是$MFT 文件的记录、$MFTMirr 文件的记录、$Logfile 文件的记录、$Volume 文件的记录。

⑤ $MFTMirr 文件起始位置：$MFTMirr 是$MFT 文件前 4 条记录的备份。可能有人要问，为什么只备份前 4 条呢？因为 NTFS 文件系统只要定位好了$MFT 文件的位置，就可以从里面找到其他所有文件的位置了。相反地，如果$MFT 文件找不到，哪怕其他文件的位置能确定，也是无法读取数据的（可能有人要说了，既然其他文件的位置都能确定了，那完全可以手工重新建立$MFT 文件啊，然后将新文件映射到引导扇区中去就行了。这确实是可行

的，不过中间过程比较麻烦，需要深刻地理解整个 NTFS 文件系统的结构才行）。

NTFS 文件系统的 DBR 具体结构说明如表 5-1 所示。

表 5-1　NTFS 文件系统的 DBR 结构说明

偏 移 量	字 节 数	含 义
00～02	3	跳转指令
03～0A	8	OEM 名（明文"NTFS"）
0B～0C	2	每扇区字节数
0D	1	每簇扇区数
0E～0F	2	保留扇区数（Microsoft 要求置为 0）
28～2F	8	文件系统扇区总数（此值比分区表描述扇区数小 1）
30～37	8	MFT 起始簇号
38～3F	8	MFT 备份的起始簇号
40	1	每 MFT 项（文件记录）大小
44	1	每个索引的大小簇数
48～4F	8	序列号
54～1FD	426	引导代码
1FE～1FF	2	结束标记为"55 AA"

5.2.2　$MFT 文件

从图 5-11 中的数据可以看出，当前磁盘的$MFT 位于第 786432 扇区。我们可以通过工具栏中的"跳至扇区"按钮（如图 5-12 所示）设定跳转的簇号后（如图 5-13 所示），快速跳到此扇区，看看其内的数据（如图 5-14 所示）。

图 5-12　"跳至扇区"按钮

图 5-13　跳到$MFT 文件

$MFT 文件记录了本分区中的所有文件，在 NTFS 文件系统中，操作系统就是通过此文件中的记录来确定系统中每一个文件的存储地址的（包括它自己）。该文件可以理解为是一个数据库，由一系列文件记录组成，每一个文件记录的大小固定为 1KB（2 扇区），物理上是连续的，且从 0 开始编号。分区中每一个文件都对应一个文件记录，用来记录本文件的所有属性，$MFT 文件本身也有自己的文件记录。图 5-14 所示是$MFT 文件的第一个扇区，我们可以从框选部分的数据得知，该文件的第一条文件记录对应的就是$MFT 文件本身。往后跳转 2 个扇区的位置（本扇区号是 6291456，可跳转到 6291458 扇区），如图 5-15 中的框选部分所示，当前为文件$MFTMirr。若读者继续向下 2 个扇区、2 个扇区地跳转，可以发现后面的文件依次是$LogFile、$Volumn 等。

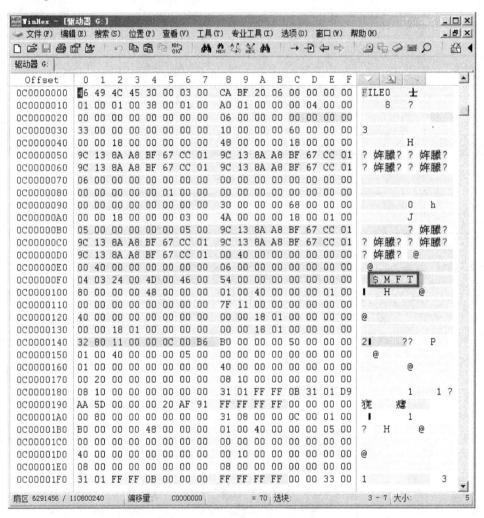

图 5-14　$MFT 文件的头部

每条记录都是 2 个扇区，代表 1 个文件，但是真实的文件大小往往超过 2 个扇区，此时就将文件的真实数据放置在另外的簇中，然后将数据所在的簇号记录在文件记录中，这和 FAT32 文件系统的机制差不多，只是记录的方式不一样而已。

5.2.3　元文件

$MFT 文件仅仅是系统本身在组织和架构文件系统时使用，用户是不能访问的。这在 NTFS 中称为元文件或元数据（metadata，是存储在卷上支持文件系统格式管理的数据。它不能被应用程序访问，只能为系统提供服务）。其中，最基本的前 16 个记录是操作系统使用的非常重要的元数据文件。这些元数据文件的名字都以"$"开头，所以是隐藏文件。在 Windows 2000/XP 中不能使用 dir 命令（甚至加上/ah 参数）像普通文件一样列出。

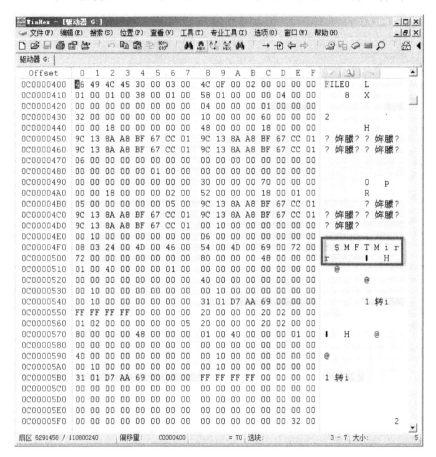

图 5-15　第二个文件记录

NTFS 文件系统的元文件有如下几种。

1．$MFT（Master file table）

$MFT 其实就是整个主文件表，本分区中的每一个文件都在这个表中存在，有点类似于 FAT 系统中的目录项。FAT 系统中的目录项是以 2 行或 4 行表示一个文件或文件夹的。但是，在 NTFS 中，MFT 的 1024 字节（2 个扇区）表示一个文件或文件夹。

2．$MFTMirr

$MFTMirr 是 MFT 前几个 MFT 项的备份（一般是前 4 个），NTFS 也将其作为一个文件看待，可以比喻为班上的副班长。

3．$LogFile 文件

$LogFile 文件，即事务型日志文件，使用 2 号 MFT 项。它具有标准文件属性，使用数据属性存储日志数据。该文件是 NTFS 为实现可恢复性和安全性而设计的。当系统运行时，NTFS 就会在日志文件中记录所有影响 NTFS 卷结构的操作，如文件的创建、目录结构的改变等，从而使其能够在系统失败时恢复 NTFS 卷。

4．$Volume 文件

$Volume 文件，即卷文件，包含卷标和版本信息，使用 3 号 MFT 项。它有两个属性，一个是卷名属性（$VOLUME_NAME），另一个是卷信息属性（$VOLUME_INFORMATION），这两个属性是$Volume 文件所特有的。卷名属性包含主 Unicode 字符的卷名；卷信息属性则包含 NTFS 版本信息。

5．$AttrDef 文件

$AttrDef 文件，即属性定义表（Attribute Dennition Table），使用 4 号 MFT 项，用以定义文件系统的属性名和标志。其中，存放了文件系统所支持的所有文件属性类型，并说明它们是否可以被索引和恢复等。

6．$Root 文件

$Root 文件，即根目录文件，它使用 5 号 MFT 项。$Root 文件的索引属性中保存了存放在该卷根目录下的所有文件和目录的索引。在第一次访问一个文件后，NTFS 可以保留该文件的 MFT 引用，这样，以后就可以直接对该文件进行访问了。

7．$Bitmap 文件

$Bitmap 文件，即位图文件，使用 6 号 MFT 项，它的数据属性用于描述文件系统中所有簇的分配情况。其中，每一位对应卷中的一个簇，并说明该簇是否已被分配使用。它以字节为单位，每个字节的最低位对应的簇跟在前一个字节的最高位所对应的簇之后。

8．$Boot 文件

$Boot 文件，即引导文件，存放着系统的引导代码。它是 NTFS 文件系统中唯一要求必须位于特定位置的文件，它的$DATA 属性总是起始于文件系统的第一个扇区，也就是起始于文件系统的 0 号扇区，0 号扇区的引导扇区就是这个文件的起始扇区。

9．$Secure 文件

$Secure 文件，即安全文件。安全描述符用来定义文件或目录的访问控制策略，NTFS 3.0 以后的版本将安全描述符存储在一个文件系统元数据文件中，这个文件就是安全文件，它占用 9 号 MFT 项。

10．$Usnjrnl 文件

$Usnjrnl 文件，即变更日志文件，用于记录文件的改变。当文件发生改变时，这种变化将被记录进\SExtend\$Usnjrnl 文件的一个名字为$J 的数据属性中。$J 数据属性具有稀疏属性，它由变更日志项组成，每个变更日志项的大小有可能不同。还有一个称为$Max 的数据属性，其中记录着有关用户日志的最大设置等信息。

11．$Quota 文件

$Quota 文件用于用户磁盘配额管理，它位于\$Extend\目录下。它有两个索引：$O 和 $Q，都使用标准的索引根属性和索引分配属性来存储它们的索引项。$O 索引关联一个属主 ID 的 SID，$Q 索引将属主信息关联至配额信息。

默认情况下，Microsoft 将文件系统 12.5%的存储空间保留给 MFT，除非其他的空间已全部被分配使用，否则不会在此空间中存储用户文件或目录。所以，图 5-16 中$MFT 的数据文件大小一般初始为整个卷（分区）大小的 12.5%，而$MFT 元文件的文件记录只占$MFT 数据文件中的前 2 个扇区。

　　注：在 NTFS 中，文件夹（目录）也是被作为一个文件看待的。

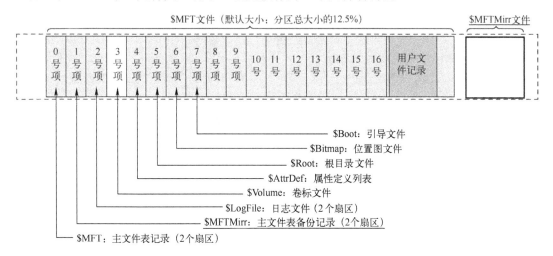

图 5-16　元文件的分配

5.3　$MFT 中的文件记录

　　MFT 中的文件记录大小一般是固定的，不管簇的大小是多少，均为 1KB。文件记录在 MFT 文件记录数组中物理上是连续的，且从 0 开始编号。所以，NTFS 是预定义文件系统。

　　文件记录针对的是一个具体的文件，而文件相关的一切数据都是属性。所以，文件记录中需记录下此文件的基本信息及这个文件相关的多种属性。文件记录从整体上看，一般被分为两部分：文件头和属性列表。属性列表指的是文件的所有属性，而每一个属性又被分为属性头和属性值（如图 5-17 所示）。

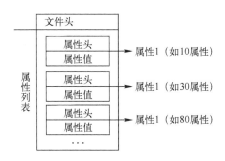

图 5-17　文件记录结构

　　图 5-18 所示是$MFT 文件的文件记录。最上面的框选部分为文件头，后面全为属性列表。其中，第一个框选部分与第二个框选部分之间为第一个属性，看其最前面 4 个字节 "10 00 00 00"，将其倒序后为 "00 00 00 10"，所以称其为 10 属性，也称标准属性。其内的值从颜色上来看很明显有一部分浅一些，浅色部分就是此属性的属性头，深色部分就是属性值。图中第二个框选部分为第二个属性的属性头，其最前面 4 个字节为 "30 00 00 00"，将其

倒序后为"00 00 0030",所以称其为 30 属性,也称文件名属性。最后面未框选部分的前 4 个字节为"80 00 00 00",倒序后为"00 00 00 80",称为 80 属性,也称数据属性。

　　在 FAT32 文件系统中,一个文件的基本属性用 32 字节(一个短文件名目录项)来装。也就是说,一个文件只要其内容不为空,必然会为它的内容重新分配簇,然后将内容所在簇记录在目录项中。每次开机读取文件时,总会有一个从目录项到数据簇的跳转过程。而 NTFS 文件系统中,每一种属性被分为属性头和属性值,从图 5-18 中可以看出,一个属性的属性值是可以放置一些信息的。也就是说,如果一个文件的内容很少,完全可以直接将其数据内容也放在文件记录中。这样,操作系统在读取该文件时,只要读取这些文件记录,文件的内容就自动加载进来了,特别对于小文件而言,这大大加快了文件的读取速度。

```
     0  1  2  3  4  5  6  7    8  9  A  B  C  D  E  F
    46 49 4C 45 30 00 03 00   3D 0F 10 00 00 00 00 00
    01 00 01 00 38 00 01 00   98 01 00 00 00 04 00 00   文件头
    00 00 00 00 00 00 00 00   06 00 00 00 00 00 00 00
    03 00 00 00 00 00 00 00   10 00 00 00 60 00 00 00
    00 00 18 00 00 00 00 00   48 00 00 00 18 00 00 00
    2E 3A 7B AA 0F 34 CD 01   2E 3A 7B AA 0F 34 CD 01
    2E 3A 7B AA 0F 34 CD 01   2E 3A 7B AA 0F 34 CD 01
    06 00 00 00 00 00 00 00   00 00 00 00 00 00 00 00
    00 00 00 00 00 01 00 00   00 00 00 00 00 00 00 00
    00 00 00 00 00 00 00 00   30 00 00 00 68 00 00 00   属性头
    00 00 18 00 00 00 03 00   4A 00 00 00 18 00 01 00
    05 00 00 00 00 00 05 00   2E 3A 7B AA 0F 34 CD 01
    2E 3A 7B AA 0F 34 CD 01   2E 3A 7B AA 0F 34 CD 01
    2E 3A 7B AA 0F 34 CD 01   00 40 00 00 00 00 00 00   属性值
    00 40 00 00 00 00 00 00   06 00 00 00 00 00 00 00
    04 03 24 00 4D 00 46 00   54 00 00 00 00 00 00 00
    80 00 00 00 48 00 00 00   01 00 40 00 00 00 01 00
    00 00 00 00 00 00 00 00   3F 00 00 00 00 00 00 00
    40 00 00 00 00 00 00 00   00 80 00 00 00 00 00 00
    00 80 00 00 00 00 00 00   00 80 00 00 00 00 00 00
    21 40 55 65 00 00 01 00   B0 00 00 00 48 00 00 00
    01 00 40 00 00 00 05 00   00 00 00 00 00 00 00 00
    00 00 00 00 00 00 00 00   40 00 00 00 00 00 00 00
    00 02 00 00 00 00 00 00   08 00 00 00 00 00 00 00
    08 00 00 00 00 00 00 00   21 01 54 65 00 00 00 00
    FF FF FF FF 00 00 00 00   00 80 00 00 00 00 00 00
```

图 5-18　属性列表

　　NTFS 文件系统的文件记录有比较复杂的结构,为了能够对这些结构一目了然,WinHex 软件提供了一个 NTFS 文件系统中文件记录的着色区别功能。如果打开软件时默认没有这项功能,可通过单击工具栏的"选项"按钮,选择"常规设置"(如图 5-19 所示),然后在"常规设置"对话框中勾选如图 5-20 所示的"为文件记录等自动着色"选项。

图 5-19　"常规设置"菜单

5.3.1　文件头

文件头一般记录了文件记录的基本情况，如本记录的大小、本文件的大小等，其具体的结构如表 5-2 所示。

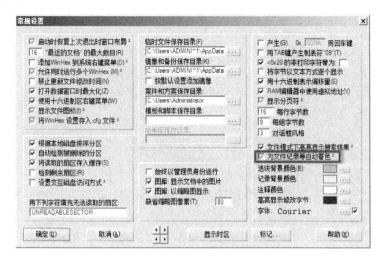

图 5-20　"常规设置"对话框

表 5-2　文件头结构

偏　　移	长度（字节数）	描　　述
0x00	4	固定值 "FILE"
0x04	2	更新序列号偏移，与操作系统有关
0x06	2	固定列表大小
0x08	8	日志文件序列号
0x10	2	序列号（用于记录文件被反复使用的次数）
0x12	2	硬连接数，与目录中的项目关联，非常重要的参数
0x14	2	第一个属性的偏移[①]
0x16	2	标志字节[②]
0x18	4	文件记录实际大小[③]
0x1C	4	文件记录分配大小
0x20	8	基础记录（0：itself）
0x28	2	下一个自由 ID 号
0x2A	2	边界
0x2C	4	Windows XP 中使用，本 MFT 记录号
0x30	4	MFT 的使用标记[④]

注：① 代表当前文件记录第一个属性与此文件记录头部之间的扇区数（可以直接理解为文件头的扇区数）。

② 代表的是当前文件的状态。其值为 1 表示普通文件；0 表示文件被删除；3 表示普通目录；2 表示目录被删除。当然，对于系统的文件可能有除此以外的标志符。

③ 代表文件记录的实际大小。虽然每一个 MFT 记录都分配有 1KB 的空间，但实际使用的字节数并不相同，有时候可能会有部分字节没有使用。因此，这里记录的是实际使用的字节数。

④ 代表 MFT 的使用标记，它在 MFT 记录的 2 个扇区中与每个扇区的最末 4 个字节相对应，否则，系统将认为此记录为非法记录。

图 5-18 所示的文件记录的文件头部分数据如图 5-21 所示,它的几个重要的参数如下。

0 1 2 3 4 5 6 7	8 9 A B C D E F
46 49 4C 45 30 00 03 00	3D 0F 10 00 00 00 00 00
01 00 01 00 38 00 01 00	98 01 00 00 00 04 00 00
00 00 00 00 00 00 00 00	06 00 00 00 00 00 00 00
03 00 00 00 00 00 00 00	10 00 00 00 60 00 00 00

图 5-21　文件头部分数据

- 文件类型:01(普通文件)。
- 文件记录实际大小(偏移 18～1B):98 01 00 00(408 字节)。
- 文件记录分配大小(偏移 1C～1F):00 04 00 00(1024 字节)。

5.3.2　属性头

每个 MFT 文件记录的大小为 1024 字节,分为两个部分:一部分为文件记录头,另一部分为属性列表。MFT 头的结构很小,其他空间都属于列表区域,用于存储各种特定类型的属性。

属性有很多类型,每种类型的属性都有自己的内部结构,但是其大体结构都可以分成两个部分:属性头和属性内容。

由于属性有常驻和非常驻属性之分,所以属性头的结构也有所差别,如图 5-22 所示,10 属性是标准属性,一般记录文件的创建时间等信息,其属性值并不大,所以通常它是常驻属性。30 属性是文件名属性,它主要的功能就是记录文件名的 Unicode 编码值,所以通常也为常驻属性。10 属性和 30 属性的属性头是一样大的(都是 24 字节长度)。80 属性是内容属性,如果一个文件的内容较少,能够放在 1KB 的文件记录中,那么它就是常驻属性;如果文件内容较多,至少超过 1KB 的大小,它就只能是非常驻属性。图 5-22 所示的 80 属性为非常驻属性,其长度为 64 字节,但是不管是常驻属性还是非常驻属性,它们的属性头的前 16 个字节的结构是相同的。

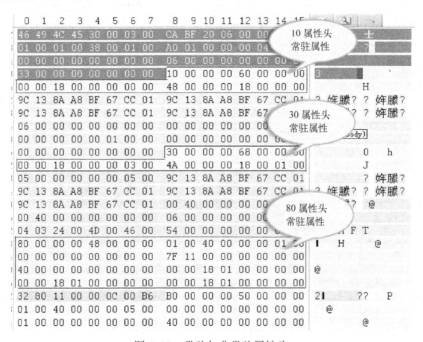

图 5-22　常驻与非常驻属性头

1．常驻属性头

属性头用以说明该属性的类型、大小及名字，同时还包含压缩和加密标志。根据本属性的类型（是常驻还是非常驻），可以将属性头分为两种：常驻属性头和非常驻属性头，它们前16 字节（0x00～0x0F）长度的结构是一样的。常驻属性头的结构如表 5-3 所示。

表 5-3　常驻属性头的结构

偏　　移	长度（字节数）	描　　述
0x00	4	属性类型（如 10 是标准属性、30 是文件名属性）
0x04	4	属性（包括属性头与属性值）的总字节数
0x08	1	常驻/非常驻标志（0X00 表示常驻；0X01 表示非常驻）
0x09	1	属性名长度，没有属性名则设置为 0
0x0A	2	属性名的偏移
0x0C	2	标志（压缩、加密还是稀疏？目前已经没有使用）
0x0E	2	属性 ID 标志
0x10	4	属性值的字节数（N）
0x14	2	属性值相对于本属性头起始位置的偏移（相当于说是指属性头的长度）
0x16	1	索引标志
0x17	1	无意义，填充
0x18	N	从此处开始，紧跟着的是 N 个字节长度的属性值

可以分别对图 5-22 中的 10 属性头和 30 属性头进行如下解释。

（1）10 属性——总长度：60 00 00 00→96 字节；常驻属性；属性值字节数：48 00 00 00→72 字节；属性头字节数：18 00→24 字节。

（2）30 属性——总长度：68 00 00 00→104 字节；常驻属性；属性值字节数：4A 00 00 00→74 字节；属性头字节数：18 00→24 字节。

注意：在使用 WinHex 软件时，因为默认一行显示 16 字节数值，而里面的数值又是 16进值，所以有一个很简单的方式可以进行属性头及属性值长度的划分。例如，10 属性值字节数是 0x48，将其转换为 10 进制为 4×16+8，而 WinHex 软件一行为 16 字节，半行就是 8 字节。所以，可以直接理解其为 4 行半的属性头长度，这样就可以快速地进行属性头及属性值的定位了。

除了 10 属性和 30 属性外，常规属性都会有一个默认的属性类型值和类型名，类型名的所有字母大写并以 "$" 开头。这些类型名的缩写在鼠标单击此属性头任意部分，并停留在上面时，会在鼠标右侧显示（如图 5-23 所示）。需注意的是，并不是每个文件都会包含所有这些属性。

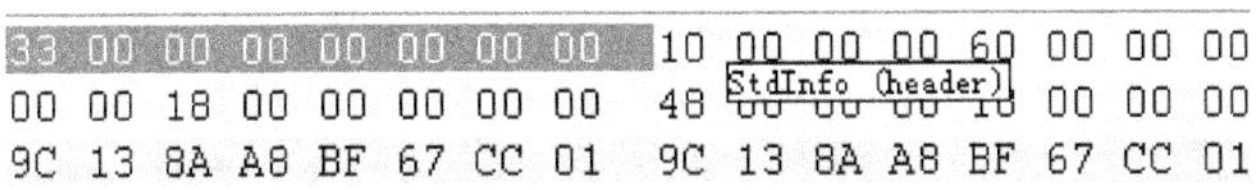

```
33 00 00 00 00 00 00 00    10 00 00 00 60 00 00 00
00 00 18 00 00 00 00 00    48 StdInfo (header) 00 00 00
9C 13 8A A8 BF 67 CC 01    9C 13 8A A8 BF 67 CC 01
```

图 5-23　鼠标显示当前属性类型名

当前默认的属性类型及标志符如表 5-4 所示。

表 5-4　常见的属性类型值

类 型 值	类 型 名	含 义
10	$STANDARD_INFORMATION	标准属性，包含文件或目录的基本信息（如只读、系统、创建时间、访问时间等信息）
20	$ATTRIBUTE_LIST	属性列表（当 2 个扇区的空间不足以放下一个文件的所有属性时使用）
30	$FILE_NAME	文件名（Unicode 码），同时也包含了文件的创建时间、最后访问时间等时间属性
40	$OBJECT_ID	对象 ID（在 NTFS V3.0+及以后的版本中使用）
50	$SECURITY_DESCRIPTOR	安全描述符，文件的访问控制
60	$VOLUME_NAME	卷名
70	$VOLUME_INFORMATION	卷信息（文件系统及其他标志）
80	$DATA	文件的内容
90	$INDEX_ROOT	索引根
A0	$INDEX_ALLOCATION	索引树节点
B0	$BITMAP	$MFT 文件及索引的位图
C0	$REPARSE_POINT	重解析点
D0	$EA_INFORMATION	扩展属性信息（用于向后兼容 OS/2 HPFS）
E0	$EA	扩展属性
100	$LOCGGED_UTILITY_STREAM	EFS 加密属性

2．非常驻属性头

非常驻属性头前 16 字节的结构与常驻属性头的完全一致，但是后面包括了更多关于其数据簇的信息，所以它通常比常驻属性更大些。

非常驻属性的基本思想是将文件本属性的属性值放在文件记录之外的簇，然后将占用的簇号记录在文件记录中。但是，具体如何分配簇呢？如何记录呢？特别是当一个文件频繁地被编辑时，又如何处理这些频繁写入的数据呢？

在 NTFS 文件系统中，文件是被分为一个一个的"簇流"的。每一个簇流的大小并不固定，只是根据磁盘当前的使用情况进行划分的。如文件 A 写入了 4 簇的数据，占用了 345～348 簇的空间，文件保存退出后，又编辑了文件 B，占用了 10 簇的空间。现在突然又重新打开文件 A 进行编辑，又写了 20 簇的数据，这个时候，文件很可能就被分为了两个簇流，第一个簇流是 345～248 簇；第二个簇流是 359～379 簇（如图 5-24 所示）。因为文件并不是完全连续的，所以必须将这两个"簇流"全部记入文件记录中，否则会导致文件不完整，无法打开。

图 5-24 中的 LCN 指的是逻辑簇号（Logical Cluster Number，LCN），它是对整个卷中所有的簇从头到尾进行的简单编号，基本和物理簇号对应。而 VCN 指的是虚拟簇号（Virtual Cluster Number，VCN），它是对属于特定文件的簇从头到尾进行编号，以便于引用文件中的数据。每一个文件的 VCN 都是从 0 开始编号而且必然是连续的，LCN 就不一定了。

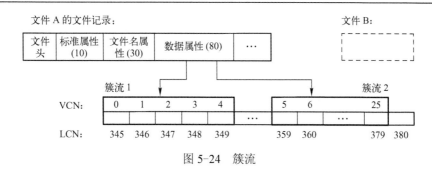

图 5-24　簇流

在非常驻属性头中，因为要记录这些分散的簇流，所以必然会将这些簇流信息以某种特定的形式记录，非常驻属性头的结构如表 5-5 所示。

表 5-5　非常驻属性头的结构

偏　　移	长度（字节数）	描　　述
0x00	16	与常驻属性完全一致
0x10	8	簇流的起始 VCN
0x18	8	簇流的结束 VCN
0x20	2	簇流列表相对于本属性头起始处的偏移
0x	2	压缩单位大小
0x	4	未使用
0x	8	为属性值分配的字节数（数据簇）
0x	8	该属性值实际占用字节数
0x	8	属性值初始大小

图 5-22 中的 80 属性头各字节的的意义如图 5-25 所示。在属性头中，只指明了本文件的总簇数，并没有详细地描述每一个簇流的情况。在属性值中，对每一个簇流进行说明。所以，其属性值也可以称为"簇流列表"。

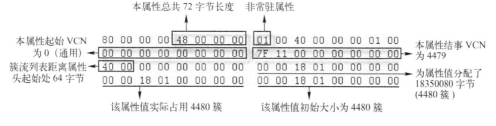

图 5-25　80 属性头的意义

5.3.3　属性值

对于常驻属性而言，其属性值就位于文件记录中，它具有固定的数据结构。而对于非常驻属性而言，因为其具体的属性值位于另外的数据簇中，所以文件记录中的属性值指的是数据簇的地址。也就是说，常驻属性的属性值就是属性值本身，而非常驻属性的属性值是地址

（或称为簇流列表）。

　　仍然以图 5-22 中的 3 种属性为例，对于 10 和 30 这种常驻属性，它们的属性值就紧跟着属性头，其具体的结构在 5.4 节中将具体描述。

　　对于 80 属性，图 5-25 一一描述了其属性头的意思。从其描述中可以看出，属性头只记录了本文件占的总簇数，所以它的属性值其实就是它的具体簇流列表。

　　要记录一个簇流，至少得记录两部分数据：一部分是此簇流的起始位置；另一部分是此簇流的大小。又因为每一个簇流的大小并不固定，所以还得记录这个簇流需要多少字节来进行描述它（簇流长度较大，或者簇流起始位置较靠后，可能需要用更多的字节来记录）。

　　也就是说，对于一串的数值而言，首先得区分开它到底描述的是几个簇流，然后再去看每一个簇流的起始位置和大小。一般来说，一个簇流列表的第一个字节表示的就是第一个簇流所占的字节数。图 5-26 中拖选的部分即为 80 属性的属性值，首先看其偏移为 8 的位置值为 01，表示当前 80 属性为非常驻属性，所以拖选部分就是簇地址。接着它的第一个字节为 32，高位与低位数值拆开为 3 和 2，再将它们加在一起为 5，表示第一个簇流占用 5 字节长度，即数值"32"后面紧跟着的 5 个字节 80 11 00 00 0C 表示的就是第一个簇流。继续向后看，0C 后面的数值为"00"，表示当前已没有下一簇流。所以，此文件的 80 属性值只占一个簇流，其值为 80 11 00 00 0C。

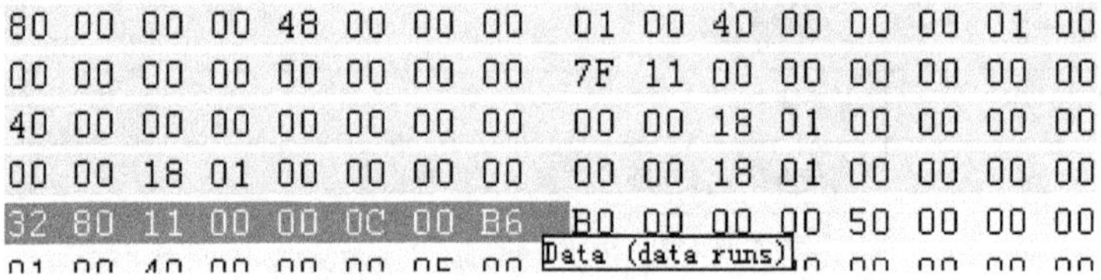

图 5-26　80 属性值的分析

　　80 11 00 00 0C 这 5 个字节到底谁表示簇流的起始位置、谁表示簇流的大小呢？这都是由整个簇流的第一个描述字节确定的。刚才在确定这 5 个字节时，先取出了一个数值"32"，只是将它们简单地进行相加，现在进行高低位拆分，高位为 3、低位为 2。

　　从低位开始对簇流列表的值进行拆分。低位为 2，所以将 5 个字节的前 2 个字节拆出来，为 80 11；高位为 3，表示后面的 3 个字节 00 00 0C 就是另一部分了。

　　前面部分 2 个字节表示当前簇流的总簇数，后面部分 3 个字节表示当前簇流的起始位置相对于前一簇流的偏移簇数。因为当前为第一个簇流，没有上一个簇流，所以它指的就是当前簇流相对于整个分区头部的偏移簇数。

　　现在进行数值换算，80 11→11 80→4480 簇和 00 00 0C→0C 00 00→786432 簇，即本文件的头在 786432 簇，总大小为 4480 簇。与图 5-25 中属性头的意义对比可以发现，VCN 的开始簇号为 0，结束簇号为 4479，总共 4480 簇，这与属性值中的簇流信息完全一致。

　　簇流列表结构如图 5-27 所示，簇流的第一个字节是当前簇流的描述信息，表明当前簇流每一部分的长度。图 5-27 中的第一个簇流描述数值为 BA，表示此字节低位数字为 A，高位数字为 B。从此字节开始往后依次取出 A、B 个字节后，剩下的部分就是其余簇流信息了。若剩余部分第一个字节的值为 00，则表示后一簇流不存在（不占空间）；若不是 00，则继续按簇流 1 的方式进行解释。但是需要注意的是，第一个簇流的 B 字节指的是簇流起始位置（物理位置），而后面簇流的起始位置指的是本簇流相对于前一个簇流头部的偏移簇号。

图 5-27　簇流列表结构

5.4　常见属性类型的结构

5.4.1　10 属性——标准属性

标准属性$STANDARD_INFORMATION 总是常驻属性，它包含一个文件或目录的基本信息，如时间、所有权和安全信息等。所以，每个文件和目录都必须有这个属性，其结构如表 5-6 所示。

表 5-6　标准属性值的结构

偏　　移	长度（字节数）	描　　述
0x00	8	建立时间
0x08	8	最后修改时间
0x10	8	MFT 改变时间
0x18	8	最后访问时间
0x20	4	标志
0x24	4	最高版本号
0x28	4	版本号
0x2C	4	分类 ID
0x30	4	属主 ID（Windows 2000 中使用）
0x34	4	安全 ID（Windows 2000 中使用）
0x38	8	配额管理（Windows 2000 中使用）
0x40	8	更新序列号（Windows 2000 中使用）

如图 5-28 所示的文件记录，框选部分分别为文件的建立时间、最后修改时间、MFT 改变时间和最后访问时间。后面加下画线的部分为标志值，将其高低换位后为 "00 00 00 20"，对应表 5-7 中的存档文件。

Offset	0	1	2	3	4	5	6	7	8	9	A	B	C	D	E	F
0C05F8400	46	49	4C	45	30	00	03	00	92	CA	17	10	00	00	00	00
0C05F8410	16	00	02	00	38	00	01	00	08	02	00	00	00	04	00	00
0C05F8420	00	00	00	00	00	00	00	00	07	00	00	00	E1	17	00	00
0C05F8430	06	00	00	00	00	00	00	00	10	00	00	00	60	00	00	00
0C05F8440	00	00	00	00	00	00	00	00	48	00	00	00	18	00	00	00
0C05F8450	A6	84	14	2D	51	E7	CE	01	41	31	C6	E6	A0	F8	CE	01
0C05F8460	69	76	06	E7	A0	F8	CE	01	1A	EC	85	E6	A0	F8	CE	01
0C05F8470	20	00	00	00	00	00	00	00	00	00	00	00	00	00	00	00
0C05F8480	00	00	00	00	7E	01	00	00	00	00	00	00	00	00	00	00
0C05F8490	C8	80	C9	01	00	00	00	00	30	00	00	00	70	00	00	00

图 5-28　10 属性示例

表 5-7　标志值的意义

标　志　值	描　　　　述	标　志　值	描　　　　述
0x0001	只读	0x0200	稀疏
0x0002	隐藏	0x0400	重解析点
0x0004	系统	0x0800	压缩
0x0020	存档	0x1000	脱机
0x0040	设备	0x2000	没有为了搜索而编入索引
0x0080	常规	0x4000	加密
0x0100	临时		

　　具体的时间属性的换算，读者可以自行查询。WinHex 本身也提供了一个对于 NTFS 文件系统的文件记录的模板。将光标置于文件记录内，然后选择菜单"查看→模板管理器"，接着在"模板管理器"对话框中选择如图 5-29 所示的"NTFS FILE Record"选项。图 5-30 中的框选部分即是 10 属性的解释意义，图中下面未显示出来的部分是 30 及其他属性的意义。

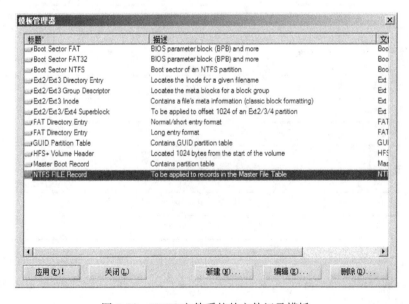

图 5-29　NTFS 文件系统的文件记录模板

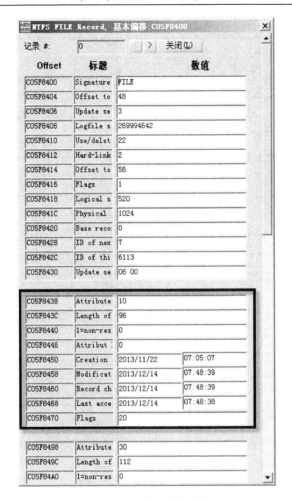

图 5-30　文件记录的模板

5.4.2　30 属性——文件名属性

文件名属性$FILE_NAME 记录的是文件的文件名、大小和时间等信息。每一个文件和目录都至少需要有一个文件名属性。与 FAT32 文件系统类似，若文件名较短，则只需要一个文件名属性；若文件名较长，可能存在多个文件名属性。其中，第一个一般都是短文件属性（文件名后有"～1"字样的）。文件名属性中，还记录了本文件或目录的上级目录的文件记录号。这个记录号可以让我们很方便地了解此文件所在的目录结构。30 属性值的结构如表 5-8 所示，常见的命名空间如表 5-9 所示。

表 5-8　30 属性值的结构

偏　　移	长度（字节数）	值	描　　　　述
0x00	4	0x30	属性类型
0x04	4	0x68	总长度
0x08	1	0x00	非常驻标志（0x00：常驻属性；0x01：非常驻属性）
0x09	1	0x00	属性名的名称长度

续表

偏　移	长度（字节数）	值	描　述
0x0A	2	0x18	属性名的名称偏移
0x0C	2	0x00	标志
0x0E	2	0x03	标志
0x10	4	0x4A	属性长度（L）
0x14	2	0x18	属性内容起始偏移
0x16	1	0x01	索引标志
0x17	1	0x00	填充
0x18	8		父目录记录号（前6个字节）+序列号（与目录相关）
0x20	8		文件创建时间
0x28	8		文件修改时间
0x30	8		最后一次 MFT 更新的时间
0x38	8		最后一次访问时间
0x40	8		文件分配大小
0x48	8		文件实际大小
0x50	4		标志，如目录、压缩、隐藏等
0x54	4		用于 EAS 和重解析点
0x58	1	04	以字符计的文件名长度，每字节点用字节数由下一字节命名空间确定，一个字节长度，所以文件名最大为 255 字节长（L）
0x59	1	03	文件名命名空间，见表 5-9
0x60	2L		以 Unicode 方式标志的文件名

表 5-9　常见的命名空间

标　志	意　义	描　述
0	POSIX	这是最大的命名空间。它对大小写敏感，并允许使用除 NULL(0)和左斜线（/）以外的所有 Unicode 字符作为文件名，文件名最大长度为 255 个字符。有一些字符，如冒号（:），在 NTFS 下有效，但 Windows 不让使用
1	WIN32	WIN32 和 POSIX 命名空间的一个子集，不区分大小写，可以使用除 "* / : < > ? \ |" 以外的所有 Unicode 字符。另外，文件不能以句点和空格结束
2	DOS	DOS 是 WIN32 命名空间的一个子集，要求比空格的 ASCII 码要大，且不能使用* + / , : ; < > ? \	等字符，另外其格式是 1~8 个字符的文件名，然后是句点分隔，然后是 1~3 个字符的扩展名
3	Win32&DOS	该命名空间要求文件名对 Win32 和 DOS 命名空间都有效，这样，文件名就可以在文件记录中只保存一个文件名

图 5-31 所示为某文件的 30 属性分析。从图中可以看到此文件的文件名有 9 个字符长度，所以用了两个 30 属性来装。虚线框选部分为第一个 30 属性，很明显可以看出第一个 30 属性比第二个 30 属性短一些，说明第一个 30 属性记录的信息少一些，它就是短文件名属性。

注意：一定要记清楚 30 属性的结构，特别是文件名与上级目录记录号之间的偏移。从图 5-31 可以看出，文件位于命名空间之后，它与父目录记录号之间间隔 3 行再加 2 个字节的数据。在 FAT32 中一个文件被删除了，只是修改了它第一个字节的数值，基本不会影响原始的文件名，但是在 NTFS 文件系统中，如果使用 SHIFT 方式将文件删除了，也只会影响到文件头中的文件类型值（如删除了文件，就将类型值从 01 改为 00；删除了的目录，就将类型值从 03 改为 02）。但若将文件删除到回收，再清空回收站的方式删除文件，就会修改文件的文件名属性。此时若再利用原始文件名去搜索 MFT 中被删除的文件，基本不会有结果。这个时候就得用到另外一个系统元文件$LogFile，这个文件中记录的文件结构与 30 属性的结构类似。

图 5-31　30 属性示例

5.4.3　80 属性——数据属性

数据属性$DATA 存储的是文件的内容，对于数据恢复而言这是最重要的属性。所以，文件一般都有 80 属性，只是对于空文件而言，它没有数据内容，所以 80 属性只有属性头，没有属性值。而对于有内容的文件，如果文件记录 1KB 的空间足够写下所有的数据内容，那么 80 属性值就是本文件的真实内容了。如果文件内容太大，在文件记录中放不下所有内容，则将文件的内容放在另外的簇中，80 属性值记录的就是文件内容所在的簇流列表，其具体的结构请参考本章第 5.3.3 小节。

我们现在按如下步骤对图 5-32 进行该属性的分析。

```
0C05575A0  80 00 00 00 50 00 00 00   01 00 00 00 00 00 05 00
0C05575B0  00 00 00 00 00 00 00 00   5D 00 00 00 00 00 00 00
0C05575C0  40 00 00 00 00 00 00 00   E0 05 00 00 00 00 00 00
0C05575D0  00 DC 05 00 00 00 00 00   00 DC 05 00 00 00 00 00
0C05575E0  41 43 84 88 86 00 31 1B   38 67 FF 00 00 00 B9 93
```

图 5-32　80 属性示例

1．进行属性头与属性值的拆分

① 看属性的前 16 字节（第一行数据），从偏移为 08 处的数值（01）可看出，该属性是非常驻属性。

② 非常驻属性的属性头偏移为 04 处是属性总字节数（50 00 00 00→90 字节或 WinHex 标准界面的 5 行数据）；偏移为 20 处为属性头字节数（40 00 00 00→64 字节或 WinHex 标准界面的 4 行数据）。由此可知，80 属性值共一行数据，即最后一行数据都是属性值。

2．将属性值中的簇流列表进行拆分

① 提出属性值的第一个字节的数据（41），表示当前簇流的第一部分占 1 字节（43），第二部分占 4 字节（84 88 86 00）。

② 看剩余部分的第一个字节数据（31），表示当前簇流的第一部分占 1 字节（1B），第二部分占 3 字节（38 67 FF）。

③ 看剩余部分的第一个字节数据（00），表示当前簇流不存在，即是说本文件共两个簇流。

3．依次对每一个簇流进行数值分析

① 第一个簇流：起始簇号为 84 88 86 00，高低换位后换 10 进制为 8816772，表示当前簇流起始簇号为 8816772；其大小为 43，换 10 进制后为 67，表示当前簇流共 67 簇，其尾部在 8816772+67-1=8816838 簇。

② 第二个簇流：与第一个簇流的头部间隔的簇数为 38 67 FF，高低换位后再转换成 10 进制为-39112，即是说此簇流的起始位置为 8816772-39112=8777660 簇；其大小为 1B，换

图 5-33 "数据解释器"菜单

10 进制后为 27，表示当前簇流共 27 簇，其尾部在 8777660+27-1=8777686 簇。

注意：第二个簇流的起始位置 38 67 FF，必须将其高低换位后转为有符号的 10 进制数，否则可能导致计算错误。WinHex 软件的"数据解释器"提供了有符号数进制之间相互转换的功能。选择菜单"选项→数据解释器"（如图 5-33 所示），然后在"数据解释器选项"对话框中进行如图 5-34 所示左侧框选部分的设置，显示有符号数值。

图 5-34 "数据解释器选项"对话框

每个文件都有一个没有名字的数据属性，WinHex 软件将这些没有的数据属性命名为

$Data。但 MFT 文件记录也可以有附加的$DATA 属性，附加的该属性必须有属性名。附加属性在很多地方都可以使用，如文件的"摘要"，一些防病毒和备份软件也可以在访问过的文件上建立一些$DATA 属性进行一些常规记录。甚至文件夹也可以有此属性，专门用来隐藏数据。因为在查看一个文件夹的内容时，附加的$DATA 属性不会被显示出来，只有用专门的工具才能发现它们的存在。

5.4.4　90 属性——索引根属性

索引根属性$INDEX_ROOT 一般存在于目录中，它包含存储在其中的文件或子目录的相关信息。该属性一般是常驻属性，即是说它的空间有限，所以只能放少量的文件或子目录信息。

90 属性和其他的属性一样，也有一个标准的常驻属性头。但是它的属性值却被分为了两部分：索引根和索引项。这是因为 90 属性采用了一种 B+树的结构来记录信息的。所谓的 B+树，可以理解为是一棵倒着的树（如图 5-35 所示），它所有的数据全部记录在叶节点中（对应真实的文件记录），但是为了表现它们之间的结构，所以在适当的位置增加了一些只包含关键数据的索引信息（如图 5-35 中的节点）。这些索引数据只是为了快速查找文件（叶节点），所以只需要用少量的数据记录叶节点的关键信息即可。

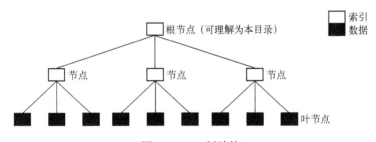

图 5-35　B+树结构

90 属性中记录的就是节点信息，90 属性值中的索引根详细地说明了本属性中的索引属性类型值、分类规则、每个索引记录的字节数、簇数及具体的索引项的起止位置。如图 5-36 所示，90 属性的头通常占 32 字节（WinHex 软件中的两行），属性值的前两行一般为索引根信息，剩余部分则为索引项。

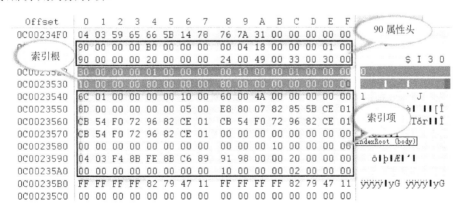

图 5-36　90 属性示例

索引根的结构如表 5-10 所示，现将图 5-36 所示的 90 属性索引根进行部分解释。

① 索引类型：30 00 00 00，表示当前文件名索引，即索引项中主要记录的是文件名属性的关键值。

② 每个索引记录的大小：00 10 00 00，4096 字节。

③ 每个索引记录的大小：01 00 00 00，1 簇。

④ 索引列表的起始位置：10 00 00 00，16 字节，即相对于此处的偏移地址为 0X0F，也可以直接理解为本行的下一行位置。

表 5-10　索引根的结构

偏　　移	长度（字节数）	描　　述
0X00	4	索引的属性类型
0X04	4	分类规则
0X08	4	每个索引记录的大小（字节数）
0X0C	1	每个索引记录的大小（簇数）
0X0D	3	未使用
0X10	4	索引项列表相对于此处的偏移
0X14	4	索引项列表已用部分的结尾偏移（相对于 10 偏移处）
0X18	4	索引项列表缓冲区的结尾偏移（相对于 10 偏移处）
0X1C	4	是否有其他子节点指向该节点（相对于 10 偏移处）

每个索引项对应一个文件。当文件被删除时，索引项也会随之消失。索引项的结构如表 5-11 所示，按照表中的结构对图 5-36 中的索引项进行解释，结果如图 5-37 所示。

表 5-11　索引项结构

偏　　移	长度（字节数）	描　　述
0X00	8	目录索引中记录的是文件的 MFT 记录号
0X08	2	本索引项的长度（相对于索引项起始位置）
0X0A	2	目录索引中记录此索引的长度
0X0C	2	标志（01 表示有子节点；02 表示当前为列表的最后一项）
0X0E	2	未使用
～		

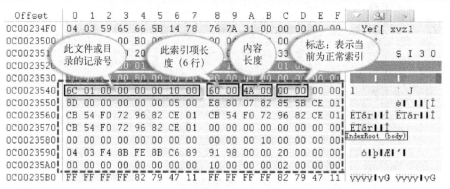

图 5-37　索引项示例

可以将此索引项的数据与真实文件的记录进行对比验证。选择菜单"位置→转到文件记录…"

（如图 5-38 所示），然后在"转到文件记录"对话框中输入索引项中的记录号（6C 01 00 00→364）
（如图 5-39 所示），单击"确定"按钮后，即可跳入到当前文件记录中（如图 5-40 所示）。

图 5-38　"转到文件记录"菜单　　　　　　图 5-39　"转到文件记录"对话框

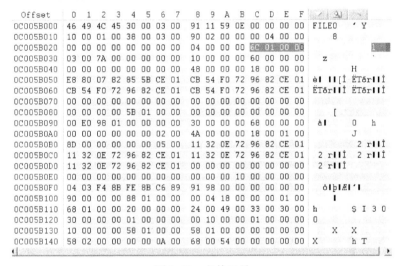

图 5-40　文件记录

通过对比，我们可以发现，索引项中的数据与文件记录中的 30 属性值基本一致。

5.4.5　A0 属性——索引分配属性

前面已经介绍过，索引根属性通常是常驻属性，也就是其所有属性值都在 MFT 文件记录中。当索引项越来越多，1KB 的空间当然无法存储该属性。那么这个时候，NTFS 系统是如何处理的呢？

也许你会想到，它可能和数据流的方法一样，通过数据运行索引到外部的数据区。如果想到这一层，你已经开始熟悉 NTFS 系统了，NTFS 的确是这么做的。但是，与数据属性（0x80）有一点小小的区别，它并非简单地在 0x90 属性中添加一个簇流列表。这是因为目录可能很大，而通过目录查找文件需要一个有效的算法。NTFS 中，系统利用 B+树的方法查找文件。于是，当索引项太大，不能全部存储在 MFT 记录中时，就会有两个附加的属性出现（如图 5-41 所示）：索引分配属性（0xA0），用于描述 B+树目录的子节点；索引位图属性（0xB0），用于描述索引分配属性使用的虚拟簇号。需要保存在 MFT 外部的索引称为"外部索引"。

0xA0 属性通常为非常驻属性（如图 5-41 中虚线框选部分数据），A0 属性值可按入流列表的计算方式计算得出。图 5-41 经过计算后可知，当前索引只占有一个簇流，起始位置是 1298941 簇，大小为 2 簇。现在跳到 1298941 簇去查看其具体数值。

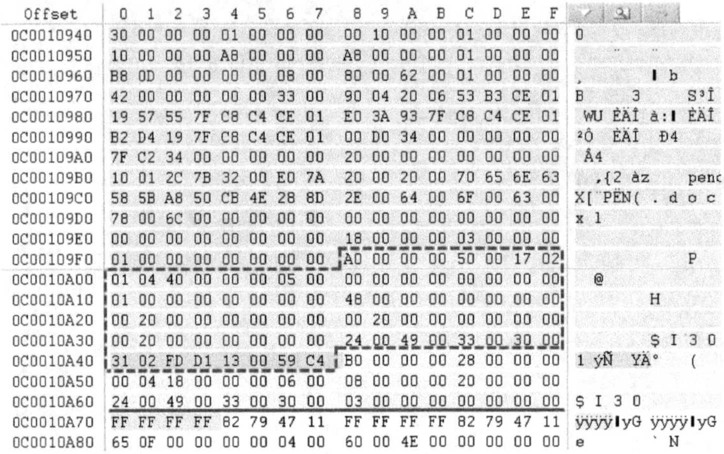

```
Offset     0  1  2  3  4  5  6  7   8  9  A  B  C  D  E  F   
0C0010940  30 00 00 00 01 00 00 00  00 10 00 00 01 00 00 00   0
0C0010950  10 00 00 00 A8 00 00 00  A8 00 00 00 01 00 00 00
0C0010960  B8 0D 00 00 00 00 08 00  80 00 62 00 01 00 00 00   ,       b
0C0010970  42 00 00 00 00 00 33 00  90 04 20 06 53 B3 CE 01   B     3   S³Î
0C0010980  19 57 55 7F C8 C4 CE 01  E0 3A 93 7F C8 C4 CE 01   WU ÈÀÎ à:ǀ ÈÀÎ
0C0010990  B2 D4 19 7F C8 C4 CE 01  D0 34 00 00 00 00 00 00   ²Ô ÈÀÎ  Ð4
0C00010A0  7F C2 34 00 00 00 00 00  20 00 00 00 00 00 00 00   Â4
0C00109B0  10 01 2C 7B 32 00 E0 7A  20 00 20 00 70 65 6E 63   ,{2 àz  penc
0C00109C0  58 5B A8 50 CB 4E 28 8D  2E 00 64 00 6F 00 63 00   X[ ¨PËN(  .d o c
0C00109D0  78 00 6C 00 00 00 00 00  00 00 00 00 00 00 00 00   x l
0C00109E0  00 00 00 00 00 00 00 00  18 00 00 00 03 00 00 00
0C00109F0  01 00 00 00 A0 00 00 00  50 00 17 02                       P
0C0010A00  01 04 40 00 00 00 05 00  00 00 00 00 00 00 00 00    @
0C0010A10  01 00 00 00 00 00 00 00  48 00 00 00 00 00 00 00            H
0C0010A20  00 20 00 00 00 00 00 00  00 20 00 00 00 00 00 00
0C0010A30  00 00 00 00 00 00 00 00  24 00 49 00 33 00 30 00           $ I 3 0
0C0010A40  31 02 FD D1 13 00 59 C4  B0 00 00 00 28 00 00 00   1 ýÑ  YÄ°   (
0C0010A50  00 04 18 00 00 00 06 00  08 00 00 00 20 00 00 00
0C0010A60  24 00 49 00 33 00 30 00                            $ I 3 0
0C0010A70  FF FF FF FF 82 79 47 11  FF FF FF FF 82 79 47 11   ÿÿÿÿ‚yG ÿÿÿÿ‚yG
0C0010A80  65 0F 00 00 00 00 04 00  60 00 4E 00 00 00 00 00   e      ` N
```

图 5-41　大目录文件

索引是以块为单位分配的（与簇的概念类似）。一般来说，一个索引块占 4KB 的空间。索引块以"INDX"开头（如图 5-42 所示），其具体的结构不再详细介绍，读者可自行查阅。

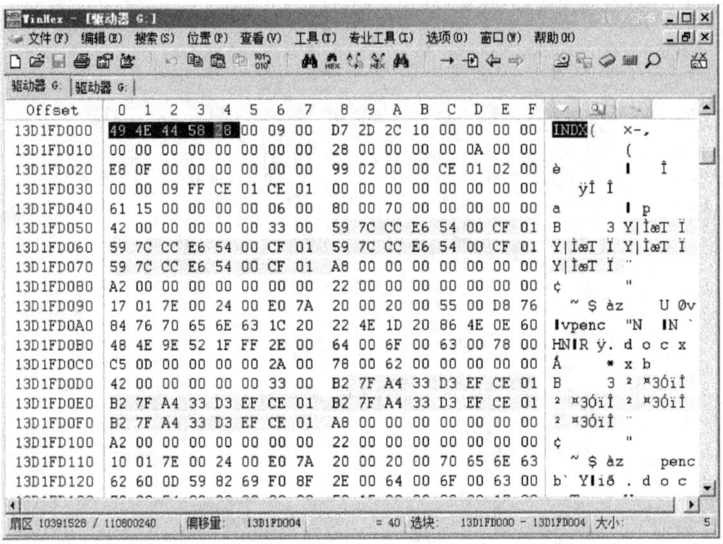

图 5-42　A0 属性值

5.4.6　B0 属性——位图属性

位图属性在 NTFS 的属性中是一个很灵活的属性，当它位于不同的文件下时有不同的含义。如例，MFT 是文件$MFT 自身的记录，它的位图属性有特殊的含义，它在此处为非常驻属性，标志 MFT 文件的使用情况（类似$BITMAP 的作用）。例如，以 31 01 40 4b 0f 为数据运行，起始簇为 0x0f4b40，占用一个簇。该簇中以每一位代表一个 MFT 记录的使用情况（占用为 1，未使用为 0）。实际操作中，可以根据文件的 ID 号查找与该文件的 MFT 对应的位。具体方法为，首先在$MFT 的记录中读取 0xB0 属性运行，根据运行找到$MFT:bitmap 位置。对于文件 file，根据 MFT 记录的顺序记录文件 file 位于第几个，假设记录号为 ID，ID/8=A，ID%8=B。表明该文件的 MFT 记录的位图位从$MFT:bitmap 的首字节偏移 A 个字节之后的第 B 个位。

5.5　常用的系统元文件

　　将一个分区格式化为 NTFS 文件系统时，会在分区内部建立一些用于文件系统管理的元数据文件，这些元文件各有各的功能，本节将对几个常用的元文件进行简单说明。

5.5.1　$MFT

　　$MFT 元文件记录的就是所有文件的文件记录，它是 NTFS 文件系统中最重要的元文件。$MFT 的初始大小一般为 32KB（64 个扇区），随着分区中存储文件数量的增长而逐渐增大。在前面的章节中已经重点介绍了该元文件的使用，在此不再赘述。

5.5.2　$MFTMirr

　　$MFTMirr 文件是$MFT 文件的备份，它至少保存了$MFT 前 4 项的文件记录（分别是$MFT、$MFTMirr、$LogFile、$Volume）。如果原始的$MFT 文件出了问题，我们可以快速地通过复制这个备份来还原$MFT 的前几个重要文件记录，以此确定 NTFS 文件系统的布局，定位$LogFile 的位置并恢复文件系统。

　　$MFTMirr 文件的位置可以通过两种方式确定：$MFT 文件记录中的第二项，即$MFTMirr 的文件记录（如图 5-43 所示）；引导扇区 DBR 中的数据（如图 5-44 所示）。

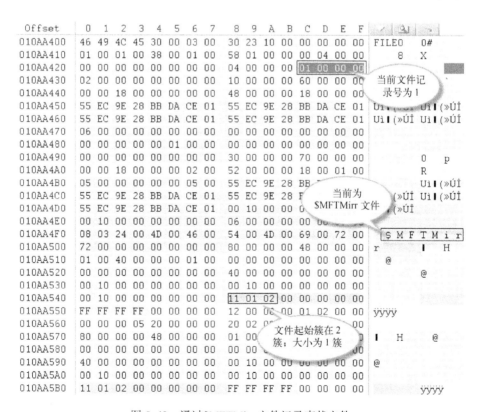

图 5-43　通过$MFTMirr 文件记录查找文件

图 5-44　通过 DBR 模板查找$MFTMirr 文件

5.5.3　$LogFile

$LogFile 是 NTFS 文件系统的日志文件，它记录了在此分区上所有影响 NTFS 磁盘结构的操作（如文件的创建、目录结构的改变等）。在文件系统出现故障时，可利用其中的记录进行相关恢复。特别是当将一个文件删除到回收站又清空后，文件的原始文件名会被修改，如果想通过原始文件恢复被删除的文件，只能通过$LogFile 文件中的记录找到它被修改后的文件名，然后恢复。

$LogFile 文件有自己特有的结构，在使用此文件时，可能会经常用到"搜索"命令。为了让搜索更准确，建议在新的窗口打开此文件的方式使用。打开方式是：先选择菜单"查看→显示"，勾选里面的"目录浏览器"（如图 5-45 所示），然后在目录浏览器中$LogFile 文件上右键单击鼠标，在弹出的快捷菜单中选择"打开"（如图 5-46 所示）。打开的日志文件如图 5-47 所示。

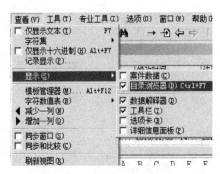

图 5-45　显示"目录浏览器"

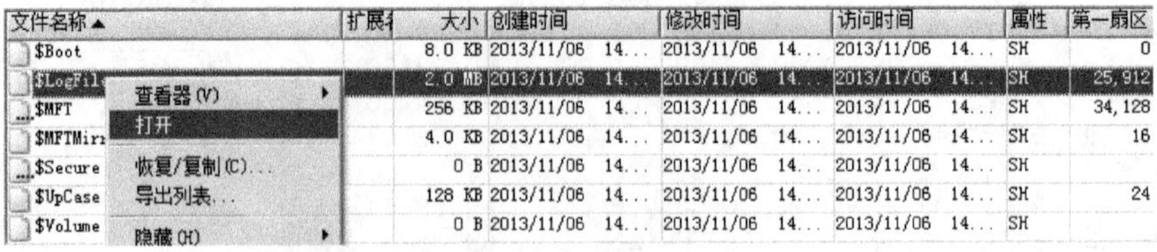

图 5-46　打开日志文件

打开的日志文件会以"页面"的形式记录其数据（如图 5-47 左下角所示），一个页面的大小是不固定的，它以 WinHex 软件一页显示的内容为标准，所以在进行数据跳转时，尽量以字节为单位。

$LogFile 是以"页"为单位的，每一个页的大小为 4096 字节，即 8 个扇区。其中前两个页为"重启页"，它的起始处有个签名标志"52 53 54 52"，即是"RSTR"的 ASCII 码（如图 5-47 中的框选部分所示）。

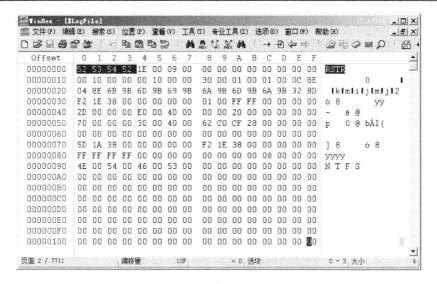

图 5-47　日志文件$LogFile

日志文件的第 3 个页（第 16 号扇区，或者说偏移为 16×512=8192 字节处）开始为具体的日志记录，每个记录面起始处的签名标志为"52 43 52 44"，即"RCRD"的 ASCII 码。可以先在 WinHex 软件的横坐标或纵坐标处单击一下鼠标，将当前偏移的显示方式由 16 进制转化为 10 进制，然后单击工具栏中的"转到偏移量"按钮 ，再在弹出的"转到偏移量"对话框中进行如图 5-48 所以的设置。单击"确定"按钮后，就可以看到如图 5-49 所示的界面了。

图 5-48　"转到偏移量"对话框

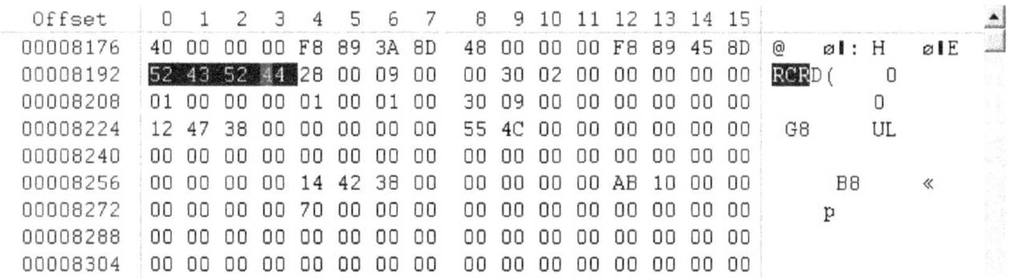

图 5-49　日志文件记录页

注意：若不将坐标值转化为 10 进制，在单击了工具栏的"转到偏移量"按钮后，会显示如图 5-50 所示的界面，此时只要将 10 进制的数值 8192 转换成 16 进制（2000），然后写入对话框中即可。

日志文件里面记录了所有能够影响 NTFS 结构的操作，包括文件的创建、删除、重命名等。所以，一般情况下，并没有必要一个一个地去看具体的记录，而是通过"搜索"功能去查找自己想找到的相关操作记录。

如我们现在想看看本章任务 2 中的"YQ.txt"文件的记录，就可以单击工具栏中的"搜索文本"按钮 ，然后进行如图 5-51 所示的设置，单击"确定"按钮后就会自动从当前光标位置开始向下搜索了。特别注意的是，在选择编码的时候一定要是"Unicode"编码方式，而且如果第一次搜索到不符合要求，可以按快捷键"F3"继续向下搜索。

图 5-50　未转换成 10 进制的"转到偏移量"对话框　　　图 5-51　"查找文本"对话框

　　因为日志文件本身并不大，所以搜索的速度会比较快。一会的时间，WinHex 会停留在符合要求的字符界面（如图 5-52 所示）。从图 5-52 中可以看出，此界面中有两个符合条件的记录。现在我们重点关心的是日志里面到底记录了什么。若 WinHex 软件设置时勾选了 NTFS 文件系统的自动着色功能，就会如图 5-52 所示，有一部分数据有底纹，它们代表的是时间属性。

　　只有 30 属性既能记录文件的时间属性，也能记录文件的文件名属性。也就是说日志里面记录的数据与 30 属性的结构基本一致，更直接一点地说，它就是索引项的基本结构。回忆前面索引项的基本结构：偏移为 00~07 的 8 个字节为文件记录号；偏移为 08~09 的 2 个字节为本索引项的长度（相对于索引项起始处）；偏移为 10 以后就是此文件的文件名属性了。而在文件名属性中，偏移为 00~07 的 8 个字节是本文件父目录的文件记录号；08~27 的 32 个字节为文件的时间属性；具体的文件名在最后部分。

```
Offset      0  1  2  3  4  5  6  7  8  9  A  B  C  D  E  F
00024000   52 43 52 44 28 00 09 00  5C 49 30 00 00 00 00 00   RCRD(    \I0
00024010   01 00 00 00 02 00 02 00  E0 0A 00 00 00 00 00 00   à
00024020   4E 49 30 00 00 00 00 00  86 3E 05 00 00 00 CF 01   NI0      †>    Ï
00024030   00 00 00 00 00 00 00 00
00024040   00 00 18 07 00 00 00 00
00024050   25 00 00 00 00 00 00 00  27 00 00 00 00 00 02 00   %              '
00024060   68 00 58 00 00 00 00 00  00 00 00 00 00 00 00 00   h  X
00024070   85 F6 EE 62 81 00 CF 01  D7 C4 08 4C 81 00         …öîb  Ï  ×Ä L
00024080   85 F6 EE 62 81 00 CF 01  85 F6 EE 62 81 00         …öîb  Ï  …öîb
00024090   00 00 00 00 00 00 00 00  00 00 00 00 00 00 00 00
000240A0   20 00 00 00 00 00 00 00  0B 01 59 00 51 00 20 00           Y Q
000240B0   2D 00 20 00 6F 52 2C 67  2E 00 74 00 78 00 74 00   -  oR,g  . t x t
000240C0   18 48 30 00 00 00 00 00  F8 47 30 00 00 00 00 00    H0      øG0
000240D0   F8 47 30 00 00 00 00 00  98 00 00 00 00 00 00 00   øG0      ˜
000240E0   01 00 00 00 18 00 00 00
000240F0   06 00 05 00 28 00 00 00  28 00 70 00 18 00 01 00       (    ( p
00024100   01 00 00 00 06 00 02 00
00024110   B3 10 00 00 00 00 00 00  30 00 00 00 00 00 00 00   ³         0      p
00024120   00 00 00 00 02 00 00 00  58 00 00 00 18 00 01 00            X
00024130   05 00 00 00 05 00 00 00  85 F6 EE 62 81 00 CF 01            …öîb  Ï
00024140   85 F6 EE 62 81 00 CF 01  85 F6 EE 62 81 00 CF 01   …öîb  Ï  …öîb  Ï
00024150   85 F6 EE 62 81 00 CF 01
00024160   00 00 00 00 00 00 00 00
00024170   0B 01 59 00 51 00 20 00  2D 00 20 00 6F 52 2C 67   Y Q  -  oR,g
```

图 5-52　日志文件的搜索结果

　　为了更形象，还可以图来表示当前日志记录的结构。如图 5-53 所示，灰色部分为此记录的时间属性，时间属性的前 8 字节为本文件父目录记录号，再往前移动 16 字节（一行）处就是本文件记录号了。

图 5-53　日志记录结构

用图 5-53 的方式对图 5-52 中第一个满足条件的记录进行解释如下。

当前记录的文件记录号为 0x27（10 进制的 39），它的上一级目录的记录号为 0x05（10 进制的 5）。在 5.5.4 节提到文件记录为 5 的是$Root 文件，它代表本文件系统的根目录，也就是说，这个文件位于根目录下。

5.5.4　$Root

$Root 元文件代表的是根目录，它一般是 5 号文件记录。但是，在目录浏览器界面中，一般不会显示此文件。图 5-54 显示的是一个刚格式化了的$Root 文件记录，从结构上来看，它是一个典型的目录文件记录，其主要的属性有 10 属性、30 属性和 90 属性。若根目录下的文件数量增加，就会将常驻的 90 属性中的值转存到非常驻的 A0 属性中。

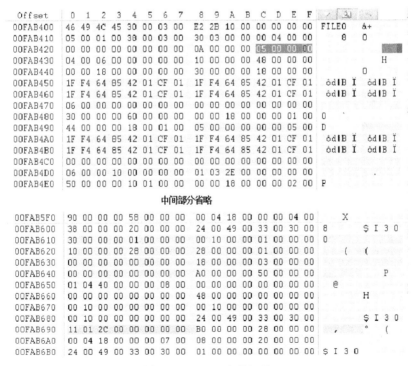

图 5-54　$Root 文件记录

5.5.5　$Bitmap

$Bitmap 文件是位图文件，它通常占用 6 号文件记录，主要用来描述文件系统中所有簇的分配情况，与 FAT32 文件系统中的 FAT 表有点类似。

一个刚格式化了的 NTFS 分区（如图 5-55 所示）的$Bitmap 文件数据如图 5-56 所示。位图文件中，每一个 bit 对应分区中的一个簇，并说明该簇是否已被分配。它以字节为单位，每个字节的最低位对应的簇跟在前一个字节的最高位所对应的簇之后。

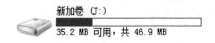

图 5-55　新格式化的 NTFS 分区

图 5-56 中，加底纹部分的数据为"FF 07 F0"，我们可以先将其按字节为单位转换成 2 进制（11111111　00000111　11110000）。因为此部分前面还有 3 个字节，它们代表 0～23 簇（每字节 8bit，每 bit 代表 1 簇），所以 FF 对应的 11111111 代表 24～31 簇已被占用。07 对应的 00000111 代表 32～34 簇已被占用，而 35～39 簇未被占用。

```
Offset     0  1  2  3  4  5  6  7   8  9  A  B  C  D  E  F
00000000  FF FF FF FF 07 F0 FF FF  FF FF FF FF FF FF FF FF   ÿÿÿÿ▯▯ÿÿÿÿÿÿÿÿÿÿ
00000010  FF FF FF FF FF FF FF FF  FF FF FF FF FF FF FF FF   ÿÿÿÿÿÿÿÿÿÿÿÿÿÿÿÿ
00000020  FF FF FF FF FF FF FF FF  FF FF FF FF FF FF FF FF   ÿÿÿÿÿÿÿÿÿÿÿÿÿÿÿÿ
00000030  FF FF FF FF FF FF FF FF  FF FF FF FF FF FF FF FF   ÿÿÿÿÿÿÿÿÿÿÿÿÿÿÿÿ
00000040  FF FF FF FF FF FF FF FF  FF FF FF FF FF FF FF FF   ÿÿÿÿÿÿÿÿÿÿÿÿÿÿÿÿ
00000050  FF FF FF FF FF FF FF FF  FF FF FF FF FF FF FF FF   ÿÿÿÿÿÿÿÿÿÿÿÿÿÿÿÿ
00000060  FF FF FF FF FF FF FF FF  FF FF FF FF FF FF FF FF   ÿÿÿÿÿÿÿÿÿÿÿÿÿÿÿÿ
00000070  FF FF FF FF FF FF FF FF  FF FF FF FF FF FF FF FF   ÿÿÿÿÿÿÿÿÿÿÿÿÿÿÿÿ
00000080  FF FF FF FF FF 1F 00 00  00 00 00 00 00 00 00 00   ÿÿÿÿÿÿ
00000090  00 00 00 00 00 00 00 00  00 00 00 00 00 00 00 00
000000A0  00 00 00 00 00 00 00 00  00 00 00 00 00 00 00 00
000000B0  00 00 00 00 00 00 00 00  00 00 00 00 00 00 00 00
000000C0  00 00 00 00 00 00 00 00  00 00 00 00 00 00 00 00
000000D0  00 00 00 00 00 00 00 00  00 00 00 00 00 00 00 00
000000E0  00 00 00 00 00 00 00 00  00 00 00 00 00 00 00 00
000000F0  00 00 00 00 00 00 00 00  00 00 00 00 00 00 00 00
00000100  00 00 00 00 00 00 00 00  00 00 00 00 00 00 00 00
00000110  00 00 00 00 00 00 00 00  00 00 00 00 00 00 00 00
00000120  00 00 00 00 00 00 00 00  00 00 00 00 00 00 00 00
00000130  00 00 00 00 00 00 00 00  00 00 00 00 00 00 00 00
00000140  00 00 00 00 00 00 00 00  00 00 00 00 00 00 00 00
00000150  00 00 00 00 00 00 00 00  00 00 00 00 00 00 00 00
00000160  00 00 00 00 00 00 00 00  00 00 00 00 00 00 00 00
00000170  00 00 00 00 80 FF FF FF  FF FF FF FF FF FF FF FF   ▯ÿÿÿÿÿÿÿÿÿÿÿÿ
00000180  FF FF FF FF FF FF FF FF  FF FF FF FF FF FF FF FF   ÿÿÿÿÿÿÿÿÿÿÿÿÿÿÿÿ
00000190  FF FF FF FF FF FF FF FF  FF FF FF FF FF FF FF FF   ÿÿÿÿÿÿÿÿÿÿÿÿÿÿÿÿ
000001A0  FF FF FF FF FF FF FF FF  FF FF FF FF FF FF FF FF   ÿÿÿÿÿÿÿÿÿÿÿÿÿÿÿÿ
000001B0  FF FF FF FF FF FF FF FF  FF FF FF FF FF FF FF FF   ÿÿÿÿÿÿÿÿÿÿÿÿÿÿÿÿ
000001C0  FF FF FF FF FF FF FF FF  FF FF FF FF FF FF FF FF   ÿÿÿÿÿÿÿÿÿÿÿÿÿÿÿÿ
000001D0  FF FF FF FF FF FF FF FF  FF FF FF FF FF FF FF 07   ÿÿÿÿÿÿÿÿÿÿÿÿÿÿÿ
000001E0  00 00 00 00 00 00 00 00  00 00 00 00 00 00 00 00
000001F0  00 00 00 00 80 FE FF FF  FF FF FF FF FF 03 00 00   ▯þÿÿÿÿÿÿÿ
```

图 5-56　$Bitmap 文件

要看某偏移处数值对应的簇号，较快速的方法是先确定前一字节的偏移地址对应的 10 进制值，然后其值乘以 8 所得的值就是当前字节的最低位 2 进制数代表的簇号了。如图 5-56 所示，最后一行的最后一个非零数为 03，看其纵坐标为 000001F0（可简写为 1F0），再看其横坐标为 D，则它前一个字节的横坐标就为 C，所以前一字节的偏移地址为 1FC，将其转换成10 进制为 508，再将其乘以 8 为 4064。将 16 进制的 03 转为 2 进制数为 11，将其填充为 8 位则为 00000011，综合其偏移地址和 2 进制值，可以得出结论：此分区的 4064 和 4065 簇已被占用，后面部分未被占用。

　　$Bitmap 代表本分区的所有簇，一个分区通常只有一个$Bitmap 文件。但在文件记录中，
B0 属性也被称为$Bitmap，它描述的是索引或$MFT 的分配情况。对于$MFT 文件，它的一个
bit 对应一个文件记录；对于索引，它的一个 bit 对应索引的一个 VCN。

　　图 5-57 所示是某分区$MFT 文件的文件记录，虚线框选部分是它的 B0 属性。此属性是
非常驻属性，所以其具体的内容在其属性值所指向的簇流中。现在进行简单的簇流转化，第
一簇流起始位置在 A9 0F→4009，其大小为 1 簇。快速跳转到 4009 簇后，可以看到如图 5-58
所示的数据簇。以字节为单位将前几个非零的值转换为 2 进制，即"11111111（FF）
11111111（FF）　00000000（00）　11111111（FF）　00000111（07）"，它代表的意思分别
是$MFT 文件中 0～15 号文件记录已被占用、16～23 号文件记录空闲、24～31 号文件记录已
被占用、32～34 号文件记录已被占用，后面的部分全为空闲状态。

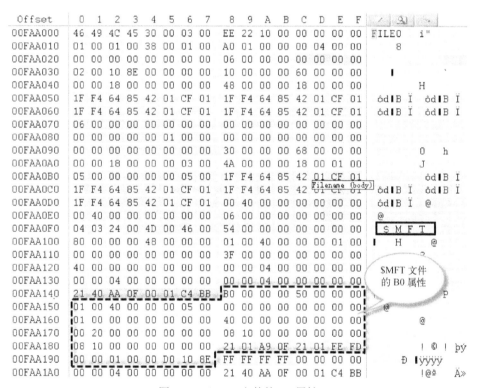

图 5-57　$MFT 文件的 B0 属性

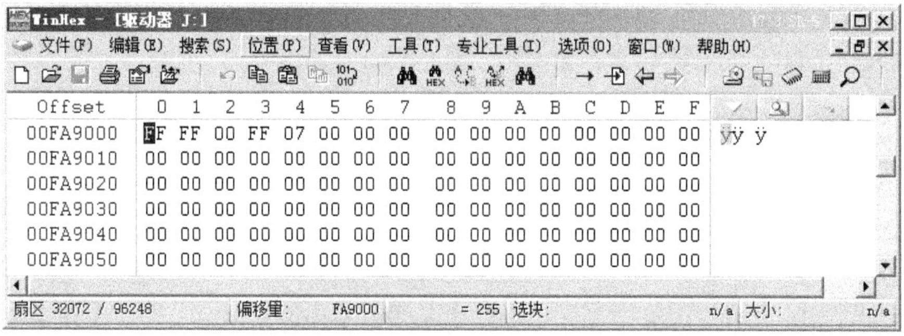

图 5-58　B0 属性值

5.6　知识小结

本章详细介绍了 NTFS 文件系统。NTFS 文件系统是目前硬盘常用的文件系统，它具备安全性高、速度快等特点。NTFS 文件系统的系统数据明显比 FAT32 文件系统的多，所以其可控性更强。

第 5.1 节介绍了 NTFS 文件系统的新特点。

第 5.2 节主要介绍 NTFS 文件系统的组成结构。NTFS 主要组成部分是 DBR 区、MFT 区和数据区。其中，只有 DBR 是固定在第一个扇区的，其他的位置都是不固定的。MFT 区中记录了本分区的每一个文件的基本属性，所以一个分区最重要的数据就是其 MFT 区的数据。MFT 区的数据就是每一个文件对应的文件记录。

第 5.3 节介绍了 NTFS 文件系统中文件记录的结构。每一个文件记录都是由文件头和属性列表组成的。而属性列表中一一描述了本文件的每一种属性（包括数据也是属性）。每一种属性都是由属性头和属性值组成的。因为文件记录的空间只有 1KB，所以属性又被分成常驻与非常驻属性。常驻属性就是将属性值就存储在文件记录中，一般来说，它的数据量比较小。而非常驻属性则是将属性值放在另外的数据簇中，然后将数据簇的地址放入到文件记录的属性值部分，这就是所谓的簇流。

第 5.4 节介绍了几种常用的属性。10 属性是标准属性，主要存储的是文件的时间类属性；30 属性是文件名属性，主要存储的是文件的时间类属性和文件名，若文件名过长，则可能同时存储多个 30 属性，其中一个为短文件名属性，另外一个为长文件名属性；80 属性是内容属性，若一个文件没有内容（即是空文件），则它的 80 属性只有属性头，没有属性值。若文件的内容较少，则将文件的内容直接存储在属性值部分；若文件的内容较大，则将内容放在另外的簇里。

第 5.5 节介绍了常用的系统元文件。其中，$MFT 用来存储文件记录，$MFTMirr 是 $MFT 的备份，而$LogFile 是日志文件。当文件被删除到回收站后，文件的原始名字会被修改，此时就需要借助日志文件找到原始文件的记录号，再通过记录号找回文件了。

5.7　任务实施

5.7.1　任务 1：修复 NTFS 文件系统的 DBR

若双击 NTFS 文件系统的分区时，提示需要格式化，但是此分区中又有很多重要的数据，那我们的第一想法就是尝试恢复此分区的 DBR。因为大多数时候提示需要格式化，都是因为 DBR 出了问题导致操作系统无法识别当前分区数据。可以使用 WinHex 软件打开此分区，然后分别查看此分区的 DBR（第一个扇区）和备份 DBR（最后一个扇区）的数据是否正常。若 DBR 不正常，但是备份 DBR 正常，则可以直接将备份 DBR 复制到 DBR 的位置达到修复的目的。这是因为 NTFS 文件系统自动认为备份 DBR 不在本分区中（这就是为什么 MBR 中记录的分区总扇区数总比本分区内部记录的总扇区数少 1 的原因），备份 DBR 就比 DBR 更安全一些。本任务是模拟 DBR 和备份 DBR 都遭到破坏的情况，这比较复杂一些。

1．修复思路

我们可以把一个正常的 NTFS 分区的正常 DBR 复制到 0 号扇区，然后在对其中的参数进行修改。

NTFS 文件系统的 DBR 结构固定，需要修改的参数如下。

● 每簇扇区数——在 DBR 的偏移地址（0x0D）；

● 扇区总数——在备份 DBR 的偏移地址（0x28～0x2F）；

● $MFT 起始簇号——在 DBR 的偏移地址（0x30～0x37）；

● $MFTMirr 起始簇号——在 DBR 的偏移地址（0x38～0x3F）。

2．实现步骤

步骤 1：搜索第一个文件记录的位置

$MFT 文件记录的是本分区所有文件的文件记录，$MFTMirr 是$MFT 文件的备份，所以它们的内容都是文件记录。文件记录都是以"46494C45"开头的，所以在分区的头部直接开始向下搜索 16 进制"46494C45"（如图 5-59 所示），搜索到的第一个文件记录不管是$MFT 文件中的还是$MFTMirr 文件中的，它们都是$MFT 文件的文件记录（如图 5-60 所示），而第二条文件记录一定是$MFTMirr 文件的文件记录（如图 5-61 所示）。文件记录里面就有它们真实的地址，所以只需要通过文件记录确定这两个文件的地址即可。

图 5-59　搜索设置

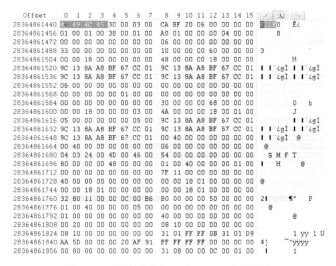

图 5-60　搜索到的第一个 NTFS 文件记录

分析图 5-60 中的 80 属性，可以看出它的数据所在的簇流为 32 80 11 00 00 0C，即簇流从 00 00 0C（786432）簇开始，共 80 11（4480）簇。

步骤 2：分析第二个文件记录

往后移动 2 个扇区，就会看到$MFTMirr 的文件记录。再次分析它的 80 属性，就可以得到结论：$MFTMirr 文件头在 6925015 簇，共 1 簇大小。

Offset	0	1	2	3	4	5	6	7	8	9	10	11	12	13	14	15			
--------	---	---	---	---	---	---	---	---	---	---	----	----	----	----	----	----		---	---
03221226496	46	49	4C	45	30	00	03	00		4C	0F	00	02	00	00	00	FILE0	L
03221226512	01	00	01	00	38	00	01	00		58	01	00	00	04	00	00		8	X
03221226528	00	00	00	00	00	00	00	00		04	00	00	00	01	00	00	00
03221226544	32	00	00	00	00	00	00	00		10	00	00	00	60	00	00	00	2
03221226560	00	00	18	00	00	00	00	00		48	00	00	00	18	00	00	00	H
03221226576	9C	13	8A	A8	BF	67	CC	01		9C	13	8A	A8	BF	67	CC	01	I I ¿Ì I I ¿Ì
03221226592	9C	13	8A	A8	BF	67	CC	01		9C	13	8A	A8	BF	67	CC	01	I I ¿Ì I I ¿Ì
03221226608	06	00	00	00	00	00	00	00		00	00	00	00	00	00	00	00	
03221226624	00	00	00	00	01	00	00	00		00	00	00	00	00	00	00	00	
03221226640	00	00	00	00	00	00	00	00		30	00	00	00	70	00	00	00	0 p
03221226656	00	00	18	00	00	00	02	00		52	00	00	00	18	00	01	00	R
03221226672	05	00	00	00	00	00	05	00		9C	13	8A	A8	BF	67	CC	01	I I ¿Ì
03221226688	9C	13	8A	A8	BF	67	CC	01		9C	13	8A	A8	BF	67	CC	01	I I ¿Ì I I ¿Ì
03221226704	9C	13	8A	A8	BF	67	CC	01		00	10	00	00	00	00	00	00	I I ¿Ì
03221226720	00	10	00	00	00	00	00	00		06	00	00	00	00	00	00	00	
03221226736	08	03	24	00	4D	00	46	00		54	00	4D	00	69	00	72	00	$ M F T M i r
03221226752	72	00	00	00	00	00	00	00		80	00	00	00	48	00	00	00	r I H
03221226768	01	00	40	00	00	00	01	00		00	00	00	00	00	00	00	00	@
03221226784	00	00	00	00	00	00	00	00		40	00	00	00	00	00	00	00	@
03221226800	00	10	00	00	00	00	00	00		00	10	00	00	00	00	00	00	
03221226816	00	10	00	00	00	00	00	00		31	01	D7	AA	69	00	00	00	1 ×ªi
03221226832	FF	FF	FF	FF	00	00	00	00		20	00	00	00	20	02	00	00	ÿÿÿÿ
03221226848	01	02	00	00	00	00	00	05		20	00	00	00	20	02	00	00	
03221226864	80	00	00	00	48	00	00	00		01	00	40	00	00	00	01	00	I H @
03221226880	00	00	00	00	00	00	00	00		00	00	00	00	00	00	00	00	
03221226896	40	00	00	00	00	00	00	00		00	00	00	00	00	00	00	00	@
03221226912	00	10	00	00	00	00	00	00		00	10	00	00	00	00	00	00	

图 5-61　第二条文件记录

步骤 3：分析每簇扇区数

$MFTMirr 的大小共 1 簇，而其 80 属性是非常驻属性，所以其属性头的最后 8 个值代表本文件字节数，`00 10 00 00 00 00 00 00`表示 4096 字节，即本分区 1 簇共 4096 字节，1 扇区 512 字节，4096 字节即 8 扇区，所以本分区为 1 簇共 8 扇区。

步骤 4：写入 DBR 模板中

本分区的总扇区数通过查看 WinHex 软件左下角的总扇区数即可查到。本分区的数值为 `扇区 6291458 / 110800240`，表示当前分区总扇区数为 110800240。

现在快速跳转到本分区的第一个扇区（DBR 处），打开模板管理器，然后打开 NTFS 的引导记录模板，在模板中写入相应的值（如图 5-62 所示）。

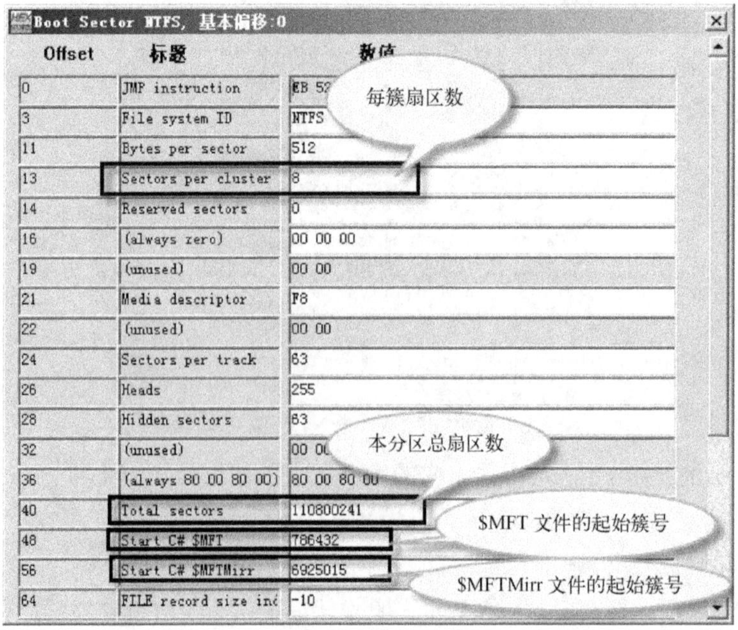

Offset	标题	数值	
0	JMP instruction	EB 52	每簇扇区数
3	File system ID	NTFS	
11	Bytes per sector	512	
13	Sectors per cluster	8	
14	Reserved sectors	0	
16	(always zero)	00 00 00	
19	(unused)	00 00	
21	Media descriptor	F8	
22	(unused)	00 00	
24	Sectors per track	63	
26	Heads	255	
28	Hidden sectors	63	
32	(unused)	00 00	本分区总扇区数
36	(always 80 00 80 00)	80 00 80 00	
40	Total sectors	110800241	
48	Start C# $MFT	786432	$MFT 文件的起始簇号
56	Start C# $MFTMirr	6925015	$MFTMirr 文件的起始簇号
64	FILE record size ind	-10	

图 5-62　写入 DBR 的值

5.7.2　任务 2：研究"新建文件"对 NTFS 文件系统的影响

步骤 1：新建虚拟磁盘

新建一虚拟磁盘，大小为 200MB（如图 5-63 所示）。使用"DiskLoader"选项加载虚拟磁盘（如图 5-64 所示），然后在"我的电脑"上右键单击鼠标，选择"管理"，进入"磁盘管理"，将此磁盘分成一个分区，分区为 NTFS 文件系统（如图 5-65 所示）。

图 5-63　新建虚拟磁盘

图 5-64　在"DiskLoader"中加载虚拟磁盘

步骤 2：新建空白文档

在此分区中，新建一空白文档，命名为"YQ.txt"，内容为空（如图 5-66 所示）。

图 5-65　新建分区

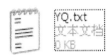

图 5-66　新建空白文档

使用 WinHex 查看该磁盘的结构，可通过"引导扇区（模板）"查看本分区 1 簇的扇区数（如图 5-67 所示）。

Offset	标题	数值
0	JMP instruction	EB 52 90
3	File system ID	NTFS
B	Bytes per sector	512
D	Sectors per cluster	1
E	Reserved sectors	0
10	(always zero)	00 00 00
13	(unused)	00 00
15	Media descriptor	F8
16	(unused)	00 00
18	Sectors per track	63
1A	Heads	255
1C	Hidden sectors	63
20	(unused)	00 00 00 00
24	(always 80 00 80 00)	80 00 80 00
28	Total sectors	417626
30	Start C# $MFT	139209
38	Start C# $MFTMirr	208813
40	FILE record size indicator	2
41	(unused)	0
44	INDX buffer size indicator	8
45	(unused)	0
48	32-bit serial number (hex)	01 2B 68 34
48	32-bit SN (hex. reversed)	34682B01
48	64-bit serial number (hex)	01 2B 68 34 39 68 34 8A
50	Checksum	0
1FE	Signature (55 AA)	55 AA

图 5-67　NTFS 文件系统引导扇区模板

进入本文件系统的 MFT 中，首先看到的就是$MFT 文件本身所对应的文件记录（如图 5-68 所示）和当前已使用簇的统计（如图 5-69 所示）。

```
Offset    0  1  2  3  4  5  6  7  8  9  A  B  C  D  E  F
043F9200  46 49 4C 45 30 00 03 00 3D 0F 10 00 00 00 00 00   FILE0      =
043F9210  01 00 01 00 38 00 01 00 98 01 00 00 00 04 00 00          8
043F9220  00 00 00 00 00 00 00 00 06 00 00 00 00 00 00 00
043F9230  02 00 00 00 00 00 00 00 10 00 00 00 60 00 00 00
043F9240  00 00 18 00 00 00 00 00 48 00 00 00 18 00 00 00                  H
043F9250  2A 51 B8 67 C3 EF CD 01 2A 51 B8 67 C3 EF CD 01   *Q.gÃïÍ *Q.gÃïÍ
043F9260  2A 51 B8 67 C3 EF CD 01 2A 51 B8 67 C3 EF CD 01   *Q.gÃïÍ *Q.gÃïÍ
043F9270  06 00 00 00 00 00 00 00 00 00 00 00 00 00 00 00
043F9280  00 00 00 00 00 01 00 00 00 00 00 00 00 00 00 00
043F9290  00 00 00 00 00 00 00 00 30 00 00 00 68 00 00 00           0      h
043F92A0  00 00 18 00 00 00 03 00 4A 00 00 00 18 00 01 00           J
043F92B0  05 00 00 00 00 00 05 00 2A 51 B8 67 C3 EF CD 01           *Q.gÃïÍ
043F92C0  2A 51 B8 67 C3 EF CD 01 2A 51 B8 67 C3 EF CD 01   *Q.gÃïÍ *Q.gÃïÍ
043F92D0  2A 51 B8 67 C3 EF CD 01 00 40 00 00 00 00 00 00   *Q.gÃïÍ .@
043F92E0  00 40 00 00 00 00 00 00 06 00 00 00 00 00 00 00    @
043F92F0  04 03 24 00 4D 00 46 00 54 00 00 00 00 00 00 00    $ M F T
043F9300  80 00 00 00 48 00 00 00 01 00 40 00 00 00 01 00    I   H     @    I
043F9310  00 00 00 00 00 00 00 00 3F 00 00 00 00 00 00 00            ?
043F9320  40 00 00 00 00 00 00 00 00 80 00 00 00 00 00 00    @              I
043F9330  00 80 00 00 00 00 00 00 00 80 00 00 00 00 00 00    I              I
043F9340  31 40 C9 1F 02 00 01 00 B0 00 00 00 48 00 00 00   1@É        °      H
043F9350  01 00 40 00 00 00 05 00 00 00 00 00 00 00 00 00      @
043F9360  00 00 00 00 00 00 00 00 40 00 00 00 00 00 00 00            @
043F9370  00 02 00 00 00 00 00 00 08 00 00 00 00 00 00 00
043F9380  08 00 00 00 00 00 00 00 31 01 C8 1F 02 00 00 00            1 È
043F9390  FF FF FF FF 00 00 00 00 00 80 00 00 00 00 00 00   ÿÿÿÿ      I
043F93A0  00 80 00 00 00 00 00 00 31 40 C9 1F 02 00 01 00    I       1@É
043F93B0  B0 00 00 00 48 00 00 00 01 00 40 00 00 00 05 00   °   H     @
043F93C0  00 00 00 00 00 00 00 00 40 00 00 00 00 00 00 00            @
043F93D0  40 00 00 00 00 00 00 00 00 80 00 00 00 00 00 00    @              I
043F93E0  08 00 00 00 00 00 00 00 08 00 00 00 00 00 00 00
043F93F0  31 01 C8 1F 02 00 00 00 FF FF FF FF 00 00 02 00   1 È     ÿÿÿÿ
```

图 5-68　MFT 文件记录

图 5-69　已使用簇的统计

步骤 3：搜索文件所对应的文件记录

NTFS 文件记录中的字符都是以 Unicode 码存储的，所以可以利用记事本文档将其转存为 Unicode 码。其具体步骤如下。

（1）新建一文本文档（不要在虚拟磁盘中），写入新建文件的文件名（如图 5-70 所示），然后将其另存为编码格式为"Unicode"码（如图 5-71 所示）。

图 5-70　文本内容

图 5-71　另存为 Unicode 编码格式

（2）在 WinHex 软件中打开此文本文档，然后复制其除前两个之外的数值（如图 5-72 所示）。因为 Unicode 码在 WinHex 软件中打开，最前方会显示"FF FE"这样的特征值。

（3）单击"搜索→查找十六进制值"，然后在搜索界面中设置如图 5-73 所示的值。

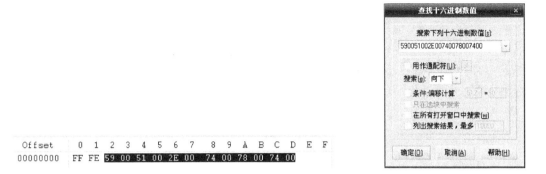

图 5-72　复制文件名对应的 Unicode 码　　　　　　图 5-73　搜索文件名

在搜索界面单击"确定"按钮后，就会直接跳到从当前光标所在的位置之后的第一个满足条件的位置上。此时，若是觉得搜索到的值并不是想要的，可以按快捷键"F3"继续向下搜索下一个满足条件的位置。

注意：文件记录中，30 属性表示文件名属性，所以搜索到的值必须是位于文件记录的 30 属性的属性内容部分，此时才表明当前是想搜索的文件；若是其他位置，可能是其他用途，并不是指明文件。所以在搜索过程中，应当仔细分析，直到找到满足要求的位置。

图 5-74 所示就是一个典型的文件记录的 30 属性值位置。因为此时搜索到的（图 5-74 中框选部分）值刚好是在 30 属性的属性内容部分，所以可以确定当前就是此文件所对应的文件记录。此文件的其他属性可以从这两个扇区中得到。

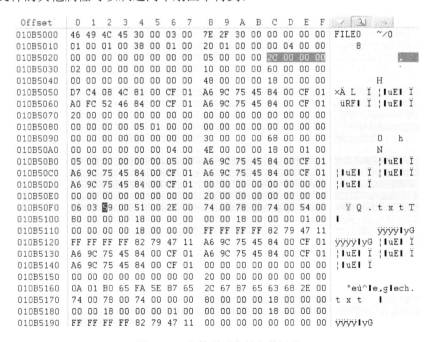

图 5-74　文件所对应的文件记录

　　分析这个文件记录，可以明显看到，本文件此时只有 10 属性、30 属性和 80 属性。其中 10 属性是标准属性，主要存入的内容是文件的创建时间类型等；30 属性是文件名属性，主要就是文件名；80 属性是数据属性，因为此时是空白文件，所以没有任何数据内容。80 属性的属性总长为 18 字节，而属性头就占 18 字节，即意味着没有属性内容，也就是没有数据内容。

　　为了方便下次修改后能直接找到此文件记录，我们查看此扇区偏移为 2C～2F 处的数值（2C 00 00 00→44），44 就是此文件的文件记录号了。

步骤 4：向文件中写入少量内容并查看当前文件记录的改变

　　在"我的电脑"中双击打开此文件，然后在里面写入内容（如图 5-75 所示）。

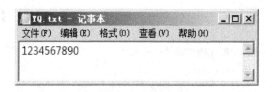

图 5-75　向空白文档中写入少量内容

　　因为此磁盘的数据有修改，所以在 WinHex 软件中，最好获取一下新快照。其方式是选择菜单"专业工具→进行卷快照"（如图 5-76 所示），然后在弹出的"卷快照"对话框（如图 5-77 所示）中勾选"更新快照"选项，单击对话框最下方的按钮。快照更新成功后会出现如图 5-78 所示的提醒信息。因为刚才我们记住了这个文件的记录号，所以此时可以通过"转到文件记录"对话框直接跳到此文件记录中（如图 5-79 所示）。

图 5-76　"进行卷快照"菜单　　　　　　　图 5-77　"卷快照"对话框

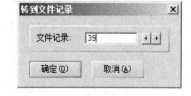

图 5-78　快照更新成功　　　　　　　图 5-79　跳到文件记录中

　　通过与空文件时的文件记录对比，发现两个文件记录最明显的区别就在于 80 属性。空文件只有 80 属性头，没有属性值；而写入少量内容后的文件，80 属性有了属性值（如图 5-80 所示）。但是，此时的 80 属性仍然是常驻属性，也就是说，后面的值就是本文件的内容。仔细一看，确实是刚才在词本中写入的 10 个数字。

```
Offset    0  1  2  3  4  5  6  7  8  9  A  B  C  D  E  F
010B5000  46 49 4C 45 30 00 03 00  C3 31 30 00 00 00 00 00   FILE0    Ã10
010B5010  01 00 01 00 38 00 01 00  58 01 00 00 00 04 00 00        8    X
010B5020  00 00 00 00 00 00 00 00  06 00 00 00 2C 00 00 00                ,
010B5030  03 00 00 00 00 00 00 00  10 00 00 00 60 00 00 00               `
010B5040  00 00 00 00 00 00 00 00  48 00 00 00 18 00 00 00        H
010B5050  D7 C4 08 4C 81 00 CF 01  BB 17 D5 73 84 00 CF 01   ×Ä L  Ï » Õs Ï
010B5060  BB 17 D5 73 84 00 CF 01  A6 9C 75 45 84 00 CF 01   » Õs Ï ¦œuE Ï
010B5070  20 00 00 00 00 00 00 00  00 00 00 00 00 00 00 00
010B5080  00 00 00 00 05 01 00 00  00 00 00 00 00 00 00 00
010B5090  00 00 00 00 00 00 00 00  30 00 00 00 68 00 00 00        0   h
010B50A0  00 00 00 00 00 00 04 00  4E 00 00 00 18 00 01 00           N
010B50B0  05 00 00 00 00 00 05 00  A6 9C 75 45 84 00 CF 01        ¦œuE Ï
010B50C0  A6 9C 75 45 84 00 CF 01  A6 9C 75 45 84 00 CF 01   ¦œuE Ï ¦œuE Ï
010B50D0  A6 9C 75 45 84 00 CF 01  00 00 00 00 00 00 00 00   ¦œuE Ï
010B50E0  00 00 00 00 00 00 00 00  20 00 00 00 00 00 00 00
010B50F0  06 03 59 00 51 00 2E 00  74 00 78 00 74 00 54 00     Y Q . t x t T
010B5100  40 00 00 00 28 00 00 00  00 00 00 00 00 00 05 00   @   (
010B5110  10 00 00 00 18 00 00 00  1C 42 62 A1 34 6C E3 11        Bb¡4lã
010B5120  A2 33 00 23 8B 95 14 37  80 00 00 00 28 00 00 00   ¢3 #‹• 7    (
010B5130  00 00 18 00 00 00 01 00  0A 00 00 00 18 00 00 00
010B5140  31 32 33 34 35 36 37 38  39 30 00 00 00 00 00 00   1234567890
010B5150  FF FF FF FF 82 79 47 11  00 00 00 00 00 00 00 00   ÿÿÿÿ‚yG
010B5160  0A 01 B0 65 FA 5E 87 65  2C 67 87 65 63 68 2E 00   °eú^‡e,g‡ech.
010B5170  74 00 78 00 74 00 00 00  80 00 00 00 18 00 00 00   t x t
010B5180  00 00 18 00 00 00 01 00  00 00 00 00 18 00 00 00
010B5190  FF FF FF FF 82 79 47 11  00 00 00 00 00 00 00 00   ÿÿÿÿ‚yG
```

图 5-80　写入少量内容的文件 80 属性

步骤 5：向文件中写入大量内容

现在使用复制、粘贴的方式向本文件写入大量内容（如图 5-81 所示），然后更新快照，再查看本文件的记录（如图 5-82 所示）。通过再次对比，可以发现，写入了大量内容的 80 属性已经成了非常驻属性。通过对 80 属性值的分析，可以知道当前文件共一个簇流，起始簇号为 44，大小为 1 簇。说明随着文件内容的增加，文件的数据存储方式发生了改变。

图 5-81　向文件中写入大量内容

```
Offset    0  1  2  3  4  5  6  7  8  9  A  B  C  D  E  F
010B5000  46 49 4C 45 30 00 03 00  4D 43 30 00 00 00 00 00   FILE0    MC0
010B5010  01 00 01 00 38 00 01 00  78 01 00 00 00 04 00 00        8    x
010B5020  00 00 00 00 00 00 00 00  07 00 00 00 2C 00 00 00                ,
010B5030  06 00 00 00 00 00 00 00  10 00 00 00 60 00 00 00               `
010B5040  00 00 00 00 00 00 00 00  48 00 00 00 18 00 00 00        H
010B5050  D7 C4 08 4C 81 00 CF 01  B4 38 74 71 86 00 CF 01   ×Ä L  Ï ´8tq† Ï
010B5060  B4 38 74 71 86 00 CF 01  A6 9C 75 45 84 00 CF 01   ´8tq† Ï ¦œuE Ï
010B5070  20 00 00 00 00 00 00 00  00 00 00 00 00 00 00 00
010B5080  00 00 00 00 05 01 00 00  00 00 00 00 00 00 00 00
010B5090  00 00 00 00 00 00 00 00  30 00 00 00 68 00 00 00        0   h
010B50A0  00 00 00 00 00 00 04 00  4E 00 00 00 18 00 01 00           N
010B50B0  05 00 00 00 00 00 05 00  A6 9C 75 45 84 00 CF 01        ¦œuE Ï
010B50C0  A6 9C 75 45 84 00 CF 01  A6 9C 75 45 84 00 CF 01   ¦œuE Ï ¦œuE Ï
010B50D0  A6 9C 75 45 84 00 CF 01  00 00 00 00 00 00 00 00   ¦œuE Ï
010B50E0  00 00 00 00 00 00 00 00  20 00 00 00 00 00 00 00
010B50F0  06 03 59 00 51 00 2E 00  74 00 78 00 74 00 54 00     Y Q . t x t T
010B5100  40 00 00 00 28 00 00 00  00 00 00 00 00 00 05 00   @   (
010B5110  10 00 00 00 18 00 00 00  1C 42 62 A1 34 6C E3 11        Bb¡4lã
010B5120  A2 33 00 23 8B 95 14 37  80 00 00 00 48 00 00 00   ¢3 #‹• 7    H
010B5130  01 00 00 00 00 00 06 00  00 00 00 00 00 00 00 00
010B5140  00 00 00 00 00 00 00 00  40 00 00 00 00 00 00 00        @
010B5150  00 10 00 00 00 00 00 00  84 03 00 00 00 00 00 00
010B5160  84 03 00 00 00 00 00 00  11 01 2C 00 01 00 00 00          ,
010B5170  FF FF FF FF 82 79 47 11  80 00 00 00 18 00 00 00   ÿÿÿÿ‚yG
010B5180  00 00 18 00 00 00 01 00  00 00 00 00 18 00 00 00
010B5190  FF FF FF FF 82 79 47 11  00 00 00 00 00 00 00 00   ÿÿÿÿ‚yG
```

图 5-82　写入大量内容后的文件记录

步骤 6：新建另一文件后，多次重复编辑此文件

　　YQ.txt 写入大量内容后，再在此目录下新建另外一个文件，写入部分数据（或者干脆复制一份本文件，如图 5-83 所示）。复制文件后，新文件可能会导致原始文件所占的簇不连续，可能会出现第二个簇流（这也是碎片产生的主要原因）。

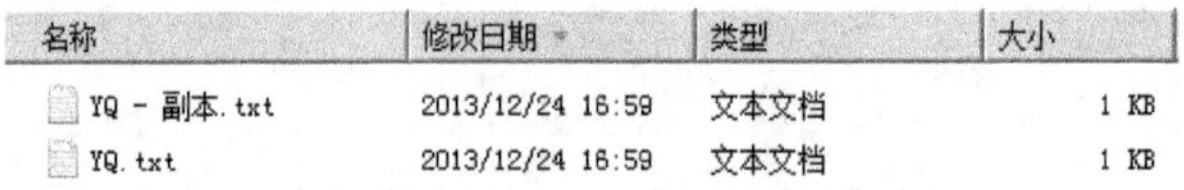

名称	修改日期 ▼	类型	大小
YQ – 副本.txt	2013/12/24 16:59	文本文档	1 KB
YQ.txt	2013/12/24 16:59	文本文档	1 KB

图 5-83　复制本文件

　　复制文件成功后，再次编辑原始文件（可将里面的内容全部复制，再粘贴两次）。此时原始文件的大小已经发生改变（如图 5-84 所示）。

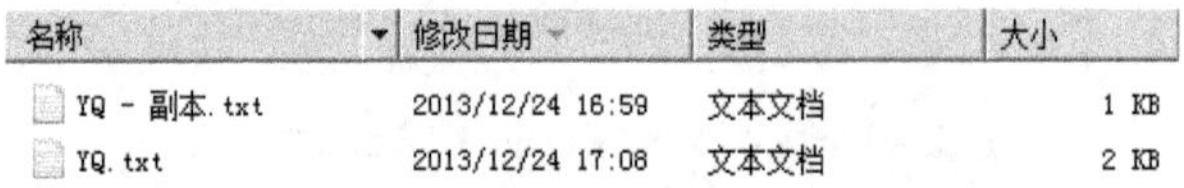

名称 ▼	修改日期 ▼	类型	大小
YQ – 副本.txt	2013/12/24 16:59	文本文档	1 KB
YQ.txt	2013/12/24 17:08	文本文档	2 KB

图 5-84　修改原始文件

　　在 WinHex 软件中通过它的文件记录号打开此文件，如果文件记录的 80 属性值没有增加簇流列表，可以反复地增加"副本"文件内容、增加原始文件内容。直到看到如图 5-85 所示的多个簇流为止。

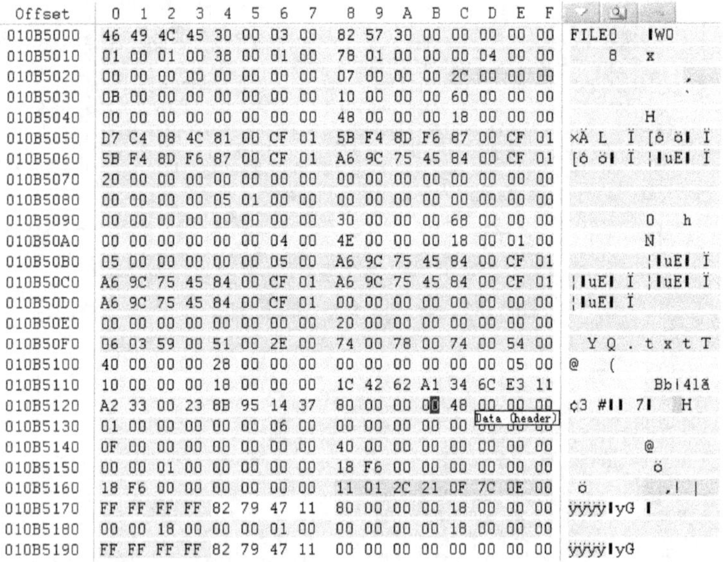

```
Offset      0  1  2  3  4  5  6  7  8  9  A  B  C  D  E  F
010B5000   46 49 4C 45 30 00 03 00 82 57 30 00 00 00 00 00   FILE0    IW0
010B5010   01 00 01 00 38 00 01 00 78 01 00 00 00 04 00 00        8   x
010B5020   00 00 00 00 00 00 00 00 07 00 00 00 2C 00 00 00              ,
010B5030   0B 00 00 00 00 00 00 00 10 00 00 00 60 00 00 00              `
010B5040   00 00 00 00 00 00 00 00 48 00 00 00 18 00 00 00          H
010B5050   D7 C4 08 4C 81 00 CF 01 5B F4 8D F6 87 00 CF 01   ×Ä L  Ï [ô öì Ï
010B5060   5B F4 8D F6 87 00 CF 01 A6 9C 75 45 84 00 CF 01   [ô öì Ï ¦luEì Ï
010B5070   20 00 00 00 00 00 00 00 00 00 00 00 00 00 00 00
010B5080   00 00 00 00 05 01 00 00 00 00 00 00 00 00 00 00
010B5090   00 00 00 00 00 00 00 00 30 00 00 00 68 00 00 00          0   h
010B50A0   00 00 00 00 00 00 04 00 4E 00 18 00 01 00 00 00        N
010B50B0   05 00 00 00 00 00 05 00 A6 9C 75 45 84 00 CF 01        ¦luEì Ï
010B50C0   A6 9C 75 45 84 00 CF 01 A6 9C 75 45 84 00 CF 01   ¦luEì Ï ¦luEì Ï
010B50D0   A6 9C 75 45 84 00 CF 01 00 00 00 00 00 00 00 00   ¦luEì Ï
010B50E0   00 00 00 00 00 00 00 00 00 00 00 00 00 00 00 00
010B50F0   06 03 59 00 51 00 2E 00 74 00 78 00 74 00 54 00    Y Q . t x t T
010B5100   40 00 00 00 28 00 00 00 00 00 00 00 00 00 05 00   @   (
010B5110   10 00 00 00 18 00 00 00 1C 42 62 A1 34 6C E3 11           Bb¡4lã
010B5120   A2 33 00 23 8B 95 14 37 80 00 00 00 48 00 00 00   ¢3 #‹• 7€   H
010B5130   01 00 00 00 00 00 06 00 00 00 00 00 00 00 00 00
010B5140   0F 00 00 00 00 00 00 00 40 00 00 00 00 00 00 00           @
010B5150   00 00 01 00 00 00 00 00 18 F6 00 00 00 00 00 00            ö
010B5160   18 F6 00 00 00 00 00 00 11 01 2C 21 0F 7C 0E 00    ö        ,! |
010B5170   FF FF FF FF 82 79 47 11 80 00 00 00 18 00 00 00   ÿÿÿÿ‚yG €
010B5180   00 00 18 00 00 00 01 00 00 00 00 00 18 00 00 00
010B5190   FF FF FF FF 82 79 47 11 00 00 00 00 00 00 00 00   ÿÿÿÿ‚yG
```

图 5-85　多个簇流列表的文件记录

5.8　实战

　　恢复误删除的文件如下。

　　在任务 2 中，我们研究了新建文件对 NTFS 文件系统的影响，得出了结论：新建空白文件只是在$MFT 中增加此文件的文件记录，其 80 属性有属性头但没有属性值；新建有少量内容的文件，会在$MFT 中增加文件记录，同时将文件的内容放在 80 属性的属性值部分；新建有大量内容的文件，会在$MFT 中增加文件记录，并将文件内容放在另外的簇中，再将簇流信息放入 80 属性值部分；不断地编辑一文件，可能导致文件的数据所在簇被其他的文件"断开"，从而形成多个簇流。

那删除一个文件呢？

同 FAT32 文件系统一样，删除一个文件只是修改此文件的一些标志信息及位图文件中簇及文件记录的使用情况，但是它占用的文件记录和数据簇并没有被删除。只有当有另外的一个文件写入此分区，覆盖了此文件的文件记录及数据簇时，文件才是真正的"丢失"了。

一般情况下，恢复文件的重点是恢复文件中的数据内容，即 80 属性。80 属性中的属性值内容将随着文件的不同而不同，所以我们将此任务拆分为 3 个子任务：恢复小文件、恢复大文件、恢复分段式文件（如图 5-86 所示）。

图 5-86　任务文件

1．恢复小文件

所谓的小文件，指的是数据内容很少，完全不够 1KB 的文件，如图 5-87 所示。这一类的文件通常用来装一些简单信息，如用户名、密码、卡号等。

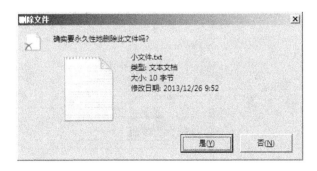

图 5-87　小文件数据内容

现在，使用 shift 方式删除此文件（若删除到回收站，然后清空回收站，需要其他一些步骤，这将在下一子任务中提到），方式是：在文件上右键单击鼠标，然后在弹出的快捷菜单中按住"shift"键的同时左键单击"删除"选项，接着会弹出删除确认框（如图 5-88 所示），单击"确定"按钮即可彻底删除文件。删除完文件后，记录在 WinHex 软件中更新快照。

恢复这一类型小文件的关键步骤如下。

图 5-88　删除确认框

步骤 1：搜索被删除的文件名

一种方式是直接在 WinHex 软件中使用"搜索文本"命令（如图 5-89 所示），但是此命令对中文的支持度不是很好，所以有时候可能会导致出现如图 5-90 所示的错误信息，此时我们可以利用记事本手动地将中文转化为 Unicode 编码方式。

图 5-89　搜索文本　　　　　　　　　　　图 5-90　未搜索到提示

具体步骤是：在任务位置（不要在此分区中）新建一记事本，然后将要搜索的文件名内容（"小文件"）写入其中。将文件另存为编码方式是 Unicode 的文件（如图 5-91 所示），然后在 WinHex 软件中利用工具栏的"打开文件"按钮 📁 打开此文件，图 5-92 中的拖选部分就是此文件对应的 Unicode 码了，在这部分数值上右键单击鼠标，然后在弹出的快捷菜单中选择"编辑"，接着在编辑菜单中执行菜单命令"复制选块→十六进制数值"。接下来就回到刚才打开的本分区中了，即图 5-92 选卡中的"驱动器 K："，重新利用工具栏中的"查找十六进制"按钮 🔍 将复制好的 16 进制数值粘贴进去后搜索（如图 5-93 所示），如此就能够很快地找到符合条件的文件记录了（如图 5-94 所示）。

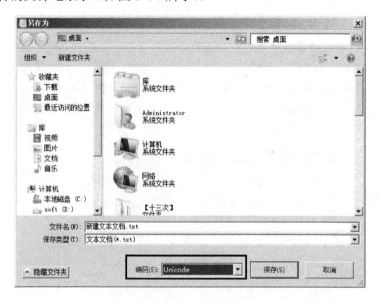

图 5-91　另存为 Unicode 编码

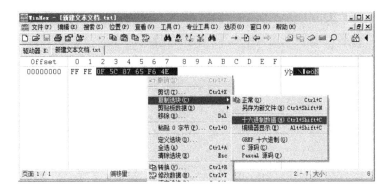

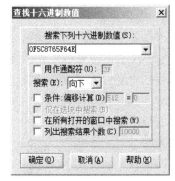

图 5-92 打开文件，复制其 Unicode 码值　　　图 5-93 粘贴好的 16 进制数值搜索

Offset	0 1 2 3 4 5 6 7	8 9 A B C D E F	
010B6000	46 49 4C 45 30 00 03 00	35 20 40 00 00 00 00 00	FILE0　5 @
010B6010	02 00 01 00 38 00 00 00	58 01 00 00 00 04 00 00	8　X
010B6020	00 00 00 00 00 00 00 00	06 00 00 00 30 00 00 00	0
010B6030	03 00 00 00 00 00 00 00	10 00 00 00 60 00 00 00	`
010B6040	00 00 00 00 00 00 00 00	48 00 00 00 18 00 00 00	H
010B6050	AB 09 60 10 DD 01 CF 01	91 0A EC 14 DD 01 CF 01	« ` Ý Ï ‘ ì Ý Ï
010B6060	91 0A EC 14 DD 01 CF 01	AB 09 60 10 DD 01 CF 01	‘ ì Ý Ï « ` Ý Ï
010B6070	20 00 00 00 00 00 00 00	00 00 00 00 00 00 00 00	
010B6080	00 00 00 00 05 01 00 00	00 00 00 00 00 00 00 00	
010B6090	00 00 00 00 00 00 00 00	30 00 00 00 68 00 00 00	0　h
010B60A0	00 00 00 00 00 04 00 00	00 00 00 00 18 00 01 00	P
010B60B0	05 00 00 00 00 00 05 00	AB 09 60 10 DD 01 CF 01	« ` Ý Ï
010B60C0	AB 09 60 10 DD 01 CF 01	AB 09 60 10 DD 01 CF 01	« ` Ý Ï « ` Ý Ï
010B60D0	AB 09 60 10 DD 01 CF 01	00 00 00 00 00 00 00 00	« ` Ý Ï
010B60E0	00 00 00 00 00 00 00 00	20 00 00 00 00 00 00 00	
010B60F0	07 03 0F 5C 87 65 F6 4E	2E 00 74 00 78 00 74 00	\leoN. t x t
010B6100	40 00 00 00 28 00 00 00	00 00 00 00 00 00 05 00	@　(
010B6110	10 00 00 00 18 00 00 00	0C 30 51 CB C8 6D E3 11	0QËÈmã
010B6120	86 D4 00 23 8B 95 14 37	80 00 00 00 28 00 00 00	lÔ #‹• 7l　(
010B6130	00 00 18 00 00 00 01 00	0A 00 00 00 18 00 00 00	
010B6140	31 32 33 34 35 36 37 38	39 30 00 00 00 00 00 00	1234567890

搜索到的值

图 5-94 搜索到的文件记录

注意：若界面中没有显示选项卡，则可以通过执行菜单命令"查看→显示"，然后勾选其中的"选项卡"即可。

NTFS 文件系统中，一个文件并不像 FAT32 文件系统那样只在目录项中存储其信息，另外还有一些元文件（如$LogFile）也会有此文件的操作记录，所以如果从此分区的头部开始搜索，最先找到的很可能是该文件的一些其他记录，不是文件记录，建议在搜索 16 进制值之前先跳入到$MFT 文件的头部，这样会节省一些时间。

若搜索到数值所在的扇区是以"46 49 4C 45"开头的，并且当前数值在 30 属性值部分，则可以确定其是本文件的文件记录。

步骤 2：分析文件的 80 属性，确定文件内容的地址

分析图 5-94 中的 80 属性，在此属性偏移为 08 位置的值为 00，代表它是常驻属性。常驻属性的内容就在属性值部分，所以本文件的文件内容就是 80 属性值里的数据，此属性偏移为 10 处的数值为 0A，代表当前属性的内容为 10 个字节，也就是说 80 属性值的前 10 个字节就是本文件的内容，我们可以直接拖选此部分内容，将其复制到新文件即可恢复其中的数据了。

2．恢复大文件

所谓的大文件，可以理解为文件内容较多，无法全部放入 1KB 空间中的文件，此类大文件在恢复时一般需要分析它的簇流。

将"大文件.txt"删除到回收站，然后再在回收站中彻底删除此文件，此时文件的记录会被修改，所以几乎无法通过在$MFT 中查找其原始文件名的文件查找文件记录了，必须得借用$LogFile 元文件了。恢复这一类型大文件的关键步骤如下。

步骤 1：获得文件名对应的 Unicode 码

用恢复小文件中的方法获得"大文件"对应的 Unicode 码，如图 5-95 所示。

图 5-95 "大文件"的 Unicode 码

步骤 2：在$LogFile 文件中搜索 Unicode 码值

在"驱动器 K："里使用快捷方式 Ctrl+F7 打开"目录浏览器"，然后双击其中的$LogFile 文件，再在$LogFile 文件中搜索上一步复制好了的 Unicode 码值，如图 5-96 所示。

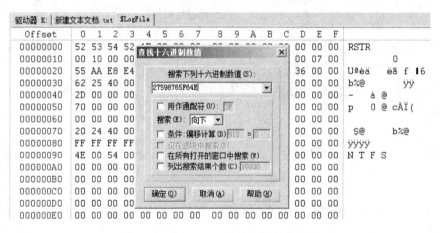

图 5-96 在$LogFile 文件中搜索文件名

步骤 3：分析日志记录

在"查找十六进制"对话框中单击"确定"按钮后就会快速搜索到符合条件的记录（如图 5-97 所示）。日志记录就是典型的索引项结构，通过文件名前有底纹部分的数据进行定位，可以很快找到本文件的文件记录号所在的位置（如图 5-97 中加下画线部分的数据）。第一个符合条件的值的文件记录号为 00，说明无法确定记录号，于是按 F3 键搜索到了第二个符合条件的值，再看其记录号，为 2D，现在将其转换为 10 进制为 45，说明文件的记录号为 45。

步骤 4：在分区中找到文件记录

通过选项卡回到"驱动器 K："中，利用"转至文件记录"菜单（如图 5-98 所示）快速跳转到 45 号文件记录中（如图 5-99 所示）。

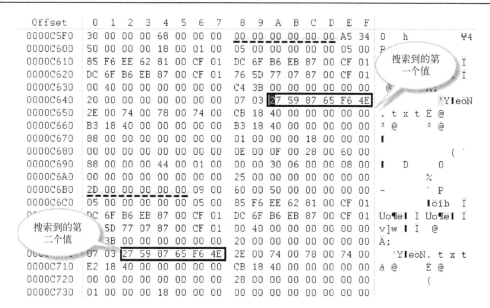

图 5-97　搜索到的日志记录

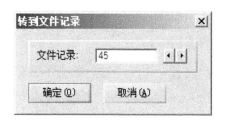

图 5-98　"转到文件记录"对话框

图 5-99　"大文件"对应的文件记录

步骤 5：分析 80 属性

分析图 5-99 中的 80 属性，发现它现在是非常驻属性，属性值为簇流信息。通过对簇流信息的分析，可以确定它只有一个簇流，起始簇为 38 簇，大小为 4 簇（具体分析步骤请读者们参考本章 5.3.3 小节），计算其尾部应该在 38+4-1=41 簇（41 簇的尾部就在 42 簇头部的前一个字节处）。

跳入 38 簇，在此簇的起始位置右键单击鼠标，在弹出的快捷菜单中选择"选块开始"，然后跳入 42 簇，往前移动一字节（就到了 41 簇的尾部了），在此处右键单击鼠标，然后在弹出的快捷菜单中选择"选块结尾"，如此，文件的所有内容就会自动被选中了，将选中部分的数据复制到新文件，这样就可以恢复大文件的数据了。

注意：如此恢复的文件的大小一般都会比原始文件大一些，这是因为此种方法是以簇为单位进行恢复的，而真实的文件却是以字节为单位占用空间的。若想要让文件大小更精确，可以利用 80 属性中本文件总字节数来确定选块结尾处。

图 5-99 中的 80 属性是非常驻属性，所以其偏移为 30～37 位置的数值为文件的实际字节数

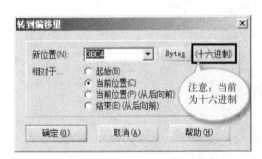

图 5-100 转到偏移量

（C4 3B 00 00 00 00 00 00），将其高、低换位后为 3B C4。先在文件的起始簇位置设置"选块开始"标记，然后保持光标位置不变（仍然在文件起始簇的第一字节处），单击工具栏的"转至偏移地址"按钮 →，在弹出的"转到偏移量"对话框中进行如图 5-100 所示的设置，最后单击"确定"按钮。跳到位置后，在当前位置右键单击鼠标，然后选择"选块结尾"，最后再复制选块到新文件，这样恢复出来的文件就和原始文件完全一致了。

3. 恢复分段式文件

当文件被频繁地编辑时可能会出现多个簇流，在 80 属性中就记录了这多个簇流的信息。当这样的文件被删除后，搜索文件记录的方式与前两个子实战完全一样。但是，在恢复的过程中需要关注的就是多个块如何形成一个文档，如图 5-101 所示的文件，利用本章第 5.4.3 节的方法可以分析出它有两个簇流。

```
0C05575A0  80 00 00 00 50 00 00 00   01 00 00 00 00 00 05 00
0C05575B0  00 00 00 00 00 00 00 00   5D 00 00 00 00 00 00 00
0C05575C0  40 00 00 00 00 00 00 00   00 E0 05 00 00 00 00 00
0C05575D0  00 DC 05 00 00 00 00 00   00 DC 05 00 00 00 00 00
0C05575E0  41 43 84 88 86 00 31 1B   38 67 FF 00 00 00 B9 93
```

图 5-101 分段文件的 80 属性

➢ 第一个簇流：起始簇号为 84 88 86 00，高、低换位后换 10 进制为 8816772，表示当前簇流起始簇号为 8816772；其大小为 43，换 10 进制后为 67，表示当前簇流共 67 簇，其尾部在 8816772+67-1=8816838 簇。

➢ 第二个簇流：与第一个簇流的头部间隔的簇数为 38 67 FF，高、低换位后换 10 进制为-39112，即是说此簇流的起始位置为 8816772-39112=8777660 簇；其大小为 1B，换 10 进制后为 27，表示当前簇流共 27 簇，其尾部在 8777660+27-1=8777686 簇。

可以将第一个簇流的数据复制成新文件"1"，然后将第二个簇流的数据复制成新文件"2"，在 WinHex 软件中执行菜单命令"工具→文件工具→合并"，然后依次如图 5-103、图 5-104 和图 5-105 所示选择目标文件，一一附加进去本文件的各个部分，当最后一部分附加成功后，单击"完成"按钮就会自动将所有文件合并成一个新的、想要恢复出来的、完整的文件了。

图 5-102　合并文件

图 5-103　选择目标文件

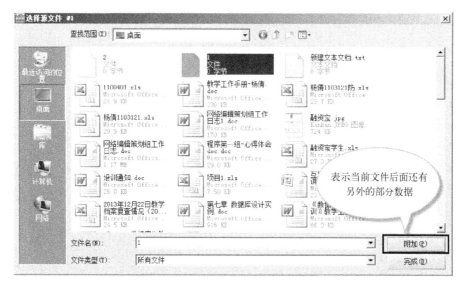

图 5-104　附加第一个文件

图 5-105　附加最后一个文件

第 6 章　常见文件的恢复

6.1　Windows 中的常见文件类型

　　既然文档数据是一定应用程序的数据，那么打开文档就需要一些特定的应用程序了。在 Windows 系统中，文档的类型是以文件扩展名来区分的，表 6-1 中列出了一些 Windows 系统中常见的文档类型，在"我的电脑"、"工具"、"文件夹选项"、"文件类型"中也可查看相关信息。

表 6-1　Windows 系统中常见的文件类型

扩展名	文件类型	使用程序
ANI	动画光标	看图程序
ARJ	压缩文件	解压缩程序
AVI	媒体文件	媒体播放程序
BAK	备份文件	Windows Backup
BAT	批处理文件	
BIN	二进制文件	
BMP	图片文件	看图程序
CAB	压缩文件	解压缩程序
CHM	HTML 帮助文件	浏览器程序
COM	命令执行文件	
DAT	媒体文件	媒体播放程序
DLL	应用扩展	动态库文件
DOC	文本文件	Word
DOCX	文本文件	Word
DWG	图像文件	AutoCAD
EXE	执行文件	
FON	字体文件	
FLV	媒体文件	媒体播放程序
GHO	镜像文件	Ghost
HTM/HTML	网页文件	浏览器程序
ICO	图标文件	看图程序
JPEG	图片文件	看图程序
MP3	音乐文件	音频程序
Mpeg	媒体文件	媒体播放程序

续表

扩展名	文件类型	使用程序
PDF	PDF 文件	Adobe Reader
PPT	演示文件	PowerPoint
RAR	压缩文件	解压程序
REG	注册表文件	注册表程序
SWF	Flash 文件	FLASH
TMP	临时文件	
TXT	文本文件	记事本
WAV	媒体文件	媒体播放程序
XLS	表格文件	Excel
ZIP	压缩文件	解压缩程序

通过单击"更改（C）…"按钮可以修改打开相应文件的程序，如果选择"始终使用选择的程序打开这种文件"，则以后凡是这种扩展名文件均自动选用这种程序打开，如图 6-1 和图 6-2 所示。

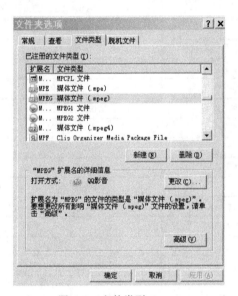

图 6-1　文件类型

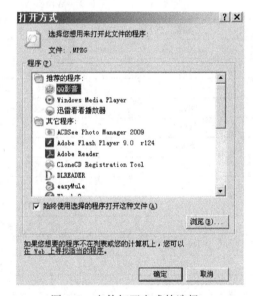

图 6-2　文件打开方式的选择

6.2　恢复常见办公文件

办公文档的损坏是我们在工作中经常遇到的问题。由于一些客观因素的限制，有些数据是无法重新制作而必须要求修复和还原的，此时如何进行文档的修复使得文档能够进行正常的读写就显得十分重要了。

在修复文档时可以先试一下用其他可替代程序是否可以正常打开，或者是否需要程序的兼容包、升级包之类（如用 Word 2003 读取 Word 2007 文件就需要升级包），并且修复措施最好针对原文件的备份文件进行。下面介绍一下常用办公文档的修复方法。

6.2.1　恢复 Word 文件

Word 文档有时候在双击打开的时候会出现错误，提示"文件已损坏，无法打开"，这种情况一般都是由于文档损坏引起的。Word 文档的修复方法主要有两种：Advanced Word Recovery 和 EasyRecovery 软件。

1. Advanced Word Recovery

Advanced Word Recovery 软件的安装非常简单，双击安装包后，每一次都单击"下一步"按钮，直到最后安装完成即可，Advanced Word Recovery 的主界面如图 6-3 所示。

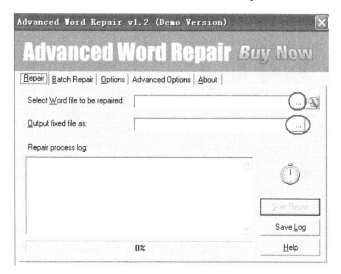

图 6-3　Advanced Word Recovery 的主界面

如果用 Advanced Word Recovery 来修复 Word 文件，则只需要简单几步，如下所示。

1）选择需要修复的文档

单击"Select Word file to be repaired"后的🖳图标以选择待修复的文件，单击"Output fixed file as"后的🖳图标以选择修复后文件保存的位置和文件名。

如果用户忘记了文档的存储位置，可单击"Select Word file to be repaired"后的 🗒 图标，然后在图 6-4 所示的界面中设定查找文件的大概位置和文件类型，接着在图 6-5 所示的界面中设定查找文件的创建时间和访问时间，最后在图 6-6 所示的界面中设定查找文件的大小和属性，这样软件就会自动搜索符合条件的 Word 文档了。

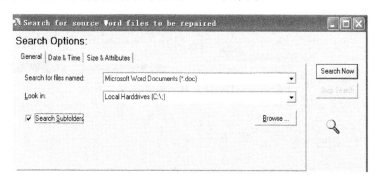

图 6-4　设定查找文件的位置和文件类型

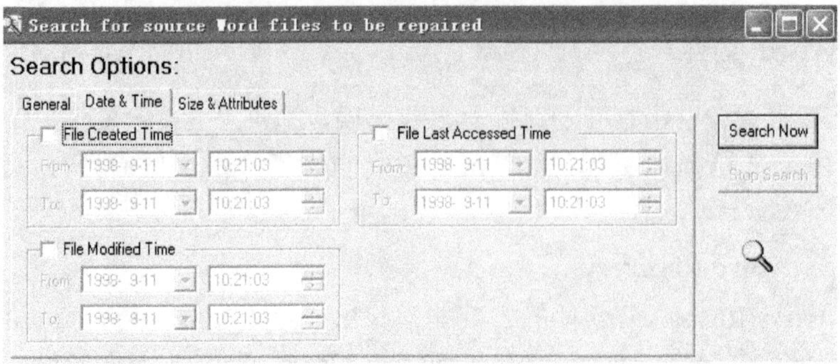

图 6-5 设定查找文件的创建时间和访问时间

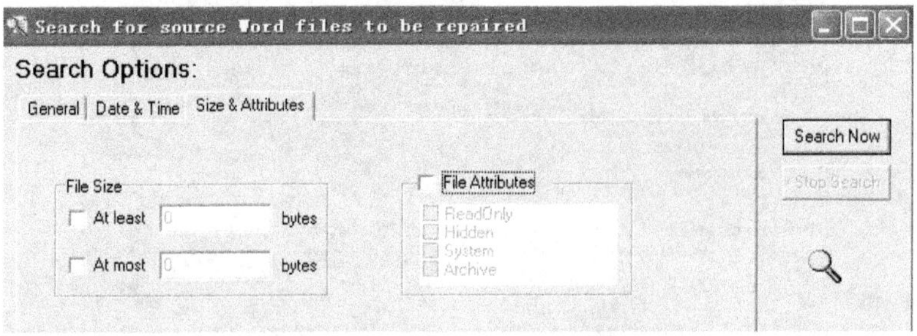

图 6-6 设定查找文件的大小和属性

2）修复文档

找到了想要修复的文档后单击"Start Repair"按钮（如图 6-7 所示的框选部分）就可以开始进行修复 Word 文档的操作了，其修复的结果如图 6-8 所示。

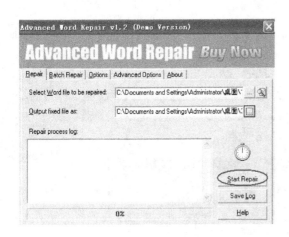

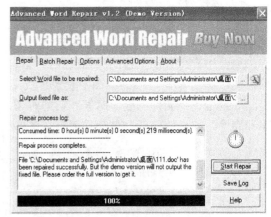

图 6-7 修复 Word 文档   图 6-8 Word 文档修复的结果

若需要修复的文档有多个，则可单击"Batch Repair"选项卡，然后同时设置多个文档，最后单击"Start Repair"按钮即可（如图 6-9 所示）。

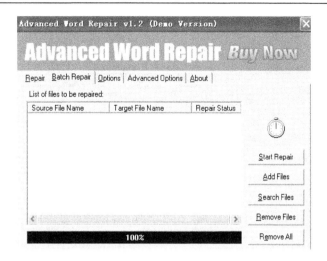

图 6-9　修复多个 Word 文档

2．EasyRecovery 软件

EasyRecovery 的全名为 Kroll Ontrack Easyrecovery，是一个威力非常强大的硬盘数据恢复软件，它拥有强大的磁盘诊断、数据恢复和文件修复功能，它的主界面如图 6-10 所示。

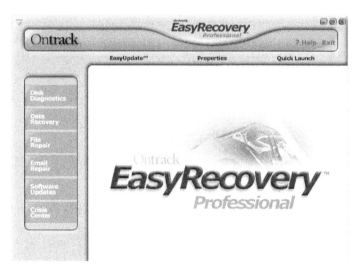

图 6-10　EasyRecovery 的主界面

单击主界面的"File Repair"选项就会看见软件可以修复的文件类型（如图 6-11 所示），从图 6-11 中可以看出，EasyRecovery 不仅可以修复 Word 文件，也可以修复 Access 文件、Excel 文件、PowerPoint 文件和 Zip 文件。

此时我们需要修复的是 Word 文档，所以单击"WordRepair"进入到 Word 修复界面（如图 6-11 所示），然后选择需要修复的文件及修复完成后文件的存储位置（如图 6-12 框选部分所示），确定位置后单击"Next"按钮（如图 6-13 所示），修复完成的界面如图 6-14 所示。

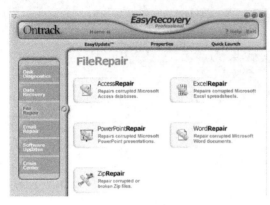

图 6-11 "FileRepair"界面

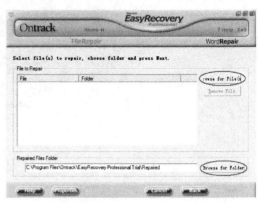

图 6-12 选取需要修复的文件及保存的位置

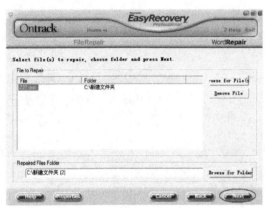

图 6-13 确定需要修复的文件及保存的位置

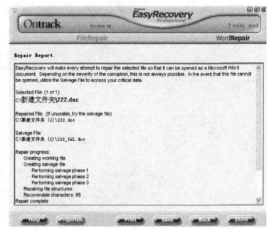

图 6-14 修复完成

6.2.2 恢复 Excel 文件

Excel 文档也经常会遇到各种问题导致无法打开,有两种常用的方法可以用来修复它。

1. OfficeRecovery

OfficeRecovery 是一个比较小的软件,其安装方式与其他软件一样,软件的主界面如图 6-15 所示。

图 6-15 OfficeRecovery 软件的主界面

若想利用此软件修复 Excel 文档，只需要单击图 6-15 左上角的"File"菜单找到需要修复的文件（如图 6-16 所示），然后单击"Next"按钮进入文件保存的位置选择框（如图 6-17 所示），最后单击"Start"按钮开始修复文档，文档修复完成后会出现如图 6-18 所示的界面。

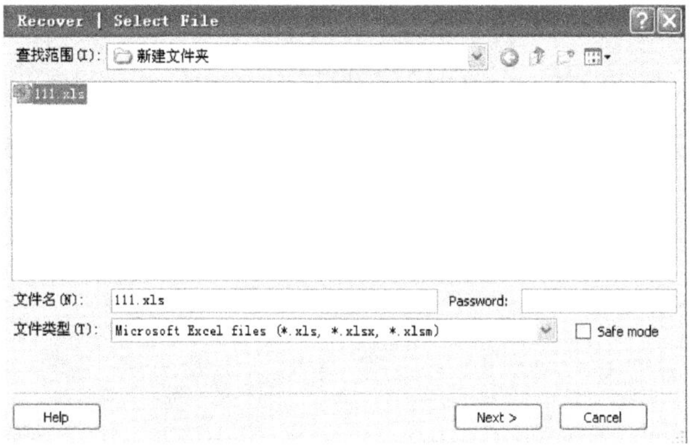

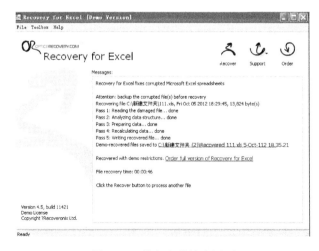

图 6-16　查找需要修复的文件

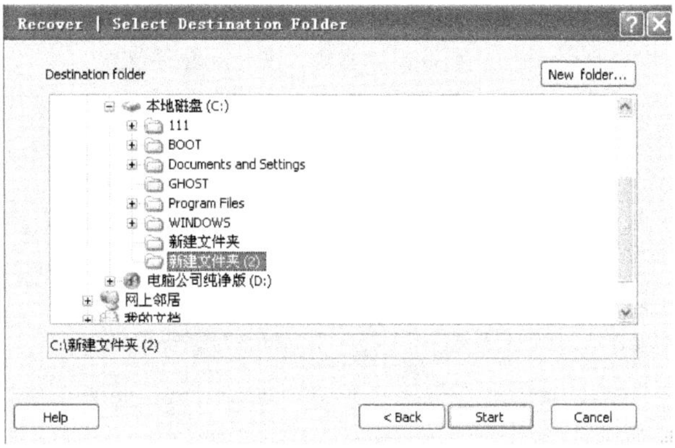

图 6-17　确定修复文件的保存位置

图 6-18　修复文件结束界面

2．EasyRecovery 软件

在图 6-11 所示的"FileRepair"界面中选择"Excel Repair"选项，然后选取需要修复的文件及保存位置（如图 6-19 所示），单击"Next"按钮即可进行文档修复了，文档修复成功后的界面如图 6-20 所示。

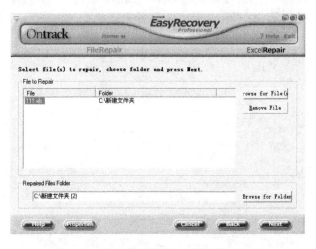

图 6-19　选取需要修复的文件及保存位置

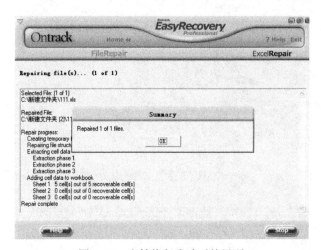

图 6-20　文档修复成功后的界面

6.2.3　恢复 PowerPoint 和 Access 文件

PowerPoint 和 Access 文档的修复同样可以利用 OfficeRecovery 和 EasyRecovery 进行，其操作方法与 Word 文档修复和 Excel 文档修复类似，此次不再赘述。

6.3　修复影视文件

硬盘数据恢复与硬盘修理在本质上有重要的区别。

（1）硬盘数据恢复的目的在于抢救硬盘上的数据，数据的重要性在前面已经有所描述，其价值与硬盘本身的价值不可相提并论。

（2）硬盘修理的目的在于使硬盘能够正常工作，如同厂商对硬盘的保修一样，虽然在保修期内厂商可以对硬盘进行保修甚至包换，但是厂商并不负责对硬盘上的数据有所保证。

6.3.1 恢复 AVI 文件

AVI 文件即 Audio Video Interleaved（音频视频交错格式），是将语音和影像同步组合在一起的文件格式，是人们熟知的一种音视频文件格式，可以用 Windows 自带的媒体播放器播放。AVI 信息主要应用在多媒体光盘上，用来保存电视、电影等各种影像信息，AVI 格式的文档损坏后可用如下方法进行修复。

AVIfix 不用安装，直接在打开程序后单击"输入文件"按钮（如图 6-21 所示）选择需要修复的文件，然后在"输出文件"中确定修复后的文件名及存放位置（如图 6-22 所示），最后单击"检查与修复"按钮即可，其最后的修复效果如图 6-23 所示。

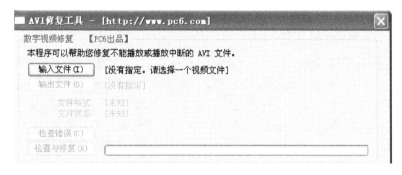

图 6-21 AVIfix 主界面

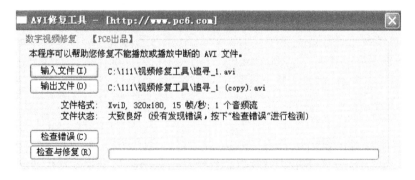

图 6-22 确定修复后的文件名及存放位置

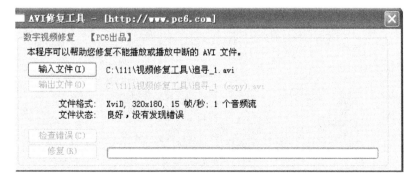

图 6-23 修复结果

6.3.2 恢复 RM 文件

RM 格式是 RealNetworks 公司开发的一种流媒体视频文件格式，可以根据网络数据传输速率的不同而制定出不同的压缩比率，从而实现在低速率的 Internet 上进行视频文件的实时传送和播放。用户可以使用 RealPlayer 或 RealOnePlayer 播放器在不下载音频/视频内容的条件下实现在线播放，因而特别适合在线观看影视。

RM 文件出错的一种情况是无法拖动播放时间条，看了一半的电影如果出现意外，我们必须得从头开始观看；另一种情况是文件没有下载完整。

目前常用的 RM 格式文件是 RMVB，是 RM 格式的升级版，其中 VB 是指 VBR（Variable Bit Rate 可改变比特率），由于降低了静态画面下的比特率，画面清晰度比上一代 RM 格式增强了许多。RM 格式修复主要使用 RMfix 软件，但是 RMfix 可能会对 RM 文件造成永久性损坏，所以在使用 RMfix 之前把要修复的 RM 文件做备份。

1. 播放时不能拖动 RM 文件的修复

播放时不能拖动 RM 文件主要是文件索引的数据出现了问题，可将需修复的 RM 文件与 RMFix 复制到同一文件夹中，然后在 MS-DOS 窗口下输入"RMFix filename.rm r"，回车执行，此时即可对该文件索引数据进行重建。当然也可将 RM 文件拖到 RMFix 程序的图标上，这时 RMFix 会以 DOS 模式运行并显示一个菜单，按"R"键开始修复。

2. 修复一个不完整的 RM 文件（尚未下载完全的 RM 文件）

将 RM 文件拖拽到 RMFix 程序图标上，按"C"键开始数据块扫描，当 RMFix 扫描到一个损坏的数据块时，扫描会暂停，按"Y"键修复这个块，数据块扫描完成后，RMFix 程序结束，这时再次将 RM 文件拖拽到 RMFix 程序图标上，按"R"重建索引数据，有了索引数据的 RM 文件就能任意播放了。

注意：用 RMFix 修复时可能会对 RM 文件造成永久性损坏，所以在修复之前最好对原始文件进行备份。

6.3.3 恢复 FLV 文件

FLV 是 FLASH VIDEO 的简称。FLV 流媒体格式是随着 Flash MX 的推出发展而来的视频格式，由于它形成的文件极小，加载速度极快，使得网络观看视频文件成为可能，是目前网络视频的主要格式之一，是目前被众多新一代视频分享网站所采用的增长最快、最为广泛的视频传播格式。

由于 FLV 格式是目前网上视频的主要格式，因此对于 FLV 格式文件损坏的修复方法有必要介绍一下。

1. FLVMDI

单击 flvmdigui 文件，打开 FLVMDI 程序，然后在"输入 FLV 文件"选项框中找到需要修复的 FLV 文件，在"输出 FLV 文件"中确定修复后的文件名及位置（如图 6-24 所示）。单击"运行 FLVMDI"按钮即可进行 FLV 文件的修复了（如图 6-25 所示）。

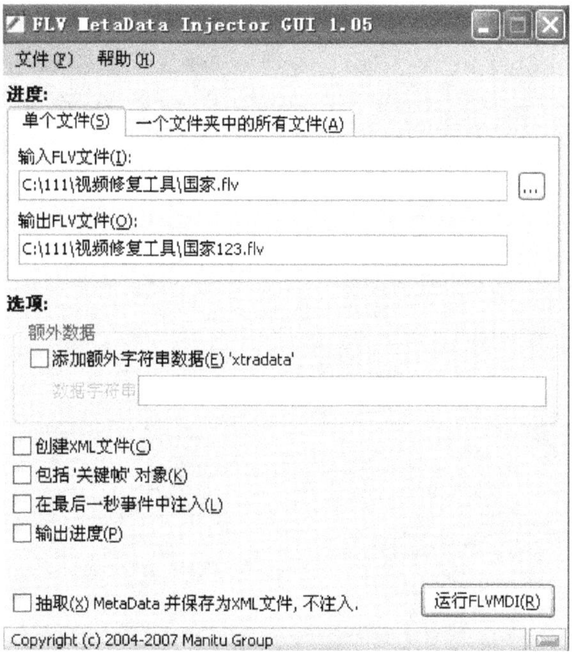

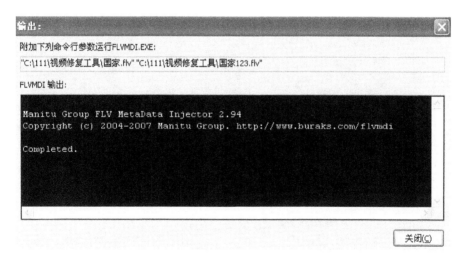

图 6-24　确定需要修复的 FLV 文件

图 6-25　FLV 文件的修复结果

2．GetFLV

GetFLV 不仅可以修复 FLV 文档，而且是一款集 FLV 视频下载、管理、转换并播放的实用工具集。

安装 GetFLV 后，双击打开程序（如图 6-26 所示），然后单击左侧功能栏最下方的"FLVFixer"按钮（如图 6-27 所示）进入 FLV 文件修复功能，单击上方的"Add Files"按钮选取需要修复的 FLV 文件后单击"Repair"按钮以修复 FLV 文件，修复后，文件的状态会变为"Complete"（如图 6-28 所示）。

图 6-26　GetFLV 的主界面

图 6-27　FLV 文件修复界面

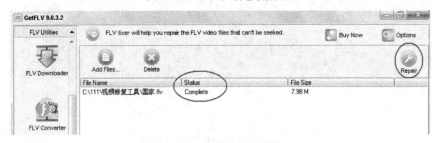

图 6-28　文件已修复界面

6.4　修复常见压缩文件

为了减少文件对空间的占用及传输文件的需要，很多文件都采用了压缩存放的形式。但是，一旦压缩文件出现问题，不仅仅是一个文件无法使用，而是压缩包里的所有文件无法使用。因此，在工作中对压缩文件进行修复也是一个比较重要的方面。

压缩文件的格式主要包括的文件扩展名是 RAR 和 ZIP。

ZIP 是一个计算机文件的压缩算法，它是一个强大并且易用的压缩格式，用它建立的文件名为"*.ZIP"，支持 ZIP、CAB、TAR、GZIP、MIME 及更多格式的压缩文件，其特点是紧密地与 Windows 资源管理器拖放集成，不用离开资源管理器而进行压缩/解压缩，包括 WinZip 向导和 WinZip 自解压缩器个人版本。

　　RAR 也是一种文件格式，用于数据压缩与归档打包。通常情况下，RAR 比 ZIP 压缩比高，但压缩/解压缩速度较慢。ZIP 支持的格式虽然很多，但目前已经较老，不大流行，而 RAR 支持的格式很多，并且还是流行的。

6.4.1　ZIP 压缩文件的修复

1．EasyRecovery

　　进入软件界面后在主菜单中选择文档修复，然后在文件选项界面选择"ZipRepair"，此时就会出现 ZIP 文件选项框（如图 6-29 所示），在其中单击"Browse for File"以选取需修复的 ZIP 文件，单击"Browse for Folder"以确定保存的位置及文件名，选取需修复文件及保存位置后再单击"Next"按钮执行修复，修复后的界面如图 6-30 所示。

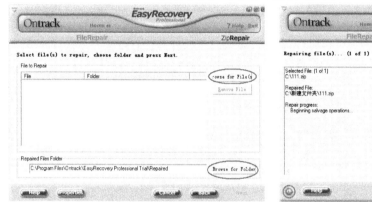

图 6-29　选取需修复的文件及保存位置　　　　　图 6-30　修复 ZIP 文件后的界面

2．Advanced ZIP Repair

　　Advanced ZIP Repair 的主界面如图 6-31 所示，要修复 ZIP 文件，只需要分别单击两个 ⊟ 图标以选取需要修复的 ZIP 文件和保存位置，然后单击"Start Repair"按钮即可，修复后的界面如图 6-32 所示。

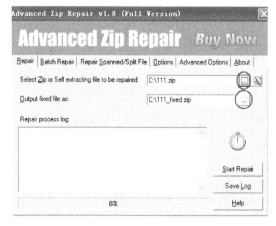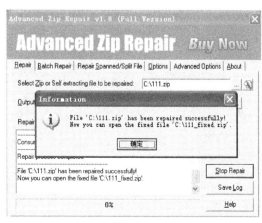

图 6-31　Advanced ZIP Repair 的主界面　　　　　图 6-32　ZIP 文件修复后的界面

6.4.2 RAR 压缩文件的修复

1. RAR 自身修复功能

打开 WinRAR 程序，首先选择需要修复的 RAR 文件，执行菜单命令"工具→修复压缩文件"（如图 6-33 所示），在弹出的选项窗口中确定修复文件保存的位置及格式（如图 6-34 所示）后就会自动进行修复，其修复的结果如图 6-35 所示。

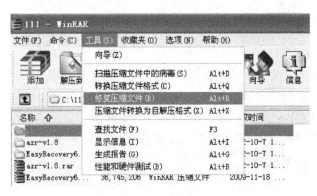

图 6-33 利用 WinRAR 程序修复压缩文件

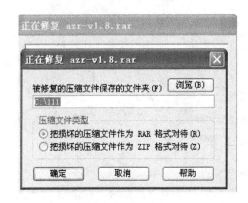

图 6-34 确定修复文件保存的位置及格式

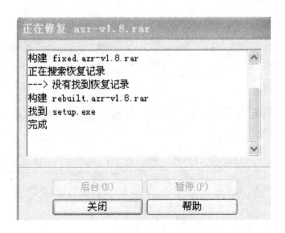

图 6-35 修复的结果

2．Advanced RAR Repair

Advanced RAR Repair 软件是专用于 RAR 文件修复的，其主界面如图 6-36 所示，其修复方式与 Advanced ZIP Repair 软件基本一致。

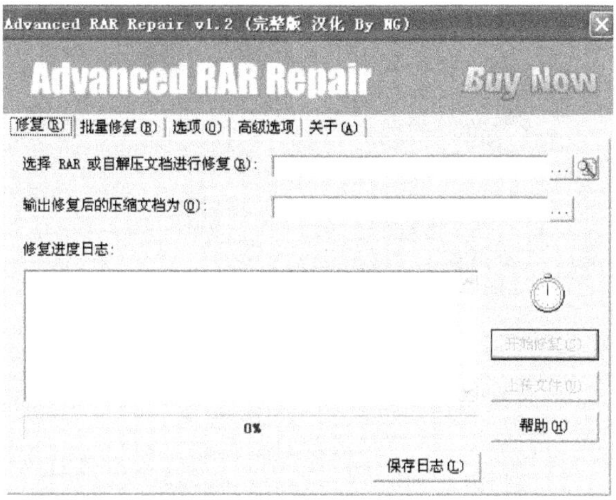

图 6-36　Advanced RAR Repair 主界面

6.5　修复密码丢失的文件

对于以上几种文件的恢复方法都建立在一个前提之下，即文件没有密码或者使用者知道文件的密码，如果使用者在建立文件时为了文件的安全需要设置了密码，但是当使用者再次使用文件时却发现文件的密码丢失或者遗忘，这时对于文件的修复首先就在于对密码的破解，本节以下内容就是介绍对常见文件密码的破解。

6.5.1　破解 Word 文档密码的修复

1．Advanced Office Password Recovery（AOPR）

Advanced Office Password Recovery 是一款针对 MS Office 系列的密码破解工具，不仅可以破解 Word 文件的密码，也可以破解 Excel、Access 等文件的密码，其安装和通用软件的安装方式一样，其主界面如图 6-37 所示。

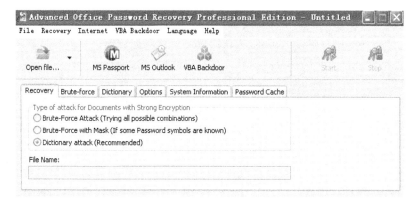

图 6-37　AOPR 的主界面

通过单击"Open file…"按钮以选择需要破解密码的文件，而后 AOPR 就会自动破解文件的密码了（如图 6-38 所示）。

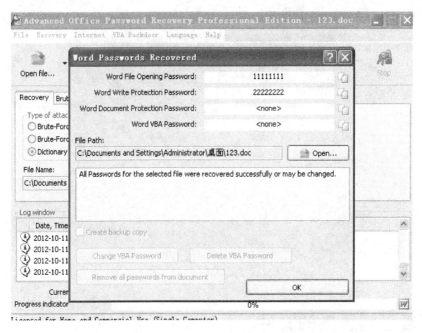

图 6-38   AOPR 破解密码成功的界面

但需要注意的是，AOPR 工具软件默认是以字典方式破解文件密码的，即"Dictionary attack"。除此之外，软件还支持以暴力破解的方式进行密码的破解，即"Brute-Force Attack"和"Brute-Force with Mask（知道部分密码的情况下使用）"。

如果需要以暴力方式破解文件密码，只需要在图 6-37 所示的界面中选择"Brute-Force Attack"并打开"Brute-Force"选项设定相应的参数（如图 6-39 所示）。其中，"Password Length"选项是确定密码破解的字符长度，"Character Set"选项是确定暴力破解的字符类型（长度越大，字符类型越多，密码被破解的可能性就越大，但是破解需要的时间却越长）。

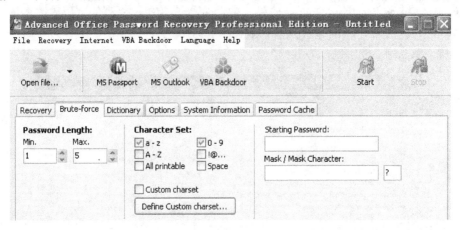

图 6-39   设置 AOPR 暴力破解的参数

选定参数设置后再打开需要破解的文件，AOPR 就会依据所设置的破解条件逐一试验找出文件密码（如图 6-40 所示）。

　　注意：文件所设置的密码如果不在破解条件内，则密码不能被破解。

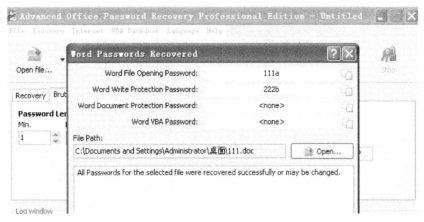

图 6-40　AOPR 暴力破解成功的界面

2．Accent Office Password Recovery（AccentOPR）

　　AccentOPR 提供了汉化版，对于普通用户而言，汉化版更方便些。双击打开软件，主界面如图 6-41 所示，单击菜单栏的"文件"选项，然后在密码恢复向导中单击"下一步"按钮（如图 6-42 所示），选定破解文件的类型及方法（如图 6-43 所示），软件就会自动对所选择的文件进行密码恢复了，其成功后的界面如图 6-44 所示。

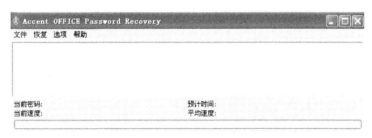

图 6-41　AccentOPR 软件的主界面

图 6-42　AccentOPR 密码恢复向导

图 6-43　选择破解文件的类型及方法

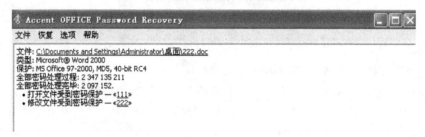

图 6-44　破解文件成功后的界面

6.5.2　Excel 文档密码的修复

1. Advanced Office Password Recovery（AOPR）

AOPR 的破解方式与 Word 文档的破解方式基本一致，在此不再累述！

2. Excel Key

Excel Key 软件的主界面如图 6-45 所示，想要破解 Excel 的密码只需要单击"Recover"按钮然后选择需要破解密码的 Excel 文件（如图 6-46 所示）即可，破解密码成功后就会出现如图 6-47 所示的界面。

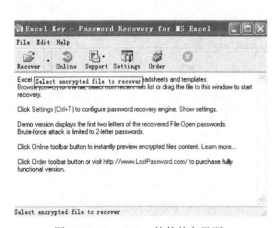

图 6-45　Excel Key 软件的主界面

图 6-46　选取需要破解密码的 Excel 文件

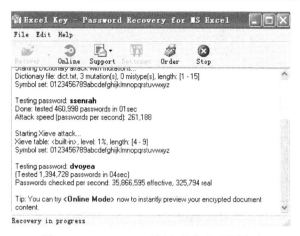

图 6-47　Excel Key 破解密码成功后的界面

6.5.3　PDF 文件密码的修复

PDF 文档，全称 Portable Document Format，译为"便携文档格式"，是一种电子文件格式，这种文件格式与操作系统平台无关，也就是说 PDF 文件不管是在 Windows、Unix 还是在苹果公司的 Mac OS 操作系统中都是通用的，因为这一性能使它成为在 Internet 上进行电子文档发行和数字化信息传播的理想文档格式，越来越多的电子图书、产品说明、公司文告、网络资料、电子邮件开始使用 PDF 格式的文档。用户有时为了自己资料的安排就需要为文档加密，但是如果一旦忘记了密码，文档则就无法读取或使用，目前我们基本上只能采用暴力破解的方式破解密码。

1．Advanced PDF Password Recovery（APDFPR）

安装 APDFPR 软件后执行其主程序，然后选取破解的方式和字符，如图 6-48 所示，在"攻击类型"选项中选取破解的方式，在"暴力范围选项"中选取破解的字符，然后选择需要破解的文档，单击"开始"按钮后程序出现关于破解的提示（如图 6-49 所示），一切确定后单击"开始恢复"按钮，程序就会自动进行破解了（如图 6-50 所示）。

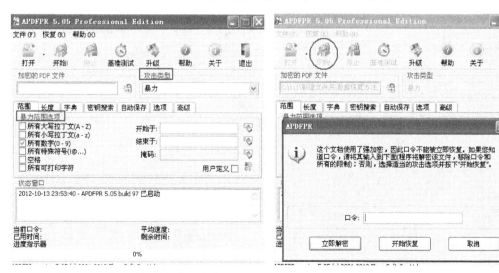

图 6-48　选取破解的方式和字符　　　　　　　图 6-49　文档破解前的提示

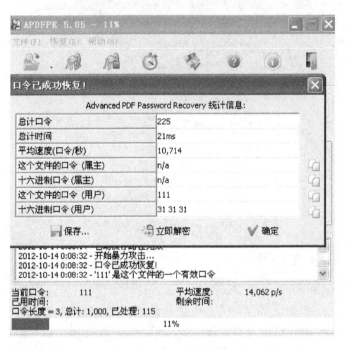

图 6-50　破解 PDF 文档

2．PDF Password Remover

　　PDF Password Remover 软件的主界面如图 6-51 所示，在对 PDF 文档进行密码破解时，只需要单击"Open PDF（s）"按钮，然后在弹出的文件选择框中选取需要破解密码的 PDF 文档（如图 6-52 所示），单击"打开"按钮，接着在弹出的保存文件对话框中确定破解后 PDF 文档的保存位置及名称（如图 6-53 所示），单击"保存"按钮，此时软件就会自动对文档进行破解了，其破解的结果如图 6-54 所示。

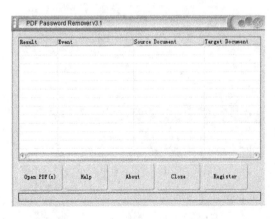

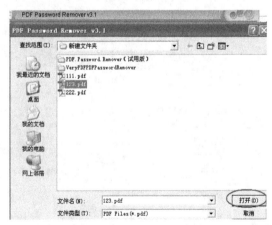

图 6-51　PDF Password Remover 软件的主界面　　　　图 6-52　选取需要破解的 PDF 文档

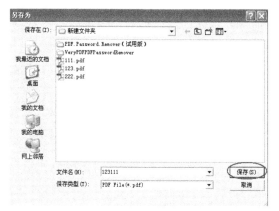

图 6-53　确定破解后 PDF 文档的保存位置及名称　　　图 6-54　破解结果

6.5.4　RAR 文件密码的修复

RAR 文档是目前最常使用的压缩文档，为了压缩文档以节约空间及网上传输文件的需要，很多文档、程序等都经常使用压缩方式存储，而为了安全的需要又经常会为压缩文档加密存储或传输。因此，一旦忘记了 RAR 压缩文档的密码，则压缩保存在 RAR 中的众多文件将无法使用，本文以下的内容就是讲解如何破解 RAR 压缩文档的密码。

1．RAR Password Cracke

RAR Password Cracke 软件安装完成后单击"RAR Password Cracker Wizard"以配置安装向导，如图 6-55 所示，然后在弹出的文件选择框中单击"Load RAR archive…"按钮以选择需破解密码的 RAR 文档（如图 6-56 所示）。所需破解密码的 RAR 文档选取以后，单击"Add to project"按钮将文档作为需要破解的项目（如图 6-57 所示），接下来选取破解的方法，如图 6-58 所示，其中，"Dictionary attack"是字典方式破解，"Bruterforce attack"是暴力破解方式，本书暂以暴力破解方式为例。

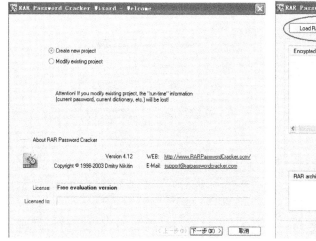
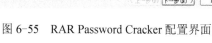

图 6-55　RAR Password Cracker 配置界面　　　图 6-56　选择需破解的 RAR 文档

图 6-57　添加所需项目　　　　　　　　　　图 6-58　选择破解方式

　　确定破解方式为"暴力破解"后，如图 6-59 所示，分别在"Minimal length"和"Maximal length"选项里确定破解密码的字符长度，通过单击"Add"按钮选择破解的字符类型，确定后单击"下一步"按钮，然后在接下来的文件选择框中单击"Browse"按钮以选择破解文件的保存位置及文件名（如图 6-60 所示），这样软件就开始破解 RAR 文档密码了，其结果显示如图 6-61 所示。

2．Advanced RAR Password Recovery（ARPR）

　　ARPR 的破解方式与之前 Advanced 系列的破解软件基本一致，在此不再累述！

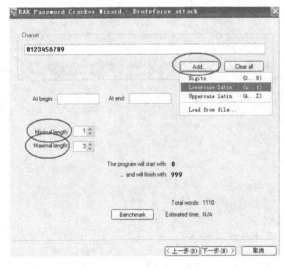

图 6-59　选择破解字符的类型及长度　　　　　图 6-60　选择破解文件保存的位置及文件名

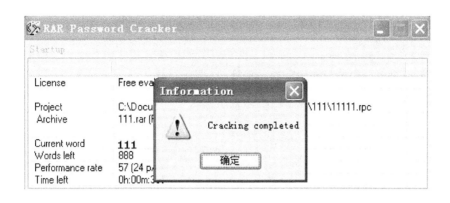

图 6-61　RAR 文档密码破解及成功界面

6.6　常用数据保护方案

文档保护即保护文档不被破解、读取、修改、删除等，一般情况下是文档的作者对自身劳动成果的一种保护。如何使文档具有上述特性，多数情况下是通过对文档采取加密措施实现的。

采用加密措施对文档进行保护时一般都需要输入密码，那么什么样的密码可以被称为安全密码呢？一般而言，密码应该具备如下几个特征。

（1）密码长度至少为 8 位以上。

（2）不与作者或作者家人的特定日期有关（如生日）。

（3）至少包含 3 种类型以上的字符（数字、小写字母、大写字母、特殊字符）。

由满足以上 3 条特征所组成的密码可以称为安全密码。当然，由前述知识可知，很多密码是可以被破解的，其中的暴力破解方法更是依赖于计算机强大的计算能力破解很多密码。但是，只要密码的设置足够复杂，即便密码被破解，只要文档的保密期限已经到期，我们仍然可以认为文档是安全的。

1．利用系统自带工具加密文件

在需要加密的文件（示例中的文件存储在 NTF 格式的分区中）上右键单击鼠标，选取"属性"，在"属性"里选择"高级"（如图 6-62 所示），然后在"高级属性"里选择"加密内容以便保护数据"（如图 6-63 所示），在确定加密后会出现"加密警告"，在其中需要选择只加密文件或加密文件所在文件夹（如图 6-64 所示）。

注意：如果选择只加密文件，该文件的文件名会变为绿色（如果是对文件夹加密，则文件夹的名称也会变为绿色）；如果想取消对该文件的加密，则在文件属性中取消加密选项即可。

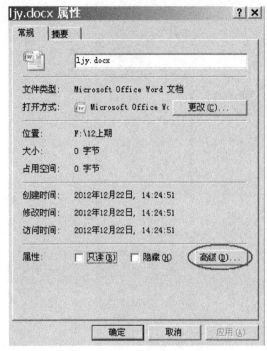

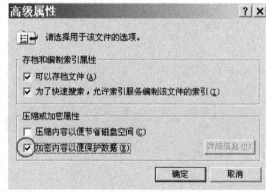

图 6-62　选择文件的高级属性　　　　　　　图 6-63　设置文件的高级属性

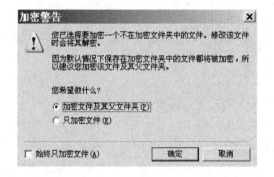

图 6-64　选择加密文件或文件夹

2．文件夹加密超级大师

文件夹加密超级大师一款易用、安全、可靠、功能强大的文件夹加密软件，软件采用了成熟先进的加密算法、加密方法和文件系统底层驱动，使加密后的文件和文件夹达到超高的加密强度，并且还能够防止被删除、复制和移动。

文件夹加密超级大师具有很强的文件和文件夹加密功能、数据保护功能，以及文件夹、文件的粉碎删除和文件夹伪装等功能。加密后的文件不受系统影响，即使重装、Ghost 还原，加密的文件夹依然保持加密状态。文件夹和文件的粉碎删除可以把想删除但怕在删除后被别人用数据恢复软件恢复的数据彻底在电脑中删除。文件夹加密超级大师的安装与其他普通工具软件的安装过程类似，在此不再累述。文件夹加密超级大师主要提供了以下功能。

▶ 加密文件夹

文件夹加密超级大师的主界面如图 6-65 所示。如果需要加密文件夹，则单击"文件夹加密"按钮,在随后出现的"浏览文件夹"中找到需要加密的文件夹,再单击"确定"按钮 (如图 6-66 所示),然后输入加密密码并选择加密类型,确认加密密码和加密类型后单击"加密"按钮(如图 6-67 所示),文件夹加密成功后就会在加密大师的文件框中增加一条加密信息(如图 6-68 所示)。

图 6-65　文件夹加密超级大师的主界面

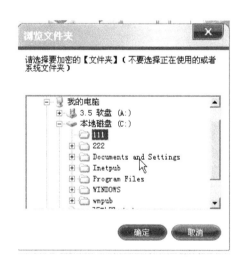

图 6-66　选择需要加密的文件夹

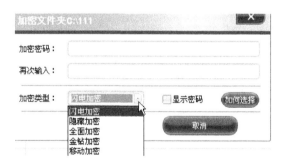

图 6-67　输入加密密码并选择加密类型

图 6-68　文件夹加密大师的加密信息

文件夹加密大师中的加密类型主要有以下几种。

➢ 闪电加密：主要是指文件夹的加密和解密速度非常快，其加密的文件夹没有大小限制，加密后的文件夹不能移动和删除。

➢ 隐藏加密：与闪电加密相同，没有大小限制，速度快，加密后的文件夹不能移动和删除，并且加密后的文件夹处于隐藏状态。

➢ 全面加密：选择全面加密类型后不仅文件夹被加密，并且文件夹下的所有文件都会被加密。

➢ 金钻加密：将被加密文件夹加密成为一个加密文件，加密等级非常高，但文件夹不能超过 600MB。

➢ 移动加密：使用移动加密类型加密后的文件夹可以移动到其他计算机正常使用。

▶ 解密文件夹

若需要解密文件夹，只需双击文件夹，然后在弹出的"文件夹加密超级大师"对话框中输入密码（如图 6-69 所示），当输入的密码经软件检验是正确的后该文件夹才能被解密。

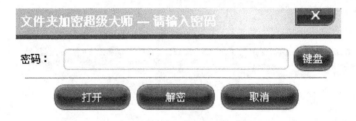

图 6-69　输入密码界面

➢ 打开：加密的文件夹处于"打开"状态时是临时解密的状态，但不再使用该文件夹时，文件夹恢复到加密状态。

➢ 解密：将文件夹恢复到未加密状态。

▶ 加密文件

与加密文件夹类似，加密文件时可以在软件主界面中选择"文件加密"（如图 6-70 所示），然后选择想加密文件的地址及加密类型，最后单击"加密"按钮即可（如图 6-71 所示）。只是注意的是，对文件的加密只有"金钻加密"和"移动加密"两种加密类型可选，加密成功后，同样会增加一条加密记录（如图 6-72 所示）。

图 6-70　选择需要加密的文件

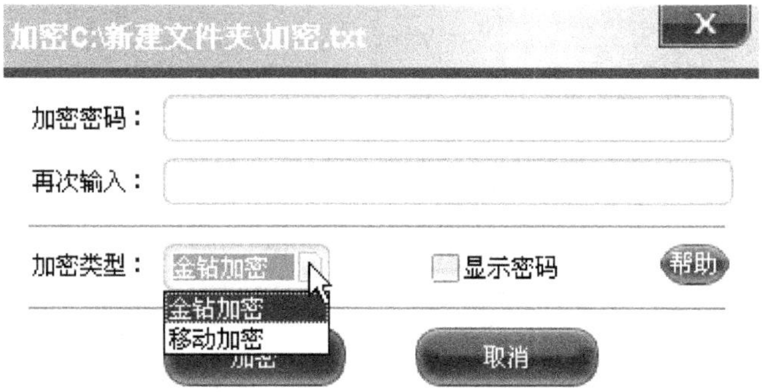

图 6-71 输入加密密码并选择加密类型

图 6-72 增加的加密记录

▶ **解密文件**

使用文件夹加密超级大师解密文件和解密文件夹的操作类似，在此不再赘述。

▶ **磁盘保护**

磁盘保护功能用于对磁盘的使用进行限制，在软件主界面中单击"磁盘保护"按钮后就会出现如图 6-73 所示的界面，可以通过单击"添加磁盘"按钮，选择保护级别对磁盘提供相应的保护机制，如图 6-74 所示。

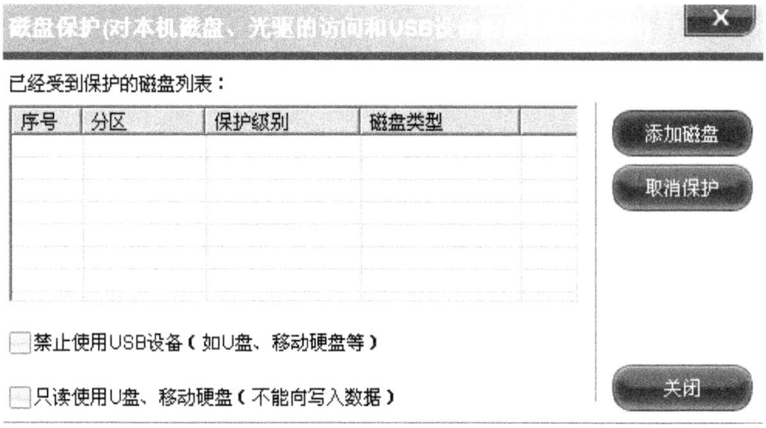

图 6-73 磁盘保护界面

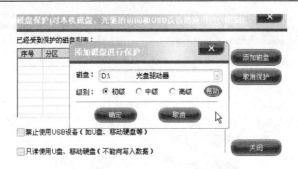

图 6-74　选择磁盘保护级别

其中保护级别主要有以下几种。

➢ 初级：磁盘分区被隐藏并禁止访问，但在命令行和 DOS 下可以访问。

➢ 中级：磁盘分区被隐藏并禁止访问，在命令行下不可以访问，但在 DOS 下可以访问。

➢ 高级：磁盘分区被彻底隐藏。

▶ **文件夹伪装**

文件夹伪装就是将文件夹伪装成其他类型的文件夹，从而达到隐藏文件夹的目的。我们一般的想法是将文件夹伪装成 EXE 文件夹或其他一些用户轻易不会打开的文件夹。伪装文件夹可以通过单击软件主界面的"文件夹伪装"按钮，选择需要伪装的文件夹后（如图 6-75 所示）再指定伪装成的文件夹类型实现（如图 6-76 所示）。

图 6-75　选择需要伪装的文件夹

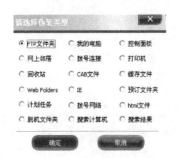

图 6-76　选择文件夹伪装的类型

3．文件密码箱加密文件

文件密码箱是一款集成了加密、移动加密、虚拟安全存储、防泄密反窃密、文件管理等多种技术而开发的一款免费、专业、绿色的文件安全存储与管理软件，支持本地常规加密、优盘移动加密、光盘归档加密多种应用，免安装、免卸载、无插件。

文件密码箱不仅提供了加密保护，还针对密码攻击、密码窃取、反编译、暴力破解、动态调试等各种可能的攻击破解方式提供了反暴力破解、反星号密码提取、动态调试防御、密码攻击反制、密钥文件、软键盘输入、断电保护和自修复、源文件粉碎、入侵警报、登录审计、一键锁定与自动锁定、增量备份与自动镜像等数十项防泄密反窃密创新保护技术。

文件密码箱无须安装，解压后直接运行 EncryptBox.exe 程序即可使用，也无须卸载，不用时直接删除软件运行目录即可，但删除前要确保密码箱内文件已全部导出（否则会随数据文件一起被删除）。

双击 EncryptBox.exe 程序图标后会出现如图 6-77 所示的提示界面，这主要是为了软件本身的密码保护，输入文件密码箱的密码后出现的程序主界面如图 6-78 所示。

文件密码箱本身提供了一套安全机制，可以通过单击主界面上方的"密码箱"按钮，然后在弹出的"密码箱管理"界面中进行属性设置（如图 6-79 所示）。

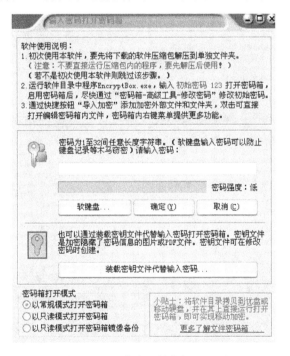

图 6-77　文件密码箱的提示界面

图 6-78　文件密码箱程序主界面

　　其中，"安全选项"选项卡中可以看到文件密码箱已启动和未启动的安全选项（如图 6-80 所示）；"高级工具"选项卡中可以从"密码箱回收站"找回被删除的文件或修改密码箱的登录密码（如图 6-81 所示）；"数据维护"选项卡中可以通过"备份与同步"选项进行数据的同步备份（如图 6-82 所示）。

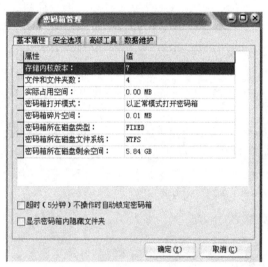

图 6-79　密码箱管理

图 6-80　"安全选项"选项卡

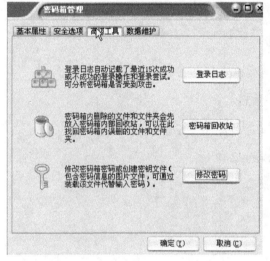

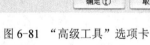

图 6-81　"高级工具"选项卡

图 6-82　"数据维护"选项卡

　　想使用软件加密文件夹，可先单击软件左侧的"新建文件夹"，然后单击软件上方的"导入加密"按钮，在弹出的"文件选择框"中选择想要加密的文件或文件夹（如图 6-83 所示），选择适当的处理方式（如图 6-84 所示），最后单击"确定"按钮，此时要加密的文件就会出现在加密箱中了（如图 6-85 所示），同时，在原文件所在的位置处该文件消失了。

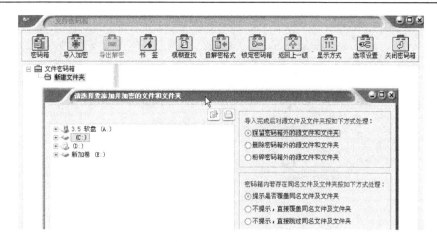

图 6-83 选择需要加密的文件和文件夹

图 6-84 选择处理方式

图 6-85 加密箱中的文件

　　文件密码箱除了能加密文件外，也能将文件制作成"自解密格式"。所谓的自解密格式指的就是当双击打开文件时，自动弹出文件的密码输入框，如果用户输入的密码正确，则打开文件，如果不正确，就向用户报错并继续加密文件（如图 6-86 所示）。

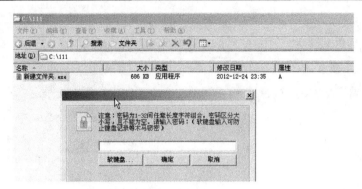

图 6-86　自解密文件

将文件加密成为自解密格式的方法是：单击软件主界面中的"自解密格式"按钮，在弹出的文件选择框中选择自解密的类型（如图 6-87 所示），然后设置自解密的密码即可（如图 6-88 所示）。

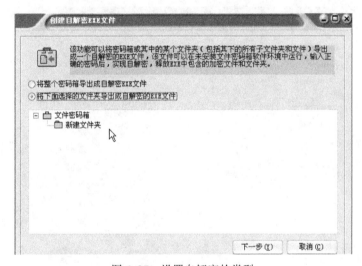

图 6-87　设置自解密的类型

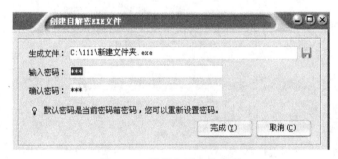

图 6-88　设置自解密的密码

4．"文件保护专家"加密文件

"文件保护专家"是一款国内针对企业用户的中文加密软件之一，对企业用户在共用计算机的情况下保护重要资料特别有效。"文件保护专家"是唯一一款被"中国软件技术大会组委会专家组"评为 2007 年企业应用类优秀软件奖的加密软件，加密的文件夹可防删除、防复制、防移动、防剪切，打造国人品质一流的文件与文件夹加密软件，具有文件夹加密、文件

加密、文件夹伪装、文件夹隐藏、磁盘隐藏、磁盘加锁等功能。"文件保护专家"为了防止入侵者的恶意卸载，在进行卸载时需要提供登录密码才能继续进行，否则强行删除也没用，文件还处于保护之中。

　　"文件保护专家"的安装过程较简单，安装成功后的主界面如图 6-89 所示，"文件保护专家"提供了较丰富的功能，主要如下所示。

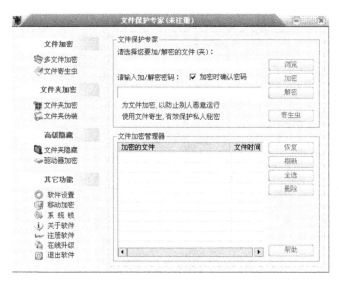

图 6-89　"文件保护专家"主界面

▶ 文件加密

　　在图 6-89 所示的界面中单击右侧最上方的"浏览"按钮，选择需要加密的文件，然后输入相应的密码，按需要勾选"加密时确认密码"后单击"加密"按钮就可加密文件了（如图 6-90 所示）。加密后的文件显示在文件加密管理器中，若没有通过解密，文件打开后显示的内容将是乱码。

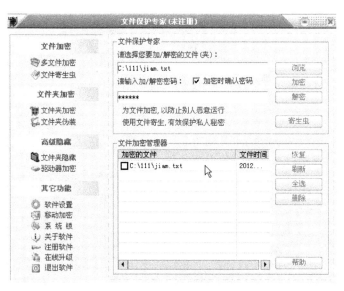

图 6-90　"文件保护专家"加密文件

▶ **文件解密**

与文件加密类似，在"浏览"中选择需要解密的文件，或者选择文件加密管理器中的文件，然后输入解密密码，此时即可解密成功（如图 6-91 所示）。

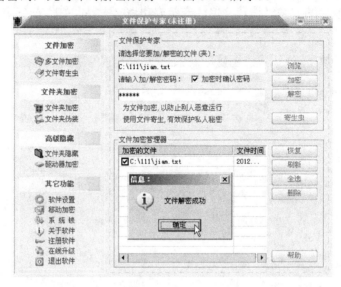

图 6-91　文件解密

▶ **文件寄生**

所谓文件寄生，就是让文件以寄生的方式隐含于一个文件中，被寄生的文件大小虽然发生了变化，但打开时还是和原来一样的。

首先选择软件主界面左侧的"文件寄生虫"，然后在右侧的选择界面中单击"单个加入"按钮或"批量加入"按钮选择需要加密的文件，再单击"躯壳"下方的"浏览"按钮选择文件加密的躯壳，接着输入文件输出地址和寄生密码，最后单击"开始寄生"按钮（如图 6-92 所示），此时就可自动进行"文件寄生"操作了。

图 6-92　"文件寄生"操作

▶ **文件脱离寄生**

单击"进入寄生虫的脱离",在随后的界面中通过浏览选择寄生虫文件所在的位置及密码,脱离后保存文件的位置,最后单击"开始脱离"按钮,此时就可使文件脱离寄生状态了(如图 6-93 所示)。

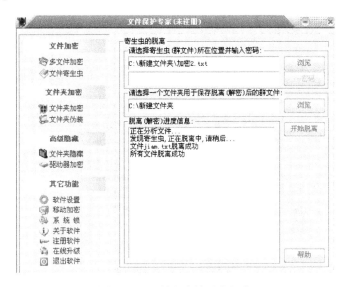

图 6-93 文件寄生的脱离操作

▶ **文件夹的伪装**

单击左侧栏的"文件夹伪装",在右侧通过单击"浏览"按钮选择需要伪装的文件夹,再单击"伪装"按钮,此时文件夹伪装成功(如图 6-94 所示)。

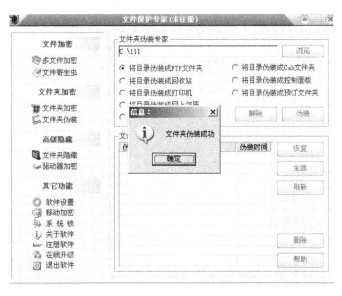

图 6-94 文件夹的伪装

▶ **文件夹的隐藏**

单击左侧栏的"文件夹隐藏",再在右侧通过双击文件夹以选择需要隐藏的文件夹,最后单击"隐藏"按钮，此时即可隐藏文件夹了（如图 6-95 所示）。

图 6-95 文件夹的隐藏

▶ **驱动器加密**

单击左侧栏的"驱动器加密"，在右侧出现两项功能，即"磁盘隐藏专家"和"磁盘加锁专家"，根据需要选择要加密的驱动器即可（如图 6-96 所示）。

图 6-96 驱动器加密

5．加密金刚锁加密文件

加密金刚锁是一款功能非常强大的专业加/解密软件，具有界面友好、简单易用、功能强大、兼容性好等优点。与其他加密软件不同的是，加密金刚锁可以在加密文件时设置一个授权盘，使得别人即使知道密码但在没有授权盘的情况下仍然不能破解文件；在加密文件时，可以指定一个文件作为加密密码，不仅加大了加密的强度，而且用户可以不用记密码；文件加密后还可以隐藏在别的文件中；加密后的文件夹无须解密即可使用，在使用文件夹时只要输入正确的密码就可以打开文件夹，在文件夹使用完毕退出后，文件夹仍然是加密状态，不需要重新加密。

　　加密金刚锁的安装过程十分简单，在此不再累述，图 6-97 就是加密金刚锁的程序主界面。

图 6-97　加密金刚锁的程序主界面

▶ 文件的加密与解密

　　在加密金刚锁软件主界面的左侧框中依次单击展开文件目录，直至右侧框中出现想要加密的文件，单击右侧的文件，再单击工具栏中的"加密文件"按钮，出现如图 6-98 所示的"加密选项"界面，在此界面中选择密码设置的类型。其中，"使用授权盘"指将某个磁盘设置为授权盘；"使用密码文件"指将另外某个文件设置为加密的密码。在加密选项左下角的"高级选项"中我们可以设置是否压缩文件及加密算法（如图 6-99 所示）。"密码管理"则可以选择随机生成密码的类型、长度等（如图 6-100 所示）。在一切选项确定后，单击"确定"按钮，此时就可以加密文件了，加密成功后会出现如图 6-101 所示的提示界面。

图 6-98　"加密选项"界面

图 6-99　加密的高级选项　　　　　　　　　图 6-100　"密码管理"

图 6-101　文件加密成功后出现的提示界面

▶ **解密文件**

　　解密文件既可以在原文件存放的地址中双击打开文件，也可以通过在加密金刚锁中逐级展开的方式找到需要解密的文件，然后再单击"解密"按钮的方式进行（如图 6-102 所示）。其中，"打开"只是表示打开文件使用，文件使用退出后仍然处于加密状态；"完全解密"则是指文件打开后不再处于加密状态。

图 6-102　文件解密界面

▶ **隐藏加密与隐藏解密**

隐藏加密即将文件加密后隐藏在别的文件中。想要隐藏加密,需要在软件主界面选择文件后单击工具栏的"隐藏加密"按钮,然后在图 6-103 所示的界面中进行加密属性的设置,设置成功后单击"确定"按钮即可对文件进行隐藏加密操作,其成功界面如图 6-104 所示。与普通加密不同的是,在设置加密属性时,隐藏加密必须选择一个宿主文件,而且在加密属性设置的"高级选项"中有一个选项是选择是否删除源文件(如图 6-105 所示)。

▶ **解密隐藏文件**

在解密隐藏文件时,如果源文件已经被删除,则只能在软件主界面中单击工具栏的"隐藏解密"按钮,然后在弹出的"解密"对话框中输入密码、选择宿主文件,以及文件解密后存放的位置、选择是否恢复宿主文件(如图 6-106 所示)。如果确定后,则可单击"确定"按钮进行解密操作,解密隐藏文件成功后的界面如图 6-107 所示。

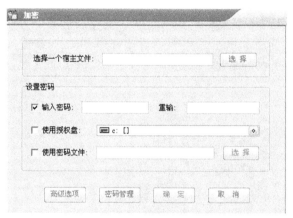

图 6-103 文件隐藏加密界面

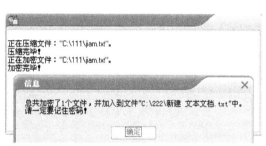

图 6-104 文件隐藏加密成功界面

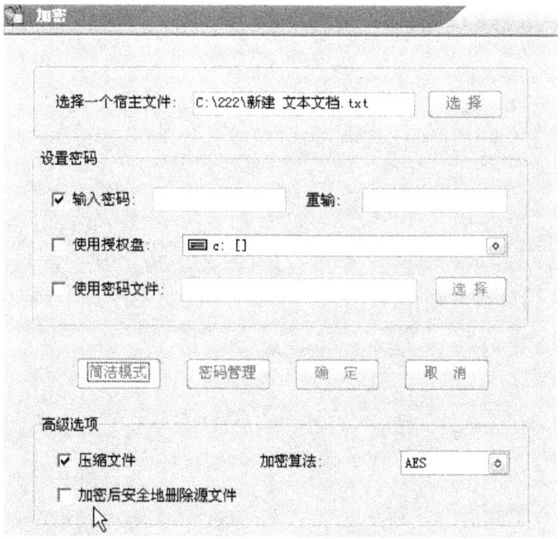

图 6-105 文件隐藏加密的高级选项

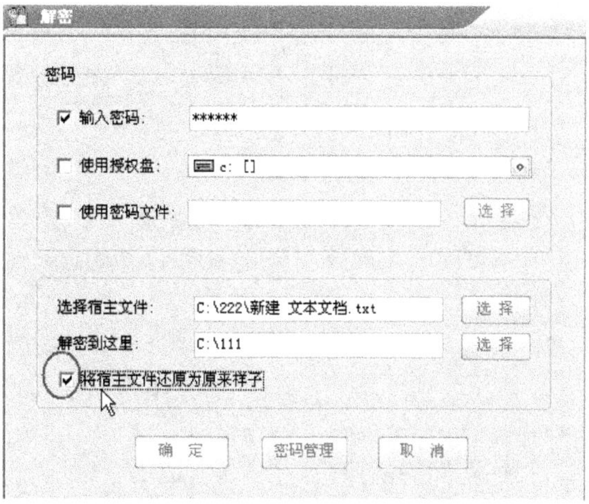

图 6-106 解密隐藏文件的设置

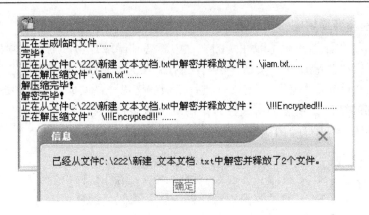

正在生成临时文件......
完毕！
正在从文件C:\222\新建 文本文档.txt中解密并释放文件：.\jiam.txt......
正在解压缩文件".\jiam.txt"......
解压缩完毕！
解密完毕！
正在从文件C:\222\新建 文本文档.txt中解密并释放文件： \!!!Encrypted!!!......
正在解压缩文件" \!!!Encrypted!!!"......

信息 ✕

已经从文件C:\222\新建 文本文档.txt中解密并释放了2个文件。

确定

图 6-107 解密隐藏文件成功后的界面

▶ **将文件加密成 EXE 文件**

将文件加密成 EXE 文件后，在解密文件时不需要借助加密金刚锁就可以解密，方便用户携带。在软件主界面选择需要加密的文件后单击工具栏中的"加密为 EXE"按钮，然后在图 6-108 所示的加密属性设置框中进行适当设置，最后单击"确定"按钮即可进行制作。

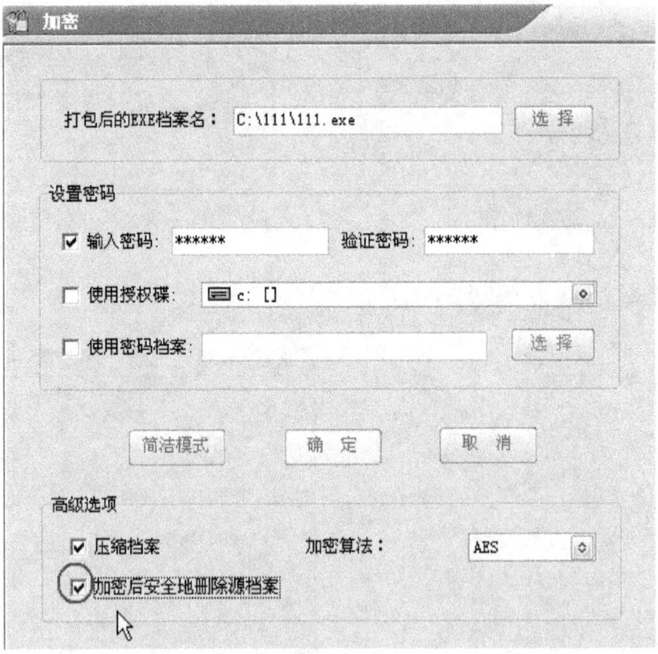

加密

打包后的EXE档案名： C:\111\111.exe   选 择

设置密码

☑ 输入密码： ******   验证密码： ******

☐ 使用授权碟： 💾 c: []

☐ 使用密码档案：   选 择

简洁模式   确 定   取 消

高级选项

☑ 压缩档案   加密算法： AES

☑ 加密后安全地删除源档案

图 6-108 加密文件为 EXE 文件

▶ **文件夹的保护**

单击软件主界面的"文件夹保护"按钮会出现如图 6-109 所示的界面，可以从图 6-109 中发现，对于文件夹的保护包含了"伪装文件夹"、"隐藏文件夹"、"给文件夹加密码保护"、

"文件夹加锁"、"紧急恢复文件夹"等功能，这些功能在此不再累述！

图 6-109　文件夹保护

6.7　安全删除数据

安全删除数据，就是数据删除是否彻底，是否安全删除了要删除的文件，特别是对于某些涉密单位，在计算机报废、送修等时候，是否彻底删除了需要保密的数据，不至于造成重要机密数据的泄密，也是一个很重要的课题。

安全删除数据，是数据恢复的对立面，它的工作就是完全破坏数据，达到彻底破坏数据恢复的可能性，使数据恢复无法进行，从而达到保护重要数据的目的。当然，在彻底删除数据之前必须先做好数据的备份工作，否则一旦执行了数据的彻底删除，数据就不能再恢复了。

1．WipeInfo

WipeInfo 是 NORTON 下的一个工具软件，它不仅仅可以从 FAT 表或文件记录中标记文件已经删除，而且还会用"0"或者"1"去覆盖文件占用的那些簇，它可以快速粉碎文件夹及里面的文件，粉碎文件后不可恢复。WipeInfo 提供了界面和 DOS 方式，一般来说，DOS 方式更安全、更彻底些，我们暂时以 DOS 方式为例进行演示。

双击 WipeInfo for DOS 执行程序，其程序界面如图 6-110 所示，可以先选择"配置"选项，在"擦除配置"界面选择适当的擦除方式（如图 6-111 所示），然后再选择"文件"选项，在"擦除文件"界面中选择"擦除方法"、"擦除的文件类型"等即可进行擦除操作（如图 6-112 所示）。

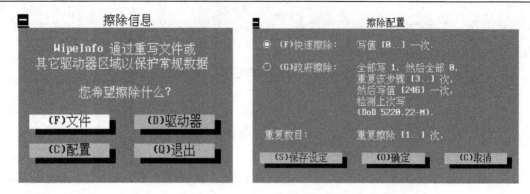

图 6-110　WipeInfo 程序　　　　　　　　图 6-111　配置擦除方式

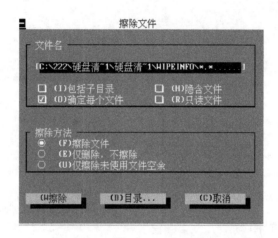

图 6-112　选择擦除文件类型和方法

2．WinHex

WinHex 软件自带有安全擦除功能，但对于普通用户而言，还是用 WipeInfo 比较方便。

在 WinHex 软件中，先打开需要擦除的文件，然后选择菜单"工具→文件工具→完全擦除"（如图 6-113 所示），再在"安全擦除"对话框中选择安全擦除方法（如图 6-114 所示）。一切确定后，单击"确定"按钮即可进行擦除操作了。

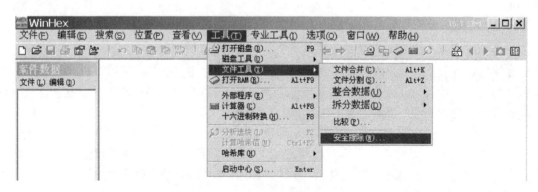

图 6-113　擦除文件选项

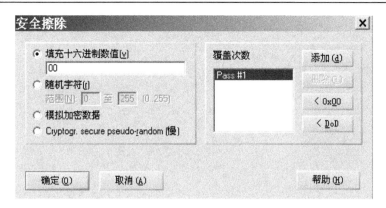

图 6-114   "安全擦除"对话框

6.8   知识小结

本章介绍了各种常用文档的恢复方式，重点是如何使用工具软件恢复常规文档。一般文档的恢复软件都很小，安装很方便，步骤也比较简单。但是，工具软件的恢复方式毕竟是固定的，有些问题若软件解决不了，还得配合手工的方式来进行。